软件测试核心技术
核心技术
从理论到实践

U0262193

51Testing 教研团队◎编著
51Testing 软件测试网◎组编

人民邮电出版社

北 京

图书在版编目（ＣＩＰ）数据

软件测试核心技术 : 从理论到实践 / 51Testing教研团队编著 ; 51Testing软件测试网组编. -- 北京 : 人民邮电出版社, 2020.7（2021.5重印）
ISBN 978-7-115-53626-6

Ⅰ. ①软… Ⅱ. ①5… ②5… Ⅲ. ①软件－测试
Ⅳ. ①TP311.55

中国版本图书馆CIP数据核字(2020)第046988号

内 容 提 要

本书介绍了软件测试方面的核心技术。全书共 12 章，主要内容包括测试的基础知识、测试过程、软件质量、测试方法、软件配置管理、需求开发与管理、通用测试用例编写、缺陷管理、测试覆盖率、单元测试、集成测试、系统测试。

本书适合测试人员和开发人员阅读。

◆ 编　　著　51Testing 教研团队
　　组　　编　51Testing 软件测试网
　　责任编辑　谢晓芳
　　责任印制　王　郁　焦志炜
◆ 人民邮电出版社出版发行　　北京市丰台区成寿寺路 11 号
　　邮编　100164　　电子邮件　315@ptpress.com.cn
　　网址　https://www.ptpress.com.cn
　　固安县铭成印刷有限公司印刷
◆ 开本：800×1000　1/16
　　印张：19.75
　　字数：361 千字　　　　　　　　　2020 年 7 月第 1 版
　　印数：4 401－5 400 册　　　　　　2021 年 5 月河北第 4 次印刷

定价：69.00 元

读者服务热线：(010)81055410　印装质量热线：(010)81055316
反盗版热线：(010)81055315
广告经营许可证：京东市监广登字20170147号

前　言

作为一门实践性的工作，软件测试不仅需要使用工具，还需要具有系统、扎实的理论知识体系。除了软件测试工程师之外，开发工程师也会参与软件测试工作，以通过测试提升软件的整体质量。为了更好地开展软件测试，软件测试工作可以细分为单元测试、集成测试、系统测试、验收测试这 4 个阶段。单元测试通常由开发工程师完成，系统测试通常由测试工程师完成，集成测试则由开发工程师和测试工程师共同完成，验收测试通常由第三方或者用户来完成。不同的阶段会采用不同的测试方法，比如，单元测试一般用白盒方法，系统测试一般用黑盒方法。要做好软件测试，测试用例是关键，全面、充分的测试用例有助于提前发现软件的缺陷。发现的缺陷需要以缺陷报告单的形式提交给开发工程师，以便定位和修复缺陷。测试用例参考的依据或标准是软件需求说明书等开发文档，只有保证软件需求说明书的正确性，才能尽可能减少软件的缺陷，更好地保证软件质量。

本书共 12 章。

第 1 章首介概述软件测试，然后讲述软件测试的目的和对象、软件的生命周期、软件研发的组织架构和流程，以及软件缺陷、测试用例和测试执行等。

第 2 章介绍软件测试阶段、测试过程模型，以及不同环节的任务、角色和职责。

第 3 章介绍软件质量管理体系、软件产品质量模型和软件质量活动等。

第 4 章介绍黑盒测试、灰盒测试、白盒测试方法，以及静态测试、动态测试方法。

第 5 章介绍软件配置管理以及配置管理所包含的工作内容。

第 6 章介绍需求的含义以及需求开发和需求管理所包含的工作内容。

第 7 章介绍常见的测试用例编写方式。

第 8 章介绍缺陷管理流程、常见的缺陷报告单格式等。

第 9 章介绍测试覆盖率中的白盒覆盖率、灰盒覆盖率和黑盒覆盖率。

第 10 章介绍单元测试的含义、单元测试的方法和单元测试的原则。

第 11 章介绍集成测试的含义、集成测试的策略、集成测试分析、集成测试用例设计思路和集成测试过程等。

第 12 章介绍系统测试的基础知识、常见的系统测试类型和系统测试所包含的工作内容。

　　本书结合作者多年的教学与实践经验，系统地介绍了软件测试技术的理论和实践。本书以浅显易懂的语言讲述理论知识，有助于读者快速掌握软件测试的相关理论，为真正做好软件测试工作打下坚实的基础。

　　在本书的编写过程中，很多经验丰富的测试老师对本书的内容进行了悉心审读和审校，对本书提出了很多宝贵的建议，在此表示衷心感谢。

　　感谢人民邮电出版社提供的这次合作机会，使本书能够早日与读者见面。

作者简介

　　51Testing 软件测试网是专业的软件测试服务供应商，为上海博为峰软件技术股份有限公司旗下品牌，是国内人气非常高的软件测试门户网站。51Testing 软件测试网始终坚持以专业技术为核心，专注于软件测试领域，自主研发软件测试工具，为客户提供全球领先的软件测试整体解决方案，为行业培养优秀的软件测试人才，并提供开放式的公益软件测试交流平台。51Testing 软件测试网的微信公众号是"atstudy51"。

服务与支持

本书由异步社区出品，社区（https://www.epubit.com/）为您提供后续服务。

提交勘误

作者和编辑尽最大努力来确保书中内容的准确性，但难免会存在疏漏。欢迎您将发现的问题反馈给我们，帮助我们提升图书的质量。

当您发现错误时，请登录异步社区，按书名搜索，进入本书页面，单击"提交勘误"，输入勘误信息，单击"提交"按钮即可（见下图）。本书的作者和编辑会对您提交的勘误进行审核，确认并接受后，您将获赠异步社区的 100 积分。积分可用于在异步社区兑换优惠券、样书或奖品。

扫码关注本书

扫描下方二维码，您将会在异步社区微信服务号中看到本书信息及相关的服务提示。

与我们联系

我们的联系邮箱是 contact@epubit.com.cn。

如果您对本书有任何疑问或建议，请您发邮件给我们，并请在邮件标题中注明本书书名，以便我们更高效地做出反馈。

如果您有兴趣出版图书、录制教学视频，或者参与图书翻译、技术审校等工作，可以发邮件给我们；有意出版图书的作者也可以到异步社区在线投稿（直接访问 www.epubit.com/selfpublish/submission 即可）。

如果您所在的学校、培训机构或企业想批量购买本书或异步社区出版的其他图书，也可以发邮件给我们。

如果您在网上发现有针对异步社区出品图书的各种形式的盗版行为，包括对图书全部或部分内容的非授权传播，请您将怀疑有侵权行为的链接通过邮件发送给我们。您的这一举动是对作者权益的保护，也是我们持续为您提供有价值的内容的动力之源。

关于异步社区和异步图书

"异步社区"是人民邮电出版社旗下 IT 专业图书社区，致力于出版精品 IT 技术图书和相关学习产品，为作译者提供优质出版服务。异步社区创办于 2015 年 8 月，提供大量精品 IT 技术图书和电子书，以及高品质技术文章和视频课程。更多详情请访问异步社区官网 https://www.epubit.com。

"异步图书"是由异步社区编辑团队策划出版的精品 IT 专业图书的品牌，依托于人民邮电出版社近 30 年的计算机图书出版积累和专业编辑团队，相关图书在封面上印有异步图书的 LOGO。异步图书的出版领域包括软件开发、大数据、AI、测试、前端、网络技术等。

异步社区

微信服务号

目　　录

第 1 章　测试的基础知识 …………………… 1

　1.1　软件测试简介 …………………………… 1

　　1.1.1　软件错误实例 …………………… 1

　　1.1.2　软件测试的基本概念 ………… 2

　　1.1.3　软件测试的现状 ……………… 2

　　1.1.4　软件测试的发展趋势 ………… 4

　1.2　软件测试的目的和对象 …………… 4

　　1.2.1　软件测试的目的 ……………… 5

　　1.2.2　软件测试的对象 ……………… 6

　1.3　软件的生命周期 ……………………… 7

　1.4　软件研发的组织架构和流程 ……… 10

　　1.4.1　软件研发的组织架构 ………… 10

　　1.4.2　软件研发的流程 ……………… 10

　1.5　软件中出现缺陷的原因 …………… 15

　1.6　软件缺陷的类型、严重性和

　　　　优先级 ……………………………… 16

　　1.6.1　软件缺陷的类型 ……………… 16

　　1.6.2　软件缺陷的严重性和

　　　　　　优先级 ……………………… 18

　1.7　测试用例的定义 …………………… 19

　1.8　测试执行的定义 …………………… 19

　1.9　软件测试工程师的主要工作 ……… 20

第 2 章　测试过程 ……………………………… 21

　2.1　软件测试阶段 ……………………… 21

　　2.1.1　单元测试 ………………………… 21

　　2.1.2　集成测试 ………………………… 21

　　2.1.3　系统测试 ………………………… 21

　　2.1.4　单元测试、集成测试和系统

　　　　　　测试的比较 ……………………… 22

　　2.1.5　回归测试 ………………………… 22

　　2.1.6　验收测试 ………………………… 24

　2.2　测试过程模型 ……………………… 25

　　2.2.1　软件系统测试阶段 …………… 28

　　2.2.2　软件集成测试阶段 …………… 29

　　2.2.3　软件单元测试阶段 …………… 30

　2.3　软件开发与测试中各环节的任务、

　　　　角色及其职责 …………………… 30

　　2.3.1　软件需求分析阶段的任务 ‥ 31

　　2.3.2　软件需求分析阶段的角色及

　　　　　　其职责 ……………………… 31

　　2.3.3　软件概要设计阶段的任务 ‥ 32

　　2.3.4　软件概要设计阶段的角色及

　　　　　　其职责 ……………………… 32

　　2.3.5　软件详细设计阶段的

　　　　　　任务 ………………………… 33

　　2.3.6　软件详细设计阶段的角色及

　　　　　　其职责 ……………………… 33

　　2.3.7　软件编码阶段的任务 ………… 34

　　2.3.8　软件编码阶段的角色及其

　　　　　　职责 ………………………… 34

　　2.3.9　软件测试阶段的任务 ………… 35

　　2.3.10　软件测试阶段的角色及其

　　　　　　职责 ………………………… 36

第 3 章　软件质量 ············38

3.1　软件质量的定义 ·········38

3.1.1　什么是质量 ·······38

3.1.2　质量管理学家 ·······40

3.1.3　质量铁三角 ·······41

3.2　软件质量管理体系 ·······45

3.2.1　ISO9000:2000 版标准 ·······45

3.2.2　CMM ·······48

3.2.3　6 西格码 ·······54

3.3　软件产品质量模型 ·······58

3.3.1　功能适用性 ·······59

3.3.2　运行效率 ·······59

3.3.3　兼容性 ·······60

3.3.4　易用性 ·······61

3.3.5　可靠性 ·······61

3.3.6　安全性 ·······63

3.3.7　可维护性 ·······64

3.3.8　可移植性 ·······65

3.4　软件质量活动 ·······66

3.4.1　SQA 和测试的关系 ·······66

3.4.2　SQA 工作范围 ·······66

3.4.3　PDCA 循环 ·······71

3.4.4　度量 ·······71

第 4 章　测试方法 ············76

4.1　白盒测试 ·············76

4.1.1　什么是白盒测试 ·······76

4.1.2　为什么要进行白盒测试 ·······78

4.1.3　白盒测试的常用技术 ·······78

4.1.4　白盒测试的优缺点 ·······79

4.2　黑盒测试 ·············80

4.2.1　什么是黑盒测试 ·······80

4.2.2　为什么要进行黑盒测试 ·····81

4.2.3　黑盒测试的常用技术 ·······81

4.2.4　黑盒测试的优缺点 ·······83

4.3　白盒测试和黑盒测试的比较 ·······83

4.4　灰盒测试 ·············84

4.5　静态测试 ·············84

4.6　动态测试 ·············85

4.6.1　动态测试技术 ·······85

4.6.2　常用的黑盒动态测试 工具 ·······86

第 5 章　软件配置管理 ············ 87

5.1　初级软件配置管理 ·········87

5.1.1　软件配置管理发展史 ·········87

5.1.2　版本号管理策略 ·········90

5.1.3　不借助 SCM 工具来解决 SCM 问题的方法 ·········91

5.1.4　配置管理工具的机制 ·········94

5.1.5　常用的配置管理工具 ·········96

5.1.6　5 种类型的项目团队对配置 管理的需求 ·········99

5.2　高级软件配置管理 ·········101

5.2.1　软件配置管理过程中的 角色 ·········101

5.2.2　软件配置管理过程 ·········103

5.3　建立软件测试的配置管理库 ·······106

5.3.1　软件测试的生命周期与 配置项 ·········107

5.3.2　软件测试工作中需要关注的 配置管理问题 ·········108

第6章　需求开发与管理 ·············109

6.1　需求 ·····························109

　6.1.1　什么是需求 ···············109

　6.1.2　需求的类型 ···············110

　6.1.3　需求说明书 ···············112

6.2　需求工程概要 ···············114

6.3　需求开发 ·····················116

　6.3.1　需求获取 ···············116

　6.3.2　需求分析 ···············119

　6.3.3　需求定义 ···············122

　6.3.4　需求验证 ···············126

6.4　需求管理 ·····················126

　6.4.1　什么是需求管理 ·······127

　6.4.2　为什么要进行需求管理 ·128

　6.4.3　需求管理活动 ···········129

　6.4.4　需求分配 ···············130

　6.4.5　需求评审 ···············131

　6.4.6　需求基线管理 ···········135

　6.4.7　需求变更控制 ···········136

　6.4.8　变更实施后期的工作 ···139

　6.4.9　需求跟踪 ···············140

6.5　需求管理工具 ···············145

第7章　通用测试用例编写 ·········147

7.1　通用测试用例的八要素 ·····147

　7.1.1　用例编号 ···············148

　7.1.2　测试项目 ···············150

　7.1.3　测试标题 ···············151

　7.1.4　重要级别 ···············154

　7.1.5　预置条件 ···············158

　7.1.6　测试输入 ···············160

　7.1.7　操作步骤 ···············162

　7.1.8　预期输出 ···············164

7.2　与测试用例相关的问题 ·····167

第8章　缺陷管理 ··················169

8.1　基本概念和缺陷报告单 ·····169

　8.1.1　缺陷、故障与失效 ·····169

　8.1.2　缺陷报告单 ···········170

8.2　管理软件缺陷的基本流程 ···171

8.3　缺陷管理的目的 ···········172

　8.3.1　缺陷跟踪 ···············172

　8.3.2　缺陷分析 ···············172

8.4　软件缺陷管理工具 ·········172

8.5　软件缺陷跟踪流程中的相关角色 ···173

8.6　软件缺陷的相关属性 ·······173

8.7　缺陷状态迁移矩阵 ·········177

8.8　填写高质量的缺陷报告单 ···178

　8.8.1　简单描述 ···············179

　8.8.2　详细描述 ···············179

　8.8.3　相关附件 ···············180

　8.8.4　优秀的缺陷报告单 ·····180

　8.8.5　糟糕的缺陷报告单 ·····181

　8.8.6　缺陷报告单的写作要点 ···182

第9章　测试覆盖率 ···············184

9.1　覆盖率 ·····················184

9.2　白盒覆盖率 ·················184

　9.2.1　逻辑覆盖率 ···········184

　9.2.2　其他覆盖率 ···········191

9.3　灰盒覆盖率 ·················193

　9.3.1　函数覆盖率 ···········193

9.3.2　接口覆盖率 ……………193

9.4　黑盒覆盖率 …………………193

第 10 章　单元测试 ……………194

10.1　什么是单元测试 ……………194

10.1.1　单元测试的概念 ………194

10.1.2　单元测试的目的 ………195

10.1.3　单元的常见错误 ………196

10.1.4　单元测试和集成测试、
系统测试的区别 ………202

10.2　如何进行单元测试 …………203

10.2.1　单元测试环境 …………203

10.2.2　单元测试的策略 ………207

10.2.3　单元测试过程 …………214

10.3　单元测试的原则 ……………216

10.3.1　从组织结构上保证测试
人员参与单元测试 ……216

10.3.2　加强单元测试流程的
规范性 …………………217

10.3.3　提高单元测试人员的
技能 ……………………220

10.4　单元测试工具 ………………221

第 11 章　集成测试 ……………222

11.1　什么是集成测试 ……………222

11.1.1　集成测试与系统测试的
区别 ……………………222

11.1.2　集成测试关注的重点 …222

11.1.3　集成测试和开发的关系 …223

11.1.4　集成测试的层次 ………223

11.2　集成测试的策略 ……………224

11.2.1　大爆炸集成 ……………224

11.2.2　自顶向下的集成 ………226

11.2.3　自底向上的集成 ………228

11.2.4　三明治集成 ……………230

11.2.5　修改过的三明治集成 …231

11.2.6　基干集成 ………………232

11.2.7　分层集成 ………………233

11.2.8　基于功能的集成 ………235

11.2.9　高频集成 ………………236

11.2.10　基于进度的集成 ………238

11.2.11　基于风险的集成 ………238

11.2.12　基于事件（消息）的
集成 ……………………239

11.2.13　基于使用的集成 ………239

11.2.14　客户端/服务器集成 ……240

11.2.15　分布式集成 ……………240

11.3　集成测试分析 ………………241

11.3.1　体系结构分析 …………241

11.3.2　模块分析 ………………242

11.3.3　接口分析 ………………244

11.3.4　风险分析 ………………245

11.3.5　可测试性分析 …………246

11.3.6　集成测试策略分析 ……246

11.3.7　常见的集成测试故障 …247

11.4　集成测试用例设计思路 ……247

11.4.1　为正常运行系统设计
用例 ……………………248

11.4.2　为正向测试设计用例 …248

11.4.3　为逆向测试设计用例 …248

11.4.4　为满足特殊需求设计
用例 ……………………249

11.4.5　为提高覆盖率设计
用例 ……………………249
11.4.6　补充测试用例 ………249
11.4.7　注意事项 ……………249
11.5　集成测试过程 …………………250
11.5.1　计划阶段 ……………250
11.5.2　设计阶段 ……………250
11.5.3　实现阶段 ……………251
11.5.4　执行阶段 ……………252
11.6　集成测试环境 …………………252
11.7　集成测试工具 …………………254
11.8　集成测试的原则 ………………254

第12章　系统测试 ……………………256
12.1　系统测试的基础知识 …………256
12.1.1　什么是系统测试 ……256
12.1.2　常见系统的分类 ……257
12.1.3　实际环境和开发环境 ……257
12.2　系统测试的类型 ………………258
12.2.1　功能测试 ……………258
12.2.2　性能测试 ……………263

12.2.3　压力测试 ……………268
12.2.4　容量测试 ……………270
12.2.5　安全性测试 …………271
12.2.6　GUI测试 ……………275
12.2.7　可用性测试 …………278
12.2.8　安装测试 ……………281
12.2.9　配置测试 ……………284
12.2.10　异常测试 ……………286
12.2.11　备份测试 ……………288
12.2.12　健壮性测试 …………289
12.2.13　文档测试 ……………290
12.2.14　在线帮助测试 ………292
12.2.15　网络测试 ……………293
12.2.16　稳定性测试 …………294
12.3　执行系统测试 …………………296
12.3.1　搭建系统测试环境 ……296
12.3.2　预测试 ………………301
12.3.3　转系统测试评审 ………301
12.3.4　如何执行系统测试 ……302
12.3.5　编写与评审系统测试
报告 ……………………304

第 1 章　测试的基础知识

本章首先介绍软件测试的定义、目的和对象，然后讲述软件的生命周期，接着介绍软件研发的组织架构和流程，并讨论软件中为什么会存在缺陷，最后介绍什么是测试用例和测试执行等。

1.1　软件测试简介

下面结合实例介绍软件测试的基本概念，以及软件测试的现状和发展趋势。

1.1.1　软件错误实例

实例一：国际日期变更线引起的错误（功能性错误）。

2007 年 2 月，美军 F22 战斗机从夏威夷飞往日本，途径日期变更线（东经 180°，西经 0°）时引发软件缺陷问题（由于软件的边界值漏洞），导致飞机上的全球定位系统失灵，计算机系统崩溃。飞行员无法确定战机的位置，因而返回夏威夷的希卡姆空军基地。

实例二：售票系统瘫痪（性能错误）。

在某次大型活动的售票期间，由于购票人数过多，导致网络售票系统出现暂时无法访问的情况。事后分析，系统在启动之后访问量剧增，网站访问量达到每小时 800 万次，超过设计时要求的 100 万次；售票系统启动后的第一个小时内从各售票渠道瞬时提交到该系统的门票销售数量达到 20 万，也超过了该系统每小时销售 15 万张票的处理能力。

实例三：Google 公司的 Gmail 故障。

2009 年 2 月，Google 公司的 Gmail 出现故障，Gmail 用户在几小时内不能访问邮箱，该软件故障受到广泛关注。据 Google 公司称，这次故障是因数据中心之间的负载均衡软件的错误引发的。

1.1.2　软件测试的基本概念

从以上软件错误实例可以发现，即使是一些知名公司的系统也会存在错误，因此测试就变得非常重要了。到底什么是软件测试？测试表示为检验产品是否满足需求而进行的一系列活动。而软件测试活动中很重要的任务是发现错误。软件测试的经典定义是在规定条件下对程序进行操作，以发现错误，并对软件质量进行评估。

既然软件是由文档、数据及程序组成的，那么软件测试就应该是对软件形成过程中的文档、数据及程序进行测试，而不仅仅是对程序进行测试。

1.1.3　软件测试的现状

软件开发中经常会出现错误或缺陷，开发人员和测试人员对软件质量重要性的认识逐渐增强，因此，软件测试在软件项目实施过程中的重要性日益突出。但是，实际上，与软件编程相比，软件测试的地位和作用还没有真正受到重视，很多人（甚至是软件项目组的技术人员）对软件测试还存在认识上的误区，这进一步影响了软件测试活动的开展，也影响了软件测试质量的提高。

- 误区之一：软件开发完成后进行软件测试。

通常，软件项目要经过几个阶段——计划、需求分析、概要设计、详细设计、软件编码、软件测试和软件发布。因此，如果认为软件测试只是软件编码后的一个过程，这是关于软件测试周期的错误认识。软件测试是一系列的过程，包括软件测试需求分析、测试计划设计、测试用例设计和测试执行。因此，软件测试贯穿于软件项目的整个过程。在软件项目的每一个阶段，针对不同目的和内容，都要进行测试，以保证各个阶段的正确性。软件测试的对象不仅是软件代码，还包括软件需求文档和设计文档。软件开发与软件测试应该是交互进行的，如单元编码需要单元测试，在模块组合阶段需要集成测试。如果等到软件编码结束后才进行测试，那么测试的时间会很短，测试的覆盖面不全，测试效果也将大打折扣。更严重的是，如果此时发现了软件需求分析阶段或概要设计阶段的错误，要修复这类错误，将会耗费大量的时间和人力。

- 误区之二：软件发布后如果发现质量问题，那么是软件测试人员的错误。

这种错误的认识将会打击软件测试人员的积极性。软件中的错误可能来自软件项目中的各个过程，软件测试只能确认软件存在错误，不能保证软件没有错误，因为从根本上讲，软件测试不可能发现全部的错误。从软件开发的角度看，高质量的软件不是软件测试人员测试出来的，而是依靠软件生命周期中的各个过程共同实现的。出现软件错误，不能简单地归结为某一个人的责任，有些错误的产生可能不是技术原因，可能来自混乱的项目管理。应该分析软件项目的各个过程，从过程改进方面寻找产生错误的原因和改进的措施。

- 误区之三：软件测试要求不高，随便找一个人就行。

很多人认为软件测试就是安装和运行程序以及操作鼠标和键盘的简单工作，这是由于不了解软件测试的具体技术和方法造成的错误看法。随着软件工程学的发展和软件项目管理水平的提高，软件测试已经形成了一个独立的技术学科，并已形成一个具有巨大市场需求的行业。软件测试技术不断更新和完善，新工具、新流程和新方法也在不断发展，测试人员需要不断学习和掌握更多的新知识。具有编程经验的程序员不一定是一名优秀的软件测试工程师。软件测试包括测试技术和管理两个方面，完全掌握这两个方面的内容，需要很多测试实践经验并且不断学习。

- 误区之四：软件测试是测试人员的事情，与程序员无关。

开发和测试是相辅相成的，需要软件测试人员、程序员和系统分析师等保持密切的联系，进行更多的交流和协调。另外，单元测试主要应该由程序员完成，根据需要，测试人员可以帮助设计测试用例。为了修复测试中发现的软件错误，往往需要程序员修改编码。通过分析软件错误的类型、数量，找出产生错误的位置和原因，程序员可以在今后的编程中避免同样的错误，积累编程经验，提高编程能力。

- 误区之五：在项目进度吃紧时少做测试，在时间富裕时多做测试。

这是不重视软件测试的表现，也是软件项目过程管理混乱的表现，必然会降低软件测试的质量。一个软件项目的顺利实现需要有合理的项目进度计划，其中包括合理的测试计划。对于项目实施过程中的任何问题，都要有风险分析和相应的对策，不要因为担心开发进度的延期而简单地缩短测试时间，减少人力和相关资源的投入。因为缩短测试时间带来的测试不完整性和项目质量下降而引起的潜在风险，往往会导致更大的浪费。解决这种问题的比较好的办法是加强软件过程的计划和控制，包括软件测试计划、测试设计、测试执行、测试度量和测试控制。

- 误区之六：软件测试是没有前途的工作，只有程序员才是软件高手。

由于一些软件企业的软件研发过程很不规范，很多软件项目的开发还停留在"作坊式"阶段。项目的成功往往依靠个别全能程序员的能力，他们负责总体设计和程序详细设计，甚至有些人认为软件开发就是编写代码。因此，在这种环境下，软件测试不受重视，软件测试人员的地位和待遇自然就低，甚至软件测试变得可有可无。随着市场对软件质量要求的不断提高，软件测试将变得越来越重要，相应的软件测试人员的地位和待遇也将逐渐提高。在软件开发过程比较规范的企业中，软件测试人员的数量和待遇与程序员没有多大差别，优秀测试人员的待遇甚至比程序员还要高。软件测试将会成为一个具有很大发展前景的行业，测试行业需要更多具有丰富测试技术和管理经验的测试人员，他们同样是软件测试领域的专家。

1.1.4　软件测试的发展趋势

随着软件行业的发展，软件产品的质量控制与质量管理正逐渐成为软件企业生存与发展的核心要素。每个大中型信息技术（Information Technology，IT）企业的软件产品在发布前都需要进行大量的质量控制、测试和文档编写工作，这些工作必须依靠拥有娴熟技术的专业软件人才来完成，而软件测试工程师就扮演了这样的一个角色。据业内人士分析,该类职位的需求主要集中在经济发达城市,其中北京和上海的需求量分别占33%和 29%。按企业性质来划分，民企需求量最大，占 19%；外商独资的欧美企业需求量的排名是第二，占 15%。然而，一方面，企业对高质量的软件测试工程师需求量越来越大；另一方面，国内原来对软件测试工程师的重视程度不够，导致许多人不了解软件测试工程师具体从事什么工作。许多 IT 公司只能在实际工作中利用淘汰的方式对软件测试工程师进行筛选，因此国内可能在短期内将出现软件测试工程师短缺的现象。据悉，许多正在招聘软件测试工程师的企业很少能够在招聘会上顺利招聘到合适的人才。在具体工作过程中，软件测试工程师的工作是利用测试工具按照测试方案和流程对产品进行功能与性能测试，甚至根据需要编写不同的测试用例，设计和维护测试系统，对测试方案可能出现的问题进行分析和评估。对于软件测试工程师而言，必须具有高度的工作责任心和自信心。任何严格的测试必须是一种实事求是的测试，因为它关系到一个产品的质量问题。另外，软件测试工程师是产品发布前的把关人，因此，没有达到专业的技术水准是无法胜任这项工作的。同时，由于测试工作一般由多个软件测试工程师共同完成，并且测试部门一般要与其他部门的人员进行较多的沟通，因此要求软件测试工程师不但要有较强的技术能力，而且要有较强的沟通能力。

1.2　软件测试的目的和对象

作为一项独立的工作，针对不同的对象，软件测试在研发中的不同阶段可以有不同的工作目的。

1.2.1　软件测试的目的

　　从历史的观点来看，测试关注的是通过执行软件来获得软件在可用性方面的信心并且证明软件能够正常工作，这引导测试人员把重点放在检测和排除缺陷上。基于这个观点，现代的软件测试同时还认识到许多主要的缺陷主要来自需求和设计方面的遗漏与不正确性。因此，早期的结构化同行评审用于帮助预防编码前的缺陷。图 1-1 展示了测试目的的演变。

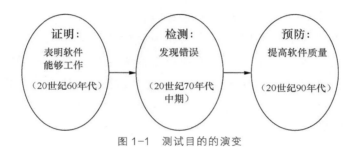

图 1-1　测试目的的演变

1.　证明

● 获取系统在可接受风险范围内可用的信心。
● 尝试在非正常情况和条件下的功能与特性。
● 保证一个工作产品是完整的并且可用或者可集成。

2.　检测

● 发现系统的缺陷、错误。
● 定义系统的能力和局限性。
● 提供组件、工作产品和系统的质量信息。

3.　预防

● 澄清系统的规格和性能。
● 为预防或减少可能的错误提供相关信息。
● 在测试过程中尽早地检测错误。
● 确认问题和风险，并且提前确认解决这些问题和风险的途径。

Glenford J. Myers 就软件测试的目的提出了以下观点。

- 测试是程序员执行的过程，目的在于发现错误。
- 通过一个好的测试用例能发现至今未发现的错误。
- 一个成功的测试是发现了至今未发现的错误的测试。

Bill Hetzel 认为测试的目的不仅是发现软件缺陷与错误，还包括对软件质量进行度量和评估，以提高软件的质量。

因此，软件测试的目的是以最少的人力、物力和时间成本找出软件中潜在的各种错误与缺陷，通过修正各种错误和缺陷来提高软件的质量，避免软件发布或使用后由于潜在的错误和缺陷造成商业损失甚至更严重的后果。

同时，测试是以评价一个程序或系统属性为目标的活动，测试是对软件质量的度量与评估，以验证软件的质量满足用户需求的程度，为用户选择与接受软件提供有力的依据。此外，通过分析错误产生的原因还可以帮助发现当前软件开发过程的缺陷，以便进行软件过程的改进。同时，通过对结果的分析整理，还可以修正软件开发规则，并为软件可靠性分析提供依据。

1.2.2 软件测试的对象

根据软件的定义，软件包括程序、数据和文档，所以软件测试并不仅仅是程序测试。软件测试应该贯穿于整个软件的生命周期中。在整个软件的生命周期中，各阶段有不同的测试对象，形成了不同开发阶段中不同类型的测试。需求分析、概要设计、详细设计及编码等各阶段所得到的文档，包括软件需求说明书（Software Requirement Specification，SRS）、概要设计（High Level Design，HLD）说明书、详细设计（Low Level Design，LLD）说明书及源程序，这些都应该成为"软件测试"的对象。

由于软件分析、设计与开发各阶段是互相衔接的，前一阶段中出现的问题如未及时解决，很自然要影响到下一阶段。从源程序的测试中找到的错误不一定都是在程序编写过程中产生的，如果简单地把程序中的错误全都归罪于开发人员，未免冤枉了他们。据美国一家公司的统计，在查找出的软件错误中，需求分析和软件设计方面的错误占 64%，程序编写方面的错误仅占 36%。这都说明，对于程序编写而言，它的许多错误是"先天的"。事实上，到程序的测试为止，软件开发工作已历经多个环节，每个环节都有可能发生问题。

为了保证各个环节的正确性，人们需要进行各种验证和确认（verification & validation）工作。

- 验证是保证软件正确实现特定功能的一系列活动和过程，目的是保证软件生命周期中每一个阶段的成果满足上一个阶段所设定的目的。

● 确认是保证软件满足用户需求的一系列的活动和过程，目的是在软件开发完成后保证软件与用户需求相符合。

验证与确认都属于软件测试，软件测试包括软件分析、设计及程序的验证和确认。

1.3 软件的生命周期

软件的生命周期通常包括计划（planning）、需求分析（requirement analysis）、设计（designing）、编码（coding）、测试（testing）、运行和维护（running and maintenance）阶段。阶段不同，软件的生命周期也不同，比较简单的生命周期模型有瀑布模型，如图 1-2 所示。

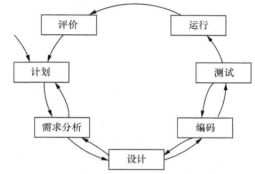

图 1-2　软件的生命周期——瀑布模型

1. 计划阶段

计划阶段的工作内容如下。

（1）确定软件开发总目标。

（2）给出软件的功能、性能、可靠性及接口等方面的设想。

（3）研究完成该项目的可行性，探讨问题的解决方案。

（4）对可供开发使用的资源、成本、可取得的效益和开发进度做出估计。

（5）制订完成开发任务的实施计划。

下面给出一个关于计算器的软件计划示例。

（1）研发一个计算器。

（2）支持加、减、乘、除，所有运算都需要在一定时间内完成。

（3）该项目目前不存在任何技术障碍。

（4）需要在 3 个月之内完成所有开发和测试工作，并推向市场。

（5）具体计划参见项目一级计划。

2. 需求分析阶段

需求分析阶段的工作内容如下。

对开发的软件进行详细的定义，由需求分析人员和用户共同讨论决定哪些需求是可以满足的，并且给予确切的描述，写出 SRS。

下面给出一个关于计算器的软件需求分析示例。

功能需求如下。

- 十进制加、减、乘、除。
- 八进制加、减、乘、除。
- 二进制加、减、乘、除。
- 十六进制加、减、乘、除。

性能需求如下。

- 32 位十进制加法需要在 2s 内完成。
- 16 位十六进制乘法需要在 10s 内完成。

……

软件研发的类型不同，需求来源也不同，需求分析中的"用户"针对的具体对象也不同。

对于产品的软件研发，需求来源、用户和特点分别如下。

- 需求来源：市场调研。
- 用户：市场调研人员。
- 特点：自己想研发什么，就研发什么。

对于项目的软件研发，需求来源、用户和特点分别如下。

- 需求来源：客户的要求。
- 用户：实际的客户。
- 特点：别人想完成某个项目，我们帮助研发。

3．设计阶段

设计阶段的工作内容如下。

设计是软件工程的核心技术，这个阶段需要完成设计说明书。在概要设计阶段，把各项需求转换成相应的体系结构，每一部分是功能明确的模块；在详细设计阶段，对每个模块要完成的工作进行具体的描述。

下面给出一个关于计算器的软件设计示例。

首先，进行概要设计。整个软件分成 6 个模块，即界面模块、主控模块、加法模块、减法模块、乘法模块、除法模块，其中主控模块调用后 4 个模块。加法模块包含 5 个函数，即加法主函数、十进制加法函数、八进制加法函数、二进制加法函数、十六进制加法函数，其中加法主函数调用后 4 个函数。

然后，进行详细设计。设计加法主函数的流程图（或者伪代码）。

4．编码阶段

编码阶段的工作内容如下。

把软件设计转换成计算机可以接受的程序，即写成以某个程序设计语言表示的程序清单，使用关系数据库管理系统（Relational DataBase Management System，RDBMS）工具建立数据库。

下面给出一个关于计算器的编码示例。

用 C 语言实现详细设计说明书中描述的所有函数。例如，实现十进制加法的函数如下。

```c
int add10(int a, int b)
{
    Return(a+b);
}
```

5．测试阶段

测试阶段的工作内容如下。

测试指检验软件是否符合客户需求，达到质量要求，一般由独立的小组执行。测试工作分为单元测试、集成测试和系统测试。

下面给出一个关于计算器的编码示例。

- 单元测试参照 LLD 说明书，对每一个函数进行测试。
- 集成测试参照 HLD 说明书，对函数与函数的集成、模块与模块的集成进行测试。
- 系统测试参照 SRS，对每一个功能需求、性能需求等进行测试。

6．运行和维护阶段

运行和维护阶段的工作内容如下。

在该阶段将软件交付用户、正式投入使用，以后便进入维护阶段。对软件进行修改可能有多种原因，如修复软件错误、升级系统软件、增强软件功能、提高性能等。

下面给出一个关于计算器的运行和维护示例。

计算器给用户使用，用户在使用过程中如发现问题可向技术支持人员反映，问题解决后为用户进行软件升级。

1.4 软件研发的组织架构和流程

本节介绍软件研发的组织架构和流程。

1.4.1 软件研发的组织架构

只有合适的人员借助合适的工具并经过合适的过程才能研发出高质量的软件。工具为人员和过程服务，起辅助作用；起关键作用的是人员和过程。项目组的组织架构如图 1-3 所示。

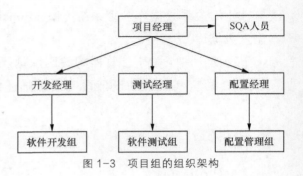

图 1-3 项目组的组织架构

项目组一般由项目经理领导并负责制订项目计划，分配任务。项目组一般包括分析人员、设计人员、开发人员、测试人员、配置管理人员、软件质量保证（Software Quality Assurance，SQA）人员。

软件开发组、软件测试组和配置管理组的人员如下。

- 软件开发组：包括开发经理、分析人员、设计人员、开发人员。
- 软件测试组：包括测试经理、测试人员。
- 配置管理组：包括配置经理、配置管理员（Configuration Management Officer，CMO）。

1.4.2 软件研发的流程

1. 瀑布模型

瀑布模型如图 1-4 所示。

瀑布模型的核心思想是按工序将问题简化，将功能的实现与设计分开，便于分工协作，即采用结构化的分析和设计方法将逻辑实现与物理实现分开。将软件生命周期划分为计划、需求分析、设计、编码、测试以及运行和维护这些基本活动，并且规定了它们自上而下、相互衔接的固定次序，如同瀑布流水，逐级下落。

瀑布模型具有以下优点。

（1）为项目提供了按阶段划分的检查点。

（2）当前一阶段完成后，只需要关注后续阶段。

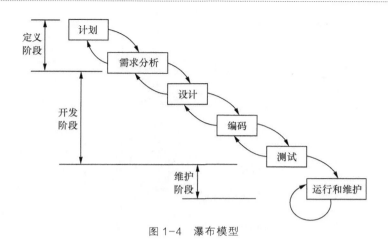

图 1-4 瀑布模型

（3）可在迭代模型中应用瀑布模型。增量迭代应用于瀑布模型。迭代可以解决最大的问题。每次迭代产生一个可运行的版本，同时增加更多的功能。每次迭代必须经过质量和集成测试。

（4）提供了一个模板，该模板使分析、设计、编码、测试和支持的方法可以在该模板下有一个共同的指导。

瀑布模型具有以下缺点。

（1）各个阶段的划分完全固定，阶段之间产生了大量的文档，极大地增加了工作量。

（2）由于开发模型是线性的，用户只有等到整个过程的末期才能见到开发成果，从而增加了开发风险。

（3）通过过多的强制完成日期和里程碑来跟踪项目的各个阶段。

（4）不适应用户需求的变化。

瀑布模型适用于项目小、需求明确的场景。

2. 螺旋模型

螺旋模型（spiral model）如图 1-5 所示。

螺旋模型采用一种周期性的方法来进行系统开发,这会导致开发出众多的中间版本。使用螺旋模型，项目经理在早期就能够为客户实证某些概念。该模型基于快速原型法，以进化的开发方式为中心，在项目每个阶段使用瀑布模型法。这种模型的每一个周期都包括需求定义、风险分析、工程实现和评审 4 个阶段，由这 4 个阶段进行迭代。软件开发过程每迭代一次，软件开发就上升一个层次。

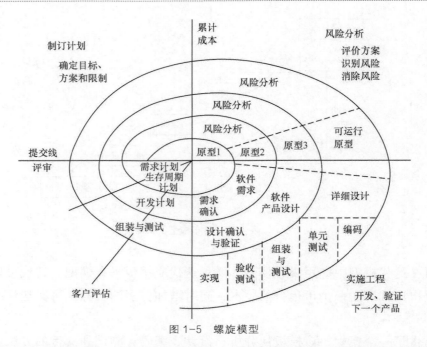

图 1-5 螺旋模型

螺旋模型强调风险分析，使开发人员和用户对每个演化层出现的风险有所了解，继而做出应有的反应，因此特别适用于庞大、复杂并且风险高的系统。对于这些系统，风险是软件开发中不可忽视的不利因素，它可能在不同程度上影响软件开发过程，影响软件产品的质量。在造成危害之前，及时对风险进行识别及分析，决定采取何种对策，进而消除或减少风险的损害。

螺旋模型沿着螺旋线进行若干次迭代，图 1-5 中的 4 个象限代表了以下活动。

（1）制订计划：确定软件目标，选定实施方案，弄清项目开发的限制条件。

（2）风险分析：分析评估所选方案，考虑如何识别和消除风险。

（3）实施工程：实施软件开发和验证。

（4）客户评估：评价开发工作，提出修正建议，制订下一步的计划。

螺旋模型由风险驱动，强调可选方案和约束条件，从而支持软件的重用，有助于将软件质量作为特殊目标融入产品开发之中。

3. V 模型

快速应用开发（Rapid Application Development，RAD）模型是软件开发过程中的一个重要模型，由于其模型构图形似字母 V，所以又称为软件测试的 V 模型，如图 1-6 所示。V 模型通过开发和测试同时进行的方式来缩短开发周期，提高开发效率。

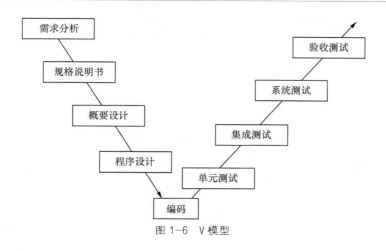

图 1-6　V 模型

在传统的开发模型（如瀑布模型）中，人们通常把测试过程作为在需求分析、概要设计、详细设计和编码完成之后的一个阶段。尽管有时测试工作会占用整个项目周期的一半时间，但是人们仍然认为测试只是一个收尾工作，而不是主要的过程。V 模型的推出就是对此种认识的改进。V 模型是软件开发中瀑布模型的变体，它反映了测试活动与分析和设计的关系，从左向右，描述了基本的开发过程和测试行为，非常明确地标明了测试过程中存在的不同级别，并且清楚地描述了这些测试阶段和开发过程中各阶段的对应关系。图 1-6 中的箭头代表时间的先后顺序，左边下降的是开发过程中的各阶段；与此相应的是右边上升的部分，即各测试过程中的各个阶段。

V 模型的软件测试策略既包括底层测试，又包括高层测试。底层测试用于验证源代码的正确性，高层测试用于使整个系统满足用户的需求。

V 模型指出，单元测试和集成测试验证的是程序设计，开发人员和测试组应检测程序的执行是否满足软件设计的要求；系统测试应该验证系统的设计，检测系统功能、性能的质量特性是否达到系统设计的指标；由测试人员和用户进行软件的确认与验收测试，根据软件需求说明书进行测试，以确定软件的实现是否满足用户需求或合同的要求。

V 模型存在一定的局限性，它仅仅把测试过程作为需求分析、概要设计、详细设计和编码之后的一个阶段，容易使人认为测试是软件开发的最后一个阶段，主要针对程序进行测试并寻找错误，而需求分析阶段隐藏的问题一直到后期的验收测试才被发现。

4. W 模型

V 模型的局限性在于没有明确的早期测试，不能体现"尽早和不断地进行软件测试"的原则。在 V 模型中增加软件各开发阶段应同步进行的测试之后，V 模型演化为 W 模型，因为实际上开发过程是 V 模型，测试过程也是与此相并行的 V 模型。一个基于验证与确认（Validation and Verification，V&V）原理的 W 模型如图 1-7 所示。

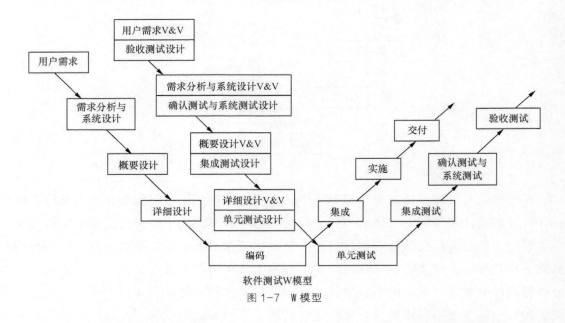

软件测试W模型

图 1-7　W 模型

W 模型由 Evolutif 公司提出，相对于 V 模型，W 模型更科学，W 模型是 V 模型自然而然的发展。W 模型强调：测试伴随着整个软件开发周期，而且测试的对象不仅是程序，需求、功能和设计同样需要测试。这样，只要相应的开发活动完成，我们就可以开始执行测试。测试与开发是同步进行的，从而有利于尽早地发现问题。以需求为例，需求分析一完成，我们就可以对需求进行测试，而不是等到最后才进行对需求的验收测试。

如果测试文档能尽早提交，那么就有了更多检查和检阅的时间，这些文档还可用于评估开发文档。另外一个很大的益处是，测试者可以在项目中尽可能早地面对规格说明书的挑战。这意味着测试不仅要评定软件的质量，还可以尽可能早地找出缺陷所在，从而帮助提高产品的质量。参与前期工作的测试人员可以预先估计问题和难度，这将显著地缩短总体测试时间，加快项目的进度。

根据 W 模型的要求，一旦有文档，就要及时确定测试条件，编写测试用例，这些工作对测试的各级别都有意义。当提交需求后，就需要确定高级别的测试来测试这些需求。当概要设计完成后，就需要确定测试条件来查找该阶段的设计缺陷。

W 模型也是有局限性的。W 模型和 V 模型都把软件的开发视为需求、设计、编码等一系列串行的活动。同样地，软件开发和软件测试保持一种线性的前后关系，只有通过严格的指令表示上一个阶段完全结束，才可正式开始下一个阶段，这样就无法支持迭代、变更、调整。当前很多文档需要事后补充，或者根本没有文档，因此开发人员和测试人员都面临着同样的困惑。

1.5 软件中出现缺陷的原因

即使是优秀的程序员，也会犯低级的错误。根据数据统计，即便是优秀的程序员，在他开发的软件产品中，如果未经过测试，代码中遗留的缺陷至少在每千行代码 6 个以上。

因此，未经过测试的软件程序中一定会存在缺陷。导致软件中有缺陷的常见根源如下。

（1）缺乏有效的沟通，或者没有进行沟通。现在的软件开发已经不是一个人的事情了，往往涉及多个人，甚至几十、几百个人。同时，软件的开发还需要与不同的人、不同的部门进行沟通。如果在沟通方面表现不力，最后会导致产品无法集成，或者集成后的产品无法满足用户需要。

（2）软件复杂度高。软件越复杂就越容易出错。在当今的软件开发中，对于一些没有经验的人来说，软件复杂性可能是难以理解的。图形化界面、客户端/服务器、数据通信、大规模的关系数据库、应用程序的规模等大幅度地增加了软件的复杂度。面向对象技术也有可能增加软件复杂度，除非能够很好地工程化。

（3）有编程错误。编程错误是程序员经常会犯的错误，包括语法错误、语义错误、拼写错误、编程规范错误。很多错误可以通过编译器直接找到，但是遗留下来的错误必须通过严格的测试才能发现。

（4）需求不断变更。在实际项目开发过程中，不断变更的需求是项目失败的重要原因。用户可能不知道变更的影响，或者知道影响却需要进行变更，这些都会引起重新设计、工程的重新安排并对对其他项目造成影响，已完成的工作可能不得不重做或推翻，硬件需求可能也会受到影响。如果存在许多小的变更或者任何大的改动，由于项目中不同部分间可知和不可知的依赖关系，因此就会产生问题，跟踪变更的复杂性也可能引入错误，项目开发人员的积极性也会受到打击。在一些快速变化的商业环境下，不断变更的需求可能是一种残酷的事实。在这种情况下，管理人员必须了解变更的风险，质量保证（Quality Assurance，QA）工程师与软件测试工程师必须通过进行大规模的测试来防止不可避免的 Bug 造成无法控制的局面。

（5）来自时间的压力。进度压力是每个从事过软件开发的人员都会碰到的问题。为了抢占市场，我们必须比竞争对手早一步发布产品，于是不合理的进度安排就产生了，不断地加班加点最终导致大量错误的产生。另外，由于软件项目的时间安排是最难的，通常需要很多猜测的工作，因此当最后期限来临的时候，错误也就伴随发生了。

（6）缺乏文档的代码。由于人员的变动和产品的生命周期演进，在一个组织中很难保证一个人一直在开发某个产品。因此，对于后面参与产品开发的人员来说，难以读懂和维护一段没有文档的糟糕代码，最终的结果只会导致更多的问题。

（7）依据软件开发工具。当我们的产品开发依赖某些工具的时候，这些工具本身隐藏的问题可能会导致产品的缺陷。因此，我们在选择软件开发工具的时候，尽可能选择比较成熟的产品，不使用最新的开发工具，这类工具往往本身还存在很多问题。

（8）人员过于自大。我们经常会发现人们普遍喜欢说"没问题""很简单""我可以在几小时内解决那个问题""修改那些老代码应当是很简单的"；而不是说"那会增加很多复杂性，可能会导致很多错误""如果我们要做那个的话，我们将无能为力""我无法估计可能要多长时间，除非我能进一步进行观察和研究""我们无法弄清楚那些混乱的代码到底在做什么事情"。如果存在太多的"没问题"，问题也就产生了。

1.6　软件缺陷的类型、严重性和优先级

本节介绍软件缺陷的类型、严重性、优先级。

1.6.1　软件缺陷的类型

软件测试使用各种术语描述软件出现的问题，通用的术语如下。

- 软件错误（software error）。
- 软件缺陷（software defect）。
- 软件故障（software fault）。
- 软件失效（software failure）。

区分这些术语很重要，它关系到软件测试工程师对软件失效现象与机理的深刻理解。由于软件内部逻辑复杂，运行环境动态变化，且不同的软件差异可能很大，因此软件失效机理可能有不同的表现形式。但总的来说，软件失效机理可描述为软件错误→软件缺陷→软件故障→软件失效。

- 软件错误：在软件生命周期内不希望或不可接受的人为错误，这会导致软件缺陷的产生。在整个软件生命周期的每个阶段，都有人的直接或间接的干预。然

而，人难免犯错误，这必然给软件留下不良的痕迹。可见，软件错误是人为造成的，相对于软件本身是一种外部行为。

- 软件缺陷：存在于软件（文档、数据、程序）之中的那些不希望或不可接受的偏差，如少一个逗号、多一个语句等。其结果是软件运行于某一特定条件时出现故障，即软件缺陷被激活。
- 软件故障：软件运行过程中出现的一种不希望或不可接受的内部状态。例如，当软件在执行一个多余的循环过程时，我们说软件出现故障。此时，若不通过适当的措施（容错）及时加以处理，便会造成软件失效。所以，软件故障是一种动态行为。
- 软件失效：软件运行时产生的一种不希望或不可接受的外部行为。

综上所述，软件错误是一种人为错误，一个软件错误必定产生一个或多个软件缺陷。当一个软件缺陷被激活时，便产生一个软件故障；当同一个软件缺陷在不同条件下被激活时，可能产生不同的软件故障。对于软件故障，如果没有通过及时的容错措施加以处理，便不可避免地导致软件失效。同一个软件故障在不同条件下可能产生不同的软件失效。

在软件生命周期中会存在和产生形形色色的软件错误、缺陷、故障与失效。对于不同的软件，其错误、缺陷和故障无论在表现形式、性质乃至数量上都可能大不相同，试图对它们做一个全面而详尽的阐述是不现实的，所以有必要加以区别。关于软件错误，John D. Musa 指出，软件错误是代码中的缺陷，是由错误引起的，是由一个或多个人的不正确或疏漏行为造成的。例如，系统工程师在定义需求时可能会犯错，从而导致代码错误，而代码错误又导致在一定条件下运行系统时失败。关于软件缺陷，按照一般定义，只要软件出现的问题符合下列 5 种情况中的任何一种，就称为软件缺陷。

- 软件未达到需求说明书中指明的功能。
- 软件出现了需求说明书中指明的不会出现的错误。
- 软件功能超出了需求说明书中指明的范围。
- 软件未达到需求说明书中虽未指出但应达到的目标。
- 软件测试人员认为软件难以理解、不易使用、运行速度慢，或最终用户认为软件不好使用。

实践表明，大多数软件缺陷产生的原因并非源自编程错误，主要来自需求说明书和产品的设计方案。

需求说明书成为软件缺陷的罪魁祸首，是因为编写的需求说明书不全面、不完整和不准确，而且经常发生需求变更，或者整个开发组没有很好地沟通和理解。也就是说，或者由于软件需求说明书本身的问题，或者开发人员对需求说明书的理解与沟通不足。

软件缺陷的第二大来源是设计方案，即软件设计说明书。这是程序员开展软件计划和构架的依据，这里产生软件缺陷的原因与上面是类似的，设计方案片面、多变，程序员的理解与沟通不足。总之，因为开发的软件与软件需求说明书、设计说明书不一致，软件的实现未满足目标用户的潜在需求，所以产生了软件缺陷。

目前软件测试界一般主要使用缺陷（defect）和错误（error）这两个词，而软件缺陷又常称为 Bug。

1.6.2　软件缺陷的严重性和优先级

软件中存在的缺陷与错误会造成软件失效，重大的软件故障与失效会导致重大经济损失与灾难。在报告软件缺陷时，一般要说明如何处置。软件测试工程师要对软件缺陷分类，以简明扼要的方式指出其影响，以及修复的优先次序。给软件缺陷划分严重性和优先级的通用原则是：严重性表示软件缺陷所造成的危害的恶劣程度，优先级表示修复缺陷的重要程度与次序。

1. 严重性

软件缺陷的严重性分为以下几类。

- 致命：造成系统崩溃、数据丢失、数据毁坏。
- 严重：出现操作性错误、错误结果，遗漏了功能。
- 一般：表现为提示信息错误，用户界面（User Interface，UI）布局错位，操作时间过长。
- 轻微：具有不影响使用的错误。

2. 优先级

软件缺陷的优先级分为以下几类。

- 最高优先级：立即修复软件缺陷，停止一切测试。
- 次高优先级：在产品发布之前必须修复软件缺陷。
- 中等优先级：如果时间允许应该修复软件缺陷。
- 最低优先级：可能会修复软件缺陷，但是也能发布产品。

一般，严重性和优先级用数字 1～4 表示，有的用小数字表示级别高，而有的用大数字表示级别高。对于同样的 Bug，在不同的开发过程或软件的不同部分中，其严重性和优先级将有所变化，应具体情况具体分析。

1.7 测试用例的定义

简单地说，测试用例（test case）就是设计的一个情况，软件程序在这种情况下，必须能够正常运行且达到程序设计的执行结果。因为我们无法实现穷举测试，所以为了节省时间和资源，提高测试效率，必须要从大量的测试数据中精心挑选出代表性或特殊的测试数据来进行测试。使用测试用例的好处主要体现在以下几个方面。

- 在开始实施测试之前设计好测试用例，可以避免盲目测试并提高测试效率。
- 测试用例的使用令软件测试的实施重点突出、目的明确。
- 在软件版本更新后只需要修正少部分的测试用例便可展开测试工作，降低工作强度，缩短项目周期。
- 功能模块的通用化和复用化使软件易于开发；而测试用例的通用化和复用化则使软件测试易于开展，并随着测试用例的不断积累测试效率也不断提高。

例如，修改某系统登录密码的测试用例如表 1-1 所示。

表 1-1 修改某系统登录密码的测试用例

测试用例编号	ZCGL-ST-SRS006-001
测试项目	修改登录密码的测试
测试标题	新密码为 6 位数字，其他输入均正确，进行正常测试
优先级	高
预置条件	当前登录用户的密码为 testing
输入	（1）输入当前密码“testing”。 （2）输入新密码“924751”。 （3）输入确认密码“924751”
执行步骤	输入以上数据，单击“确定”按钮
预期输出	界面提示修改成功

1.8 测试执行的定义

测试执行就是根据测试用例运行被测软件，如图 1-8 所示。软件测试工程师将测试数据输入被测软件，得到结果数据。将结果数据和预期数据进行比较，如果相符，则测试通过；如果不符，则测试不通过，提交缺陷。

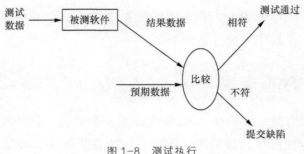

图 1-8　测试执行

1.9　软件测试工程师的主要工作

软件测试工程师的主要工作如下。

- 检视代码，评审开发文档。
- 进行测试设计，编写测试文档（测试计划、测试方案、测试用例）等。
- 执行测试，发现软件缺陷，提交缺陷报告，并确认缺陷最终得到了修正。
- 通过测试度量软件的质量。

第2章 测试过程

作为软件生命周期中的一个环节，测试可以进一步细分为不同的测试阶段和测试活动。只有完成不同测试阶段的各项测试工作，才能真正做好测试。

2.1 软件测试阶段

软件测试可以分为 4 个阶段——单元测试、集成测试、系统测试和验收测试，其中单元测试、集成测试和系统测试又称为研发测试。

2.1.1 单元测试

单元测试是针对软件基本组成单元（软件设计的最小单位）来进行正确性检验的测试工作。

单元测试的目的是检测软件模块与详细设计说明书的符合程度。

2.1.2 集成测试

集成测试是在单元测试的基础上，将所有模块按照概要设计说明书组装成子系统或系统，验证组装后功能及模块间接口是否正确的测试工作。

集成测试的目的是检测软件模块与概要设计说明书的符合程度。

2.1.3 系统测试

系统测试是将已经集成的软件系统作为整个基于计算机系统的一个元素，与计算机硬件、外部设备、支持软件、数据和人员等其他系统元素结合在一起，在实际运行（使用）环境下，对计算机系统进行的一系列的测试工作。

系统测试的目的在于通过与需求说明书作比较，发现软件与系统需求定义不符合的地方。

2.1.4　单元测试、集成测试和系统测试的比较

1. 测试方法不同

- 单元测试属于白盒测试。
- 集成测试属于灰盒测试。
- 系统测试属于黑盒测试。

2. 考察范围不同

- 单元测试主要测试单元内部的数据结构、逻辑控制、异常处理等。
- 集成测试主要测试模块之间的接口和接口数据传递关系，以及模块组合后的整体功能。
- 系统测试主要测试整个系统与需求的符合程度。

3. 评估基准不同

- 单元测试的评估基准主要是逻辑覆盖率。
- 集成测试的评估基准主要是接口覆盖率。
- 系统测试的评估基准主要是测试用例对需求规格的覆盖率。

2.1.5　回归测试

在测试或其他活动中发现的缺陷经过修改后，应该对软件进行回归测试（regression testing），如图 2-1 所示。回归测试的目的是验证缺陷得到了正确的修复，同时对系统的变更没有影响以前的功能。回归测试可以发生在任何一个阶段，包括单元测试、集成测试和系统测试。

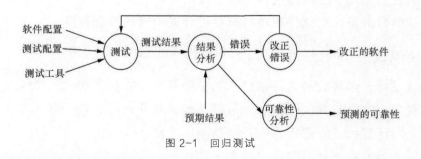

图 2-1　回归测试

1. 回归测试的策略

如果回归测试需要考虑如何选择重新执行的测试用例，就要确定回归测试的策略。常见的回归测试策略如下。

- 完全重复测试：重新执行所有在前期测试阶段建立的测试用例，以确认问题修改的正确性和修改的局部影响性。

- 选择性重复测试：选择性地重新执行部分在前期测试阶段建立的测试用例，以测试被修改的程序。具体细分如下。

  - 覆盖修改法：针对被修改的部分，选取或重新构造测试用例以验证没有错误再次发生的用例选择方法。也就是说，这类回归测试仅根据修改的内容来选择测试用例，这部分测试用例仅保证修改的缺陷或新增的功能实现了。这种方法的效率是最高的，但风险是最大的，因为它无法保证这个修改是否影响了其他功能。在进度压力很大或者系统结构设计耦合性很小的状态下，可以使用该方法。

  - 周边影响法：不但要包含覆盖修改法确定的用例，还需要分析修改的扩散影响，对于那些受到修改间接影响的部分，选择测试用例以验证它没有受到不良影响。该方法比覆盖修改法更充分。这类回归测试需要分析当前的修改可能影响到哪部分代码或功能，对于所有受影响的功能和代码，对应的所有测试用例都将被回归。如何判断哪些功能或代码受影响依赖于开发过程的规范性和测试分析人员（或开发人员）的经验。对于开发过程有详细的需求跟踪矩阵的项目而言，在矩阵中分析修改功能所波及的代码区域或其他功能是比较简单的，同时有经验的开发人员和测试人员能够有效地找出受影响的功能或代码；对于单元测试而言，修改代码之后，还需要考虑对一些公共内容的影响，如全局变量、输入/输出接口、配置文件等。该方法是业界推荐的方法，适合于一般项目。

  - 指标达成方法：一种类似于单元测试的方法，在重新执行测试前，先确定一个要达成的指标，如完全覆盖修改部分的代码、覆盖与修改有关的60%的接口等，基于这种要求，选择一个最小的测试用例集合。

2. 回归测试流程

回归测试也需要有流程，可参考如下流程。

（1）在测试策略制定阶段，制定回归测试策略。

（2）确定需要回归测试的版本。

（3）发布回归测试版本，按照回归测试策略执行回归测试。

（4）若回归测试通过，关闭缺陷跟踪单（问题单）。

（5）若回归测试不通过，把缺陷跟踪单返回开发人员，开发人员重新修改问题，再次提交测试人员，进行回归测试。

3. 回归测试的自动化

回归测试是一个重用以前成果的测试，很难预料到要经过多少次回归系统才能达到满意的水平，因此，回归测试将可能演变成一种重复的、令人心烦意乱的工作，效果与人员的积极性将大打折扣。于是，回归测试的自动化非常重要。

回归测试的自动化包括测试程序的自动运行、自动配置，测试用例的管理和自动输入，测试的自动执行，测试信息与结果的自动采集，测试结果的自动比较和结论（尤其前面提到的各类数据的共享决策）的自动输出。

对于系统测试功能比较简单、测试界面相对稳定并且测试用例良好的测试来说，采用"捕捉回放"工具是比较合适的，这类工具有 QTP、Robot Framework、Selenium 等。为了实现测试用例的自动化并实现测试结果的自动判断，脚本化的并且包含控制结构和内部实现结果判断的测试用例是唯一的选择，此类脚本语言有 Python、Ruby、Java 等。

对于特定系统中复杂的测试来说，如果没有通用的商用工具可供选择，可以尝试开发专用的自动化测试工具。

回归测试的自动化（或者说工具化）是一个需要尽早考虑的问题，在确定测试方案时就要考虑这种可能性，必要时应投入资源进行开发，形成可供继承与推广的工具则是最终目的。

2.1.6　验收测试

当软件产品是为了特定用户开发的时候，需要进行一系列的验收，让用户验证软件产品是否满足了所有的需求。

如果软件产品是为多个用户开发的，让用户逐个进行验收测试是不切合实际的，因此往往采用 α 测试和 β 测试，以发现可能只有最终用户才能发现的问题。

在通过了内部系统测试及软件配置审查之后，就可以开始验收测试。验收测试是以用户为主的测试。软件开发人员和 QA 人员也应参加。由用户参与设计测试用例，使用用户界面输入测试数据，并分析测试的输出结果，一般使用生产实践中的实际数据进行测试。在测试过程中，除了考虑软件的功能和性能外，还应对软件的可移植性、兼容性、可维护性、错误的恢复功能进行确认。验收测试原则上在用户所在地进行，但如经用户同意也可以在公司内模拟的用户环境中进行。

根据合同、需求规格说明书或验收测试计划对产品进行验收测试。

验收测试的结果有两种情况。

● 软件功能、性能等质量特性与用户的要求一致，可以接受。

● 软件功能、性能等质量特性与用户的要求有差距，无法接受。

1. α 测试

α 测试是用户在开发环境下进行的测试，也可以是开发机构内部的用户在模拟环境下进行的测试。α 测试中，软件在一个自然状态下使用。开发者坐在用户旁，随时记下错误和使用中的问题。这是在受控的环境下进行的测试。α 测试的目的主要是评价软件产品的功能、局域化、可用性、可靠性、性能、支持性（Function，Localization，Usability，Reliability，Performance，Support，FLURPS），尤其注重产品的界面和特色。α 测试人员是除产品研发人员之外最早见到产品的人，他们提出的功能和修改建议是很有价值的。

2. β 测试

β 测试是软件的多个用户在一个或多个用户的实际使用环境下进行的测试。这些用户是与公司签订了支持产品预发行合同的外部用户，他们要求使用该产品，并愿意返回所有错误信息给开发者。与 α 测试不同的是，在进行 β 测试时，开发者通常不在测试现场。因而，β 测试是在开发者无法控制的环境下进行的软件现场应用。

在 β 测试中，由用户记录下遇到的所有问题，包括真的和主观认定的，定期向开发者报告；开发者在综合用户的报告后做出修改，再将软件产品交付给全体用户使用。

2.2 测试过程模型

关于软件工程中工作量的经验数据如图 2-2 所示。根据图 2-2 在软件开发和测试各个阶段进行工作量的合理分配，可以将软件的缺陷率控制在每千行代码 0.01 个缺陷以下。

目前，国内的绝大部分软件公司很难达到每千行代码小于 0.01 个缺陷的标准，原因如下。

- 测试活动多集中在开发的后期阶段，即系统测试前期介入力度不够，职责不明确，且没有一套规范化、系统化的测试过程。
- 测试设计和测试执行没有分离。
- 一些质量保证活动（如工作产品评估、可跟踪性分析、接口分析、关键性分析等）是零散的、不自觉的行为，既没有进行相应的规划和监控，也无明确的输出。

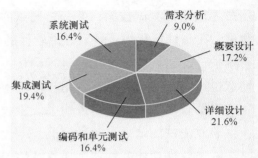

图 2-2　关于软件工程中工作量的经验数据
（数据来自美国国防部）

目前国内软件公司存在的主要问题是测试活动多集中于后期，并且没有明确、清晰、规范的软件测试过程。因此，需要以一套切实可行的测试过程作为理论依据。目前，验证与确认（Verification and Validation，V&V）模型就是使用比较广泛的一种模型。

具体地说，V&V 模型用于验证是否做了正确的事情，确认是否把事情做正确了。

- 验证：保证软件正确地实现了特定功能的一系列活动。在验证过程中，提供证据，表明软件及相关产品与所有生命周期活动的要求（如正确性、完整性、一致性、准确性等）一致；验证是否满足生命周期过程中的标准、时间和约定；验证为判断每一个生命周期活动是否已经完成以及是否可以启动其他生命周期活动建立的准则。

- 确认：保证所生产的软件可追溯到用户需求的一系列活动。在确认过程中，提供证据，表明软件是否满足系统需求（指分配给软件的需求），并解决了相应的问题。

Boehm 对 V&V 的解释如下。

- Verification：Are we building the product rightly？（是否正确地构建了产品？）
- Validation：Are we building the right product？（是否构建了正确的产品？）

基于 V&V 理论，建立了测试过程双 V 模型，如图 2-3 所示。

CMM（Capability Maturity Model，能力成熟度模型）关于过程的要素包括如下几个方面。

- 角色（role）。
- 入口准则（entry criteria）。
- 输入（input）。
- 活动（activity）。

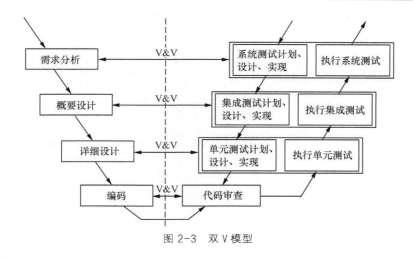

图 2-3 双 V 模型

- 输出（output）。
- 出口准则（exit criteria）。
- 评审和审计（review and audit）。
- 可管理和受控的工作产品（work product managed and controlled）。
- 测量（measurement）。
- 书面规程（documented procedure）。
- 培训（training）。
- 工具（tool）。

CMM 重视过程的定义和改进，一个过程应该由上面一些或全部要素组成。测试过程的定义也应该包含上面这些部分，包括各阶段输入、输出、入口和出口准则、角色的定义等，本章只就其中的测试阶段划分和输入/输出文档做初步介绍。

如表 2-1 所示，软件测试主要包括系统测试、集成测试、单元测试 3 个大的阶段，而每个大阶段又包含 4 个小阶段，每个小的阶段都有相应的输入、输出、入口和出口准则以及角色的定义。测试阶段的输入/输出如图 2-4 所示。

表 2-1　软件测试阶段的划分

测试阶段	系统测试阶段	集成测试阶段	单元测试阶段
测试计划阶段	系统测试计划阶段	集成测试计划阶段	单元测试计划阶段
测试设计阶段	系统测试设计阶段	集成测试设计阶段	单元测试设计阶段
测试实现阶段	系统测试实现阶段	集成测试实现阶段	单元测试实现阶段
测试执行阶段	系统测试执行阶段	集成测试执行阶段	单元测试执行阶段

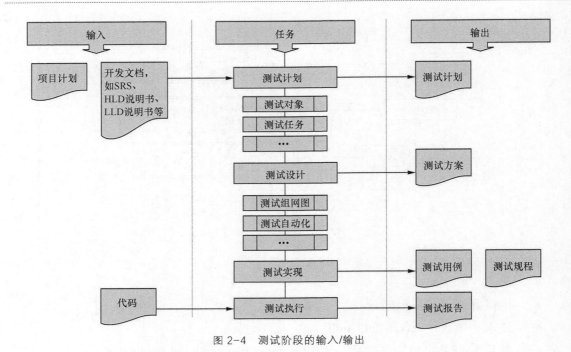

图 2-4 测试阶段的输入/输出

2.2.1 软件系统测试阶段

软件系统测试分为系统测试计划阶段、系统测试设计阶段、系统测试实现阶段和系统测试执行阶段。系统测试中 4 个阶段和开发中各个阶段的对应关系如图 2-5 所示。

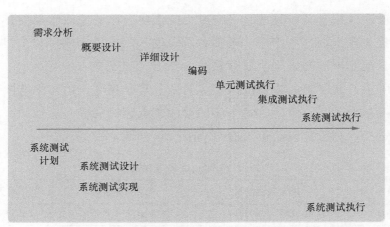

图 2-5 系统测试中 4 个阶段和开发中各个阶段的对应关系

系统测试中各子阶段的输入/输出如表 2-2 所示。

表 2-2　系统测试中各子阶段的输入/输出

各子阶段	输入	输出
系统测试计划阶段	软件开发计划、软件测试计划、需求规格说明书	系统测试计划
系统测试设计阶段	软件需求说明书、系统测试计划	系统测试方案
系统测试实现阶段	软件需求说明书、系统测试计划、系统测试方案	系统测试用例、系统测试规程、系统测试预测试项
系统测试执行阶段	系统测试计划、系统测试方案、系统测试用例、系统测试规程、系统测试中的预测试项	系统测试中的预测试报告、系统测试报告、软件缺陷报告

2.2.2　软件集成测试阶段

软件集成测试分为集成测试计划阶段、集成测试设计阶段、集成测试实现阶段和集成测试执行阶段。集成测试中 4 个阶段和开发中各个阶段的对应关系如图 2-6 所示。

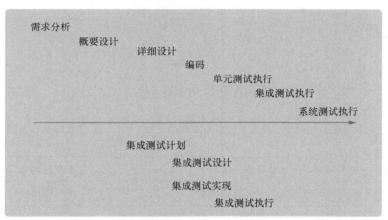

图 2-6　集成测试中 4 个阶段和开发中各个阶段的对应关系

集成测试中各子阶段的输入/输出如表 2-3 所示。

表 2-3　集成测试中各子阶段的输入/输出

各子阶段	输入	输出
集成测试计划阶段	软件测试计划、HLD 说明书	集成测试计划
集成测试设计阶段	HLD 说明书、集成测试计划	集成测试方案
集成测试实现阶段	HLD 说明书、集成测试计划、集成测试方案	集成测试用例、集成测试规程
集成测试执行阶段	集成测试计划、集成测试方案、集成测试用例、集成测试规程	集成测试报告、软件缺陷报告

2.2.3　软件单元测试阶段

软件单元测试分为单元测试计划阶段、单元测试设计阶段、单元测试实现阶段和单元测试执行阶段。单元测试中 4 个阶段和开发中各个阶段的对应关系如图 2-7 所示。

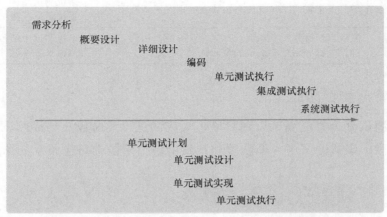

图 2-7　单元测试中 4 个阶段和开发中各个阶段的对应关系

单元测试中各子阶段的输入/输出如表 2-4 所示。

表 2-4　单元测试中各子阶段的输入/输出

各子阶段	输入	输出
单元测试计划阶段	软件测试计划、概要设计说明书	单元测试计划
单元测试设计阶段	概要设计说明书、单元测试计划	单元测试方案
单元测试实现阶段	详细设计说明书、单元测试计划、单元测试方案	单元测试用例、单元测试规程
单元测试执行阶段	单元测试计划、单元测试方案、单元测试用例、单元测试规程	单元测试报告、软件缺陷报告单

2.3　软件开发与测试中各环节的任务、角色及其职责

整个软件开发与测试过程可以分为需求分析阶段、概要设计阶段、详细设计阶段、编码阶段和测试阶段。项目经理、软件开发工程师、软件测试工程师、开发经理、测试经理、质量保证（Quality Assurance，QA）人员、变更控制委员会（Change Control Board，CCB）等在这些阶段中会分别承担不同的工作任务。

2.3.1 软件需求分析阶段的任务

软件需求分析阶段的任务如下。

- 分析需求，完成 SRS。
- 评审 SRS。
- 进行需求跟踪。
- 制订系统测试计划。
- 评审系统测试计划。

2.3.2 软件需求分析阶段的角色及其职责

软件需求分析阶段的角色及其职责如表 2-5 所示。

表 2-5 软件需求阶段的角色及其职责

角色	职责
软件开发项目经理	<ul><li>带领项目组分析审核任务书。</li><li>带领项目组与系统工程师进行需求交流并进行分析和文档化。</li><li>组织 SRS 的评审。</li><li>组织需求跟踪</li></ul>
软件开发工程师	<ul><li>完成 SRS 文档。</li><li>完成需求跟踪。</li><li>参与 SRS 的评审。</li><li>根据 SRS 评审专家意见，修改 SRS。</li><li>参与系统测试计划的评审</li></ul>
软件经理	在 SRS 评审结束后，批准 SRS
QA 人员	<ul><li>监督项目组遵循需求管理流程。</li><li>参与相关文档的评审。</li><li>保证相关组参与文档的评审</li></ul>
CCB 负责人	控制需求的变更
软件测试项目经理	<ul><li>参与开发人员的软件需求分析，提出可测试性需求。</li><li>组织人员参与 SRS 的评审工作。</li><li>编写软件系统测试计划。</li><li>组织系统测试计划的评审。</li><li>组织本阶段测试需求跟踪</li></ul>
软件测试工程师	<ul><li>参与 SRS 的评审工作。</li><li>协助软件测试项目经理完成软件系统测试计划编写。</li><li>参与系统测试计划的评审。</li><li>完成本阶段测试需求跟踪</li></ul>

2.3.3　软件概要设计阶段的任务

软件概要设计阶段的任务如下。

- 进行软件系统各层设计，完成概要设计说明书。
- 评审概要设计说明书。
- 设计系统测试方案、用例。
- 评审系统测试方案、用例。
- 更新需求跟踪。
- 制订集成测试计划。
- 集成测试计划评审。

2.3.4　软件概要设计阶段的角色及其职责

软件概要设计阶段的角色及其职责如表 2-6 所示。

表 2-6　软件概要设计阶段的角色及其职责

角色	职责
软件开发项目经理	<ul><li>安排概要设计任务，并确保有足够的资源。</li><li>组织概要设计文档的评审。</li><li>批准评审后的概要设计说明书。</li><li>组织需求跟踪</li></ul>
软件开发工程师	<ul><li>完成概要设计文档。</li><li>完成需求跟踪。</li><li>参与概要设计说明书的评审。</li><li>根据评审专家意见，修改概要设计说明书。</li><li>参与系统测试方案、用例、集成测试计划的评审</li></ul>
测试经理	在集成测试计划评审结束后，批准集成测试计划
QA 人员	<ul><li>监督项目组遵循需求管理流程。</li><li>参与相关文档的评审。</li><li>保证相关组参与文档评审</li></ul>
CCB 负责人	控制需求的变更
软件测试项目经理	<ul><li>组织人员参与概要设计说明书的评审工作。</li><li>编写软件集成测试计划。</li><li>组织集成测试计划的评审。</li><li>安排相关系统测试方案、用例的设计任务。</li><li>组织系统测试方案、用例的评审。</li><li>组织本阶段测试需求跟踪</li></ul>

角色	职责
软件测试工程师	• 参与概要设计说明书的评审。 • 参与集成测试计划的评审。 • 进行系统测试方案、用例的设计。 • 参与系统测试方案、用例的评审。 • 完成本阶段的测试需求跟踪

2.3.5　软件详细设计阶段的任务

软件详细设计阶段的任务如下。

- 进行软件详细设计，完成详细设计说明书。
- 评审详细设计说明书。
- 设计集成测试方案、用例。
- 评审集成测试方案、用例。
- 更新需求跟踪。
- 制订单元测试计划。
- 单元测试计划评审。

2.3.6　软件详细设计阶段的角色及其职责

软件详细设计阶段的角色及其职责如表 2-7 所示。

表 2-7　软件详细设计阶段的角色及其职责

角色	职责
软件开发项目经理	• 安排详细设计任务，并确保有足够的资源。 • 组织详细设计说明书的评审。 • 批准评审后的详细设计说明书。 • 组织需求跟踪
软件开发工程师	• 完成详细设计说明书。 • 完成需求跟踪。 • 参与详细设计说明书的评审。 • 根据评审专家意见，修改详细设计说明书。 • 参与集成测试方案、用例、单元测试计划的评审

续表

角色	职责
测试经理	在单元测试计划评审结束后，批准单元测试计划
QA 人员	● 监督项目组遵循需求管理流程。 ● 参与相关文档的评审。 ● 保证相关组参与文档评审
CCB 负责人	控制需求的变更
软件测试项目经理	● 组织人员参与详细设计说明书的评审工作。 ● 编写软件单元测试计划。 ● 组织单元测试计划的评审。 ● 安排相关集成测试方案、用例的设计任务。 ● 组织集成测试方案、用例的评审。 ● 组织本阶段测试需求跟踪
软件测试工程师	● 参与详细设计说明书的评审。 ● 参与单元测试计划的评审。 ● 进行集成测试方案、用例的设计。 ● 参与集成测试方案、用例的评审。 ● 完成本阶段测试需求跟踪

2.3.7　软件编码阶段的任务

软件编码阶段的任务如下。

● 软件编码。
● 代码静态质量检查。
● 代码评审。
● 单元测试方案、用例设计。
● 单元测试方案、用例评审。

2.3.8　软件编码阶段的角色及其职责

软件编码阶段的角色及其职责如表 2-8 所示。

表 2-8　软件编码阶段的角色及其职责

角色	职责
软件开发项目经理	• 安排编码任务，并确保有足够的资源。 • 组织代码的静态质量检查。 • 组织代码评审。 • 组织需求跟踪
软件开发工程师	• 完成编码任务。 • 进行代码静态质量检查。 • 参与代码评审。 • 根据评审专家意见，修改代码。 • 完成需求跟踪。 • 参与单元测试方案、用例的评审
QA 人员	• 监督项目组遵循需求管理流程。 • 参与相关文档的评审。 • 保证相关组参与文档的评审
CCB 负责人	控制需求的变更
软件测试项目经理	• 组织人员参与代码的评审工作。 • 安排相关单元测试方案、用例的设计任务。 • 组织单元测试方案、用例的评审。 • 组织本阶段测试需求跟踪
软件测试工程师	• 参与代码评审。 • 进行单元测试方案、用例的设计。 • 参与单元测试方案、用例的评审。 • 完成本阶段测试需求跟踪

2.3.9　软件测试阶段的任务

1. 单元测试阶段的任务

- 执行单元测试用例。
- 记录、修复单元测试缺陷。
- 编写单元测试日报。
- 编写单元测试报告。
- 对单元测试中发现的缺陷进行回归测试。

2. 集成测试阶段的任务

- 执行集成测试用例。

- 记录、修复集成测试缺陷。
- 编写集成测试日报。
- 编写集成测试报告。
- 对集成测试中发现的缺陷进行回归测试。

3. 系统测试阶段的任务

- 执行系统测试中的预测试项。
- 编写系统测试预测试报告。
- 编写系统测试用例。
- 记录、修复系统测试缺陷。
- 编写系统测试日报。
- 编写系统测试报告。
- 对系统测试中发现的缺陷进行回归测试。

2.3.10　软件测试阶段的角色及其职责

软件测试阶段的角色及其职责如表 2-9 所示。

表 2-9　软件测试阶段的角色及其职责

角色	职责
软件开发项目经理	• 确保缺陷分发给相关软件工程师并监督及时得到解决。 • 提出转系统测试申请
软件开发工程师	• 修正缺陷。 • 验证相关的缺陷已经被修正。 • 参与各阶段测试报告的评审
QA 人员	• 监督项目组遵循需求管理流程。 • 参与相关文档的评审。 • 保证相关组参与文档评审
CCB 负责人	控制需求的变更
软件测试项目经理	• 组织所有的测试执行活动，安排并监督测试执行任务。 • 确保选择适合的测试工具并建立测试环境。 • 确保缺陷分发给相关软件工程师并及时得到解决。 • 组织编写测试报告和系统测试预测试报告。 • 组织测试报告的评审。 • 组织转系统测试的评审

角色	职责
软件测试工程师	· 搭建测试环境。 · 执行测试用例。 · 发现缺陷后提交缺陷报告。 · 回归测试。 · 提交测试日报。 · 编写测试报告及系统测试中的预测试报告。 · 参与测试报告的评审。 · 参与转系统测试的评审

第3章 软件质量

测试工作很重要的作用就是帮助开发人员提升软件质量。只有明确了什么是软件质量，如何通过体系来保证和提升质量，才能更好地完成测试工作。

3.1 软件质量的定义

软件质量是客观存在的，研发企业可以借助质量铁三角来从不同的角度提升软件质量。

3.1.1 什么是质量

国际标准化组织（International Organization for Standardization，ISO）关于质量的定义是一个实体的所有特性，基于这些特性可以满足明显的或隐含的需求。而质量就是实体基于它的所有特性满足需求的程度。质量的定义如图 3-1 所示。

质量的定义包含 3 个要素——实体、特性集合和需求。

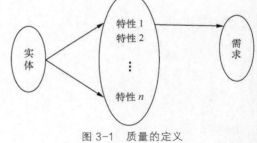

图 3-1 质量的定义

1. 实体

实体的示例如下。

- 产品：手机、MP3、汽车、企业资源计划（Enterprise Resource Planning，ERP）软件、桌子……
- 服务：酒店、出租车、快递、培训、美容……

对于测试来说，实体即测试对象。

2. 特性集合

对于不同实体，其特性集合不同。

榨汁机的特性集合如下。

- 功能：能够榨豆浆、水果汁（如苹果汁、梨汁、西瓜汁……）
- 性能：比如，榨 1kg 黄豆需要多长时间？
- 耗能：比如，榨 1kg 黄豆消耗的电量是多少？
- 安全性：榨汁过程中有无人体安全防护措施？有无漏电保护？
- 可靠性：榨汁机能持续稳定运转多长时间？
- 易用性：榨汁机的操作是否简单方便？

……

酒店的特性集合如下。

- 建筑：客房、西餐厅、宴会厅、酒吧、健身房……
- 设施：配套设施的品牌、档次……
- 环境：交通、风景……
- 服务：服务品种、服务态度、响应客户要求的及时性……

……

3. 需求

评价实体的质量，不是从一个角度来说它的质量好还是不好，而是从所有的角度来综合进行评价。

软件质量是由哪些特性组成的？后面会讲到软件质量模型，这是软件质量中最核心的一部分。

评价的标准是什么？是需求。质量和需求对应，需求有 3 个层次——显式需求、隐式需求和用户的实际需求，因此我们可以引申出不同层次的软件质量。

- 符合需求规格：符合开发者明确定义的目标，即产品在做让它做的事情。目标是开发者定义的，并且是可以验证的。如果想要一个高质量的产品，需求必须是可度量的，并且产品的需求要么满足，要么不满足。根据这种度量，质量是一个二维的状态，即产品要么是高质量的，要么是低质量的。需求可能非常复杂或者非常简单，但只要它们是可以度量的，就可以用来确定是否达到质量要求。这是生产者关于质量的观念，他们认为质量就是满足生产者的需求或规格说明书。在这里满足规格说明书成为产品本身的一个终点。这个是内部质量，即从软件启动到交付用户之间产生的所有中间产品的质量。

- 符合用户显式需求：符合用户所明确说明的目标。目标是客户所定义的，符合目标即判断我们是不是在做我们需要做的事情。在这个维度上用户认为的质量是产品适合使用。这也应当是产品目的的一种描述。描述内容记录在用户的需求规格说明书中，并且质量系统始终围绕着需求进行质量的改进和质量的检测。这个是验收质量，即用户在验收时评价产品的质量。

- 符合用户实际需求：实际需求包括用户显式的和隐式的需求，但往往我们会忽略隐式的需求。因此，在控制一个产品的质量的过程中必须关注这些隐式的需求，并给予应有的验证。用户实际上是根据所有这些实际需求和隐式需求来判断质量的。这个是使用质量，即用户在实际使用过程中对产品的质量评价。

3.1.2　质量管理学家

在质量行业发展的历史上涌现出了多位影响巨大的质量管理学家，而我们当今的质量理念都源于这些大师。

1. 戴明

戴明（1900—1993）博士是世界著名的质量管理学家，他因对世界质量管理发展做出的卓越贡献而享誉全球。以戴明命名的"戴明品质奖"至今仍是日本品质管理领域中的最高荣誉。作为质量管理的先驱者，戴明学说对国际质量管理理论和方法始终产生了异常重要的影响。他认为，"质量是一种最经济的手段，可制造出市场上最有用的产品。一旦改进了产品质量，生产率就会自动提高。"

2. 朱兰

1979 年，朱兰建立了朱兰学院，用于广泛传播他的观点。朱兰学院如今已成为世界领先的质量管理咨询公司。

朱兰的《质量策划》（*Planning for Quality*）一书阐述了他的思想和整个公司质量策划的构成方法。

朱兰认为大部分质量问题是管理层的错误而并非工作层的技巧问题。他认为管理层控制的缺陷占所有质量问题的 80% 以上。

他首次将人力与质量管理结合起来，如今，这一观点已包含于全面质量管理的概念之中。

3. 克劳士比

质量管理学家克劳士比被誉为当代"伟大的管理思想家""零缺陷之父""世界质量先生",他终生致力于"质量管理"哲学的发展和应用,促使全球质量活动由生产制造业扩大到工商企业领域。

克劳士比的理论在中国也大受欢迎,其理论被总结成了克劳士比的质量管理基本原则。

- 质量就是满足要求。
- 工作的标准是零缺陷。
- 质量系统的核心是预防。
- 用不符合要求的代价(Price of Nonconformance,PONC)来衡量质量。

4. 费根堡姆

费根堡姆是全面质量控制的创始人。他主张用系统或者全面的方法管理质量,在质量过程中要求所有职能部门参与,而不局限于生产部门。这一观点要求在产品形成的早期就建立质量标准,而不是在出现质量问题后再进行质量的检验和控制。

他将质量控制定义为"一个协调组织中人们的质量保持和质量改进工作的有效体系,该体系是为了用最经济的手段生产出客户完全满意的产品"。

他指出质量并非意味着"最佳",而是"最佳的用户体验"。在质量控制里,"控制"一词代表一种管理工具,包括制定质量标准、按标准评价符合性、在不符合标准时采取的行动和策划标准的改进等。

5. 石川馨

石川馨是 20 世纪 60 年代初期日本"质量圈"运动中最著名的倡导者之一。

在《质量控制指南》中,石川馨总结了 QC 小组的 7 种常用工具,分别是帕累托(Pareto)图、鱼骨图(因果图/石川图)、散点图、直方图、检查表、控制图和流程图,我们称其为质量控制的七大手法。

3.1.3 质量铁三角

质量铁三角如图 3-2 所示。

流程、技术、组织 3 个方面是影响软件质量的铁三角。软件质量的提高应该要综合考虑这 3 方面的因素,从每个方面进行改进,同时还需要兼顾成本和进度。

图 3-2　质量铁三角

　　一个软件企业要想良性发展，必须关注组织、流程和技术三者之间的关系。组织是流程成功实施的保障，好的组织结构能够有效地促进流程的实施。流程对于产品的成功有着关键的作用，一个符合组织特点和产品特点的流程能够极大地提高产品开发的效率和产品质量；反之则会拖延产品开发进度，并且质量也无法得到保证。对于企业来说，人是最宝贵的财富，他们是技术的载体。技术发展的方向应该与现在的开发流程和规范相结合，这样有利于专业技能的提高。

　　流程、技术、组织三者共同决定软件质量。

1. 流程

　　从一个软件企业的长远发展来看，如果要提高产品的质量，首先应当从流程抓起，规范软件产品的开发过程。这是一个软件企业从小作坊的生产方式向集成化、规范化的大公司迈进的必经之路，也是从根本上解决质量问题、提高工作效率的一个关键手段。

　　什么是流程？流程（flow）是一个或一系列有规律的行动，这些行动以确定的方式发生或执行，促使特定结果的出现。

　　软件产品的开发同其他产品（如汽车）的生产有着共同的特性，即需要按一定的过程来进行生产。在工业界，流水线生产方式是一种高效的且能够比较稳定地保证产品质量的方式。通过这种方式，不同的人员被安排在流程的不同位置，最终为一个目标共同努力，这样可以防止人员工作间的内耗，极大地提高工作效率。另外，由于对应过程来源于成功的实例，因此其最终的产品质量能够满足过程所设定的水平。

　　下面以灌装可乐为例说明流程。

- 输入：散装可乐、瓶子、盖子、标签。

- 活动：放瓶、灌装、贴标签、封瓶盖。
- 输出：成品可乐。

软件工程在软件的发展过程中采用了流程并把它应用到了软件开发中，这就形成了软件开发流程。

无论我们做哪件事情，都有一个循序渐进的过程，从计划、策略到实现。软件开发流程就是按照这种思维来定义开发过程的，它根据不同产品的特点和以往的成功经验，定义了从需求到最终产品交付的一整套流程。流程告诉我们该怎么一步一步去实现产品，可能会有哪些风险，如何避免风险等。由于流程源于成功的经验，因此按照流程进行开发可以使我们少走弯路，并有效地提高产品质量，提高用户的满意度。

流程的要素如下。

- 角色（role）：为了达到某目的而参与的一些人，这些人在过程中承担着相同的任务和职责。
- 职责（responsibility）：角色在过程中所承担的相关责任、应该完成的任务、应该获得的权限。
- 入口准则（entry criteria）：开始某项活动必须满足的条件或者环境。
- 输入（input）：开展某些活动时所参考的资料或者所需要加工的原材料。
- 输出（output）：完成某些活动后可以提交的工件或产出。
- 出口准则（exit criteria）：退出或者结束某些活动时所必需满足的条件或者环境。
- 工具（tool）：开展活动所需要使用的工具。
- 方法（method）：开展活动所使用到的方法。
- 培训（training）：开展活动所需要的外界的或者第三方的支持。
- 模板（template）：开展活动所使用到的规范样本。
- 度量（measurement）：开展活动所能提供的度量指标。
- 检查表（check list）：QA 人员用来检查的依据。

例如，按组成要素分析系统测试（System Testing，ST）过程。

- ST：制订 ST 计划→设计 ST 方案→编写 ST 用例→ST 执行。
- 角色：测试经理、高级软件测试工程师、软件测试工程师、初级软件测试工程师。
- 输出：测试计划文档、测试方案文档、测试用例文档、测试报告。
- 度量：设计用例数/（人•时）、覆盖率。

流程的好处如下。

（1）使得不可见的软件开发过程变得可见并可控。

（2）流程驱动每一个研发人员的活动，减少了内耗，提高了效率。

缺陷流程如下。

测试人员初始化缺陷报告→测试经理审核→开发经理分发→软件开发工程师定位和修改→软件测试工程师回归→软件测试工程师关闭。

流程和成功不是等价的。如果没有流程，则成功不可能得到保证，但有了流程并不意味着肯定能够成功，这恐怕是很多迷信于流程的人所不能接受的。但这的确是一个事实。记得有一个做了将近 30 多年的需求分析专家说过："即使是一个已经达到 CMM4 级的公司，也完全有可能做不好需求分析。"为什么？技术是成功的另外一个必要条件。就好比现在你要从上海到北京去，流程给你指出了最短的路径，技术给你提供最快的交通工具（飞机），两者的结合就是完美的。

2. 技术

技术指的是什么？

技术的承载者是人，包含以下方面。

- 现有员工所承载的技术能力。例如，A 公司要求应聘人员是博士、硕士毕业生，B 公司要求应聘人员是大专、中专毕业生，显然，A 公司要求的技术能力要高。
- 公司发展过程中积累下来的技术能力，如专利、案例、平台、框架等。

从类型上，技术分为开发技术、测试技术和结构工艺技术。

- 开发技术，如分析技术、设计技术、编码技术等。在国内一个普遍的非正常现象就是开发人员觉得只有编程能力才是玩转计算机的真正技能。就好像要盖一套房子，其他都不重要，只要砖瓦匠有高超的技能就行了。尽管这个比喻会打击很多程序员的自尊心，但这的确是一个事实。我们缺少系统级的工程师，在分析和设计方面的工作做得很不扎实。
- 测试技术。对于软件测试来说，不仅需要掌握多方面的技术，如软件测试的基础知识、测试分析技术、测试用例设计技术、测试执行技术、测试工具的使用技术等，还需要了解计算机及软件的基础知识，如编程语言 C/Java、数据结构、操作系统、数据库、网络基础知识等。
- 结构工艺技术，如 MP3、手机的外观设计、软件界面等，往往能创造额外的价值。

技术与流程的关系如下。

- 只有技术，没有规范的流程，无法进行现代化的软件研发。
- 只有好的流程，没有好的技术支撑，同样无法生产出高质量的软件产品。

3. 组织

组织对产品质量不产生直接影响，它通过技术和流程这两个因素来间接影响质量。组织对技术的影响如下。

- 能确保具备相应技术能力的人去从事相应的技术活动。
- 有利于技术的积累，如专利的申请、保护，建立案例库等。

组织对流程的影响如下。

- 组织必须为流程的执行提高强有力的保证，流程=规章制度+约束条件。
- 如果流程没有执行力，遇到阻碍，需要组织强有力的推行。

3.2 软件质量管理体系

目前业内常见的质量管理体系如下。

- ISO：不具体针对某个行业的质量标准，是普遍适用的质量管理体系。
- CMM：特定针对软件行业的质量管理体系。
- 6西格码：不具体针对某个行业，不只关注质量，还关注成本、进度等。

3.2.1 ISO9000:2000 版标准

ISO9000:2000 版标准主要由 ISO9000、ISO9001 和 ISO9004 这 3 个核心标准组成。

ISO9000 阐明了 ISO9000:2000 版标准制定的管理理念和原则，确定了新版标准的指导思想和理论基础，规范和确定了新版 ISO9004 族标准所使用的概念与术语。

ISO9001 标准对组织质量管理体系必须履行的要求做了明确的规定，是对产品要求的进一步补充。ISO9001 标准有两个作用：一是明确通过满足产品的规定要求达到使顾客满意的质量管理体系最低要求；二是为质量管理体系的评价提供基本标准。

ISO9004 是组织进行持续改进的指南标准。

ISO9000:2000 版标准的理论基础是 8 项质量管理原则。8 项质量管理原则用高度概括、易于理解的语言表述了质量管理的最基本、最通用的一般性规律，为组织建立质量管理体系提供了理论依据，是组织的领导者有效地实施质量管理工作必须遵循的原则。

1.　以顾客为中心

组织依赖于顾客而存在，失去顾客的组织必遭淘汰。因此，组织应理解顾客当前的和未来的需求，满足顾客要求并争取超越顾客期望。顾客是每一个组织存在的基础，顾客的要求是第一位的，组织应调查和研究顾客的需求与期望——显式的、隐式的、法规约束的，并把它们转化为质量要求，采取有效措施满足质量要求。不仅领导要明确该指导思想，还要在全体职工中贯彻。

顾客的需求是不断变化的、提高的，组织也应不断改进，并争取超过用户的期望。组织应该评审顾客的需求，分析含糊不清的问题，确保组织有能力解决满足顾客需求。组织以顾客的要求作为过程的输入，以产品作为输出并交付给顾客。

组织管理体系应以满足顾客需求为中心进行运作，把这一种文化融入每一个组织人员的意识形态中并指挥其工作，落实到每一个细小的研发行为中。

下面给出几个示例。诺基亚指出科技以人为本；华为指出为客户服务是华为存在的唯一理由；在 IBM，以用户为中心的设计（User Centered Design，UCD）体现的是以人为本的设计思想，帮助用户高效快捷地完成目标任务，这强调了用户体验的重要性。

作为软件测试工程师，应该站在用户的角度去测试，不仅要关注测试结果，还应该关注整个过程的实现，从客户的角度体验测试的过程，发现软件不合理的地方。细微之处可能会导致用户满意度下降，如给中国用户设计了一个软件，但是界面存在很多英文按钮；再比如，设计了一个软件，某一常用功能需要在第 10 层的菜单中才能找到。

如何识别顾客？

- 组织内部的顾客：下一环节的人是上一环节的顾客。
- 组织外部的顾客：组织外部的服务对象、最终的顾客。

2.　领导的作用

领导必须将本组织的宗旨、方向和内部环境统一起来，并创造使员工能够参与实现组织目标的环境。领导（即最高管理者）具有决策和领导一个组织的关键作用。为了营造一个良好的环境，最高管理者应建立质量方针和质量目标，确保关注顾客要求，确保建立和实施一个有效的质量管理体系，确保具备应有的资源，并随时将运行结果与目标进行比较，根据情况决定实现质量目标的方针、措施，决定持续改进的措施。最高管理者还要做到务实和以身作则，然后一层一层向下传递，使全组织目标统一。

关于质量的好坏，领导起决定性的作用。例如，如果某公司测试总监认为一般车间工人就可以完成测试，那么这个公司能把软件质量做好。

3. 全员参与

各级人员是组织之本，对于组织来说，最重要的就是资源。如何使得充分发挥员工的能力，调动工作积极性，提升员工技能？如何让员工有好的质量意识、责任感并学习新知识、新技术、提高个人工作能力？

这里强调的是各级人员都要参与，使组织达到统一。各级人员都要遵守 8 项质量管理原则，各级人员都是质量的一分子，个人的工作必然会影响到组织最终的质量。因此，只有全组织的每一个人都参与其中，才有可能把质量做到最优，为全组织带来最大的收益。

4. 过程方法

过程指通过利用资源和管理，将输入转化为输出的一项或一组活动。

过程方法指系统地识别和管理组织内的过程，特别是过程之间的相互作用。

将相关的资源和活动作为过程进行管理，可以更快地得到期望的结果。过程方法的原则不仅适用于某些简单的过程，还适用于由许多过程构成的过程网络。在应用质量管理体系时，ISO9000:2000 版标准建立了一个过程模式。此模式把职责管理、资源管理、产品实现以及"测量、分析和改进"作为体系的四大主要过程，描述其相互关系，并以顾客要求为输入，以提供给顾客的产品为输出，通过测定的顾客满意度评价质量管理体系的业绩。

5. 管理的系统方法

针对设定的目标，识别、理解并管理一个由相互关联的过程所组成的体系，有助于提高组织的有效性和效率。这种建立和实施质量管理体系的方法既可用于新建体系，也可用于改进现有的体系。此方法的实施可在 3 方面受益：一是提高对过程能力及产品可靠性的信任；二是为持续改进打好基础；三是使顾客满意，最终使组织获得成功。

例如，从获取需求到最终软件结束（需求分析→设计→编码→测试→维护），就像一个黑盒过程，为了将其看成一系统过程，对整个过程质量进行管理，需要确定管理目标，识别整个过程的模型，利用有效的管理方法。

6. 持续改进

持续改进是组织的一个永恒的目标。在质量管理体系中，改进指产品质量、过程及体系有效性和效率的提高；持续改进包括了解现状，建立目标，寻找、评价和实施解决办法，测量、验证和分析结果，把更改纳入文件等活动。

质量的提高是没有止境的，永远都有提升的空间。但要掌握改进的"度"，应充分考虑成本、竞争力等因素。

例如，如果客户登录时从客户端向服务器端发出了一个请求，客户要求的性能指标是 2s，那么系统响应时间为 2s 就达到了客户的要求。如果可以缩短到 1s，这就超越了客户的要求。但这往往是很难的，可能要进行很长时间的调优，更改设计，不断地尝试才有可能达到，并且要投入很大的人力。那到底掌握一个什么样的度呢？到底是达到 2s、1s，还是 0.5s？没有竞争对手的时候达到 1.9s 质量就不错了；但是如果竞争对手能达到 1.5s，这就不行了，肯定要不断地提高、优化，最少要做到持平。

7. 基于事实的决策方法

对数据和信息的逻辑分析或直觉判断是有效决策的基础。以事实为依据做决策，可防止决策失误。在分析信息和资料时，统计技术是重要的工具之一。统计技术可用来测量、分析和说明产品与过程的变异性，并可以为持续改进的决策提供依据。

作为软件测试工程师，要用数据来说话——工作中注意收集数据。

8. 互利的供方关系

组织和供方相互依存，通过互利的关系，增强组织及其供方创造价值的能力。供方提供的产品将对组织产生重要影响，因此处理好与供方的关系，会影响组织能否持续稳定地提供顾客满意的产品。对供方不能只讲控制不讲合作互利，特别对于关键供方，更要建立互利关系，这对组织和供方都有利。

怎样保证互利？通过培训和共同改进，发展和增强供方能力，确保供方能够按时提供可靠、无缺陷的产品。

3.2.2　CMM

1. CMM 模型简介

能力成熟度模型（Capability Maturity Model，CMM）的精髓在于过程决定质量。各等级的特点和关键过程域（Key Process Area，KPA）如表 3-1 所示。

表 3-1 各等级的特点和 KPA

过程能力等级	特点	KPA
初始（initial）级	软件过程是无序的，有时甚至是混乱的，对过程几乎没有定义，成功取决于个人努力。管理是反应式（消防式）的	
可重复（repeatable）级	建立了基本的项目管理过程来跟踪费用、进度和功能特性。制定了必要的过程纪律，能重复早先类似于应用项目取得的成功	需求管理，软件项目计划，软件项目跟踪和监督，软件子合同管理，软件质量保证，软件配置管理
已定义（defined）级	已将软件管理和工程两方面的过程文档化、标准化，并综合成该组织的标准软件过程。所有项目均使用经批准、裁减的标准软件过程来开发和维护软件	组织过程定义，组织过程焦点，培训大纲，集成软件管理，软件产品工程，组间协调，同行评审
已管理（managed）级	收集对软件过程和产品质量的详细度量，对软件过程和产品都有定量的理解与控制	定量的过程管理，软件质量管理
优化（optimizing）级	过程的量化反馈和新思想、新技术促使过程不断改进	缺陷预防，技术变更管理，过程变更管理

什么是 KPA？

除初始级外，CMM 的每一级是按完全相同的结构组成的。每一级包含了实现这一级目标的若干 KPA，共有 18 个 KPA，这些 KPA 指出了企业需要集中力量改进的软件过程。同时，这些 KPA 指明了为了要达到该能力成熟度等级所需要解决的具体问题。每个 KPA 都明确地列出一个或多个目标（goal），并且指明了一组相关联的关键实践（key practice）。完成这些关键实践就能实现这个 KPA 的目标，从而达到增加过程能力的效果。

CMM 等级的演进如图 3-3 所示。

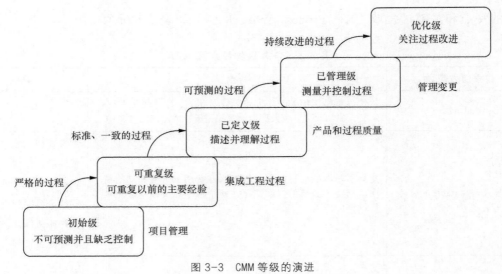

图 3-3　CMM 等级的演进

初始级的特点如下。

- 过程非常混乱或者没有过程。一般不能提供开发和维护软件的稳定环境，缺乏健全的管理实践，不适当的规划和反应式的驱动体系会降低良好的软件工程实践所带来的效益。

- 在危机时刻，项目一般抛弃预定的规程，恢复到仅做编码和测试。项目的成功完全依赖于一个杰出的经理及一个有经验的、战斗力强的软件队伍。但当他们离开项目后，他们稳定过程的作用也随之消失，即使是其他类似的项目也没有办法再成功。

- 整个软件开发过程缺少文档。

- 工作方式是救火式、消防式，体现在有问题才改。

在初始级，组织的过程能力是不可预测的，过程是无序的。进度、预算、功能性和产品质量一般是不可预测的。实施情况依赖于个人的技能、知识和动机。

可重复级的特点如下。

- 已建立管理软件项目的方针和实施这些方针的规程。基于类似项目的经验对新项目进行策划和管理。达到可重复级的目的是使软件项目的有效管理过程制度化，这使得组织能重复在以前类似项目上的成功实践。

- 项目已设置基本的软件管理和控制流程。因为软件项目的策划和跟踪是稳定的，所以能重复以前的成功。由于遵循切实可行的计划，因此项目过程处于项目管理系统的有效控制之下。

已定义级的特点如下。

- 全组织中开发和维护软件的标准过程已文档化，包括软件工程过程和软件管理过程，而且这些过程被集成为一个有机的整体，称为组织的标准软件过程。
- 组织中有一个专门负责组织的软件过程活动的组，如软件工程过程组（Software Engineering Process Group，SEPG），这样的组织制订并实施全组织的培训计划。
- 项目根据其特征裁减组织的标准软件过程，建立项目定义软件过程。
- 在所建立的产品线内，成本、进度和功能性均受控制，对软件质量进行跟踪。整个组织范围内对已定义过程中的活动、角色和职责有共同理解。

已管理级的特点如下。

- 组织对软件产品和过程都设置定量的质量目标。对所有项目都测量其重要软件过程活动的生产率和质量。利用全组织的软件过程数据库收集和分析从项目定义软件过程中得到的数据。软件过程均已配备妥善定义的和一致的度量。
- 通过将项目实施过程的变化限制在定量的可接受的范围之内，从而实现对产品和过程的控制。开发新应用领域的软件所带来的风险是已知的，并得到精心的管理。
- 过程是已测量的并在可测的范围内运行。组织能定量地预测过程和产品质量方面的趋势。软件产品具有可预测的高质量。

优化级的特点如下。

- 整个组织集中精力不断进行过程的改进。为了预防缺陷，组织有办法识别出过程的缺点并预先予以改进。利用有关软件过程有效性的数据，识别出最佳技术创新，推广到整个组织。
- 所有软件项目组都分析缺陷，确定其原因，并且认真评价软件过程，以防止已知类型的缺陷再次出现，同时将经验教训告知其他项目。
- 不断改进、不断改善项目。为此，既采用在现有过程中增量式前进的办法，也借助新技术、新方法进行革新。

缺陷预防主要从两方面进行。

- 测试活动尽量提前，通过及时消除开发前期引入的缺陷，防止这些缺陷遗留到后续环节并放大。

- 通过对已有缺陷进行分析，找出产生这些缺陷的技术问题和流程问题。通过对这些问题进行改正，防止类似缺陷再次发生。

CMM 中各级的管理可视度如图 3-4 所示。

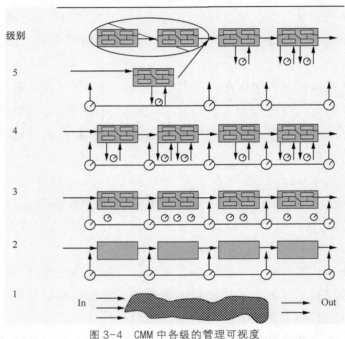

图 3-4　CMM 中各级的管理可视度

CMM 不同级别中开发过程的可视性不同，级别越高，可视度越高，对过程的控制能力就越强。

2．CMM 的用途

CMM 的用途如下。

- 评估组用来识别组织中的优点和弱点。
- 评价组用来识别选择不同的业务承包商的风险并监督合同。
- 管理者用来了解其组织的能力，并了解为了提高其能力成熟度而进行软件过程改进所需要进行的活动。
- 技术人员和过程改进组用来作为指南，指导他们在组织中定义和改进软件过程。

3. PSP、TSP 与 CMM

1）PSP

个体软件过程（Personal Software Process，PSP）是一种可用于控制、管理和改进个人工作方式的自我持续改进过程，是一个包括软件开发表格、指南和规程的结构化框架。PSP 与具体的技术（程序设计语言、工具或者设计方法）相对独立，其原则能够应用到几乎任何的软件工程任务之中。PSP 能够帮助软件工程师做出准确的计划，确定软件工程师为改善产品质量要采取的步骤，建立度量软件过程改善的基准，确定过程的改变对软件工程师能力的影响。

2）TSP

团队软件过程（Team Software Process，TSP）提出了一整套原则、策略和方法，把 CMM 要求实施的管理与 PSP 要求开发人员具有的技巧结合起来，以按时交付高质量的软件，并把成本控制在预算的范围之内。在 TSP 中，讲述了如何创建高效且具有自我管理能力的工程小组，工程人员如何才能成为合格的项目组成员，管理人员如何对团队提供指导和支持，如何保持良好的工程环境使项目组能充分发挥自己的水平等软件工程管理问题。

3）PSP、TSP 与 CMM 的有机结合

PSP 注重个人的技能，能够指导软件工程师如何保证自己的工作质量，估计和规划自身的工作，度量和追踪个人的表现，管理自身的软件过程和产品质量。经过学习和实践 PSP，软件工程师能够在他们参与的项目工作中充分利用 PSP，从而保证项目整体的进度和质量。

TSP 注重团队的高效工作和产品交付能力，结合 PSP 的工程技能，通过告诉软件工程师如何将 PSP 结合进 TSP，通过告诉管理层如何支持和授权项目小组，坚持高质量的工作，并且依据数据进行项目的管理，展示如何生产高质量的产品。

CMM 注重组织能力和高质量的产品，它提供了评价组织的能力以及识别优先改善需求和追踪改善进展的管理方式。

PSP、TSP 和 CMM 为软件行业提供了一个集成化的、三维的软件过程改革框架，如图 3-5 所示。三者互相配合，各有侧重，形成了不可分割的整体，犹如一张具有 3 条腿的凳子，缺一不可。在软件 CMM 的 18 个 KPA 中，有 12 个与 PSP 紧密相关，有 16 个与 TSP 紧密相关。因此，如果能够熟悉 PSP 和 TSP，不但有助于工程师提高工作效率，而且有利于组织的过程改善。

图 3-5　软件过程改革框架

4. CMM 与 CMMI

CMMI 继承并发扬了 CMM 的优良特性,借鉴其他模型的优点,融入了新的理论和实际研究成果。CMMI 不仅能够应用在软件工程领域,还可以用于系统工程及其他工程领域。

CMMI 与 CMM 最大的不同点如下。

(1)CMM 1.1 版本有 4 个集成成分,即系统工程和软件工程是基本的专业领域,对于有些组织还可以应用集成产品与流程开发方面的内容。如果涉及供应商外包管理,可以相应地应用采购部分。

(2)CMMI 有两种表示方法:一种是和软件 CMM 一样的阶段式表现方法,又称为组织成熟度法;另一种是连续式表现方法,又称为过程能力法。阶段式表现方法仍然把CMMI 中的若干个 KPA 分成了 5 个成熟度级别,帮助实施 CMMI 的组织推荐了一条比较容易实现的过程改进道路。而连续式表现方法则将 CMMI 中的 KPA 分为四大类——过程管理、项目管理、工程及支持。对于每个大类中的 KPA,又进一步分为基本的和高级的。这样,在按照连续式表示方法实施 CMMI 的时候,一个组织可以把项目管理或者其他某类的实践一直做到最好,而其他方面的 KPA 可以完全不必考虑。

3.2.3　6 西格码

6 西格码(6σ)管理法以质量作为主线,以客户需求为中心,利用对事实和数据的分析,提升一个组织的业务流程能力,从而增强企业竞争力,是一套灵活的、综合性的管理方法体系。6 西格码管理法要求企业完全从外部客户的角度(而不是从自己的角度)来看待企业内部的各种流程。利用客户的要求来建立标准,设立产品和服务的标准与规格,并以此来评估企业流程的有效性与合理性。该方法通过提高企业流程的绩效来提高产品与服务的质量,提升企业的整体竞争力,塑造一流的企业文化。

6 西格码模式的本质是一个全面管理的概念,而不仅仅是质量提高手段。

1. 6 西格码的含义

西格码表示希腊字母 σ，统计学上用来表示"标准偏差"，即数据的分散程度。6 西格码即为"6 倍标准偏差"。在质量上，6 西格码表示每 100 万个产品的不良品率不大于 $3.4/10^6$，意味着每 100 万个产品中最多只有 3.4 个不合格品，即合格率是 99.99966%。在整个企业流程中，6 西格码是指每 100 万个机会当中的缺陷次数或失误次数不大于 3.4，这些缺陷或失误不仅涉及产品本身及采购、研发、生产、包装、库存、运输、交付、维修，还涉及系统故障、服务、市场、财务、人事、不可抗力等。流程的长期 σ 值与产出率和不良品个数的关系如图 3-6 所示。

举一个航空公司的例子，如果某一航班的预计到达时间是下午 5 点，由于各种原因，真正在下午 5 点准时到达的情况是极少的。假如在下午 5 点半之前到达都算准点到达，一年里该航班共飞行了 200 次，显然，到达时间是一个变量。如果其中的 55 次在下午 5 点半之后到达，从质量管理的角度来说，这就是不良品，所以航空公司这一航班的合格品率为 72.5%，大约为 2.1σ。如果该航班的准点率达到 6 西格码，这意味着每 100 万次飞行中仅有 3.4 次在下午 5 点半之后到达，如果该航班每天飞行一次，这相当于每 805 年才出现一次晚点的现象。所以 6 西格码的业务流程几乎是完美的。对于制造性业务流程来说，在均值漂移 1.5σ 的情况下，6 西格码意味着每 100 万次加工中只有 3.4 个不良品，这个水平也称流程的长期 σ 值。

σ 值	产出率	不良品个数
1σ	30.230000%	697700
2σ	69.123000%	308770
3σ	93.318900%	66811
4σ	99.379000%	6210
5σ	99.976700%	233
6σ	99.999660%	3.4
7σ	99.999998%	0.02

图 3-6 流程的长期 σ 值与产出率和不良品个数的关系

2. 6 西格码管理

6 西格码管理要求企业在整个流程中（而不仅限于产品质量），每 100 万次质量检测中的缺陷个数少于 3.4，这对于企业来说是一个很高的目标。

随着将近 20 年的应用发展，6 西格码管理已由质量管理战略上升到了一整套使公司达到世界级的质量和竞争力的管理策略与技术手段。其实理解 6 西格码不需要很深的统计学技术或背景，事实上，"6 西格码管理是什么"能以各种不同的方式回答。如果概括地回答，可以说 6 西格码管理是"寻求同时增加顾客满意度和企业经济增长率的经营战略途径"，具体包括以下方面。

- 在提高顾客满意程度的同时降低经营成本和缩短周期的过程革新方法。
- 通过提高组织核心过程的运行质量，进而提升企业盈利能力的管理方式。
- 在新经济环境下企业获得竞争力和持续发展能力的经营策略。

在这里 6 西格码的定义如下。

- 衡量企业产品质量、整体运作流程质量及整体竞争力水平的方法。
- 改进企业产品质量、整体运作流程质量及提升核心竞争力的方法。
- 真正实现卓越业绩和持续领先的管理哲学与方法论。

6 西格码管理的核心理念不仅是一个质量上的标准，还代表着一种全新的管理理念，即要企业改变过去那种"我一直都这样做，而且做得很好"的思想，因为尽管过去确实已经做得很好，但是离 6 西格码管理的目标还差得很远。

3．6 西格码管理的原则和改进区域

6 西格码管理的原则如下。

- 注重客户。
- 注重流程。
- 全员参与。
- 预防为主。
- 事实依据的决定。
- 持续和突破性改进。

6 西格码管理的改进区域如下。

- 周期时间（流程速度、回应能力）。
- 变差的输出物（产品或服务的直通率、缺陷成本降低，客户满意度升高）。
- 营运效率（更低成本）。

6 西格码管理的实施方法是定义、测量、分析、改进、控制（Define，Measure，Analyze，Improve，Control，DMAIC）。

- 定义：确定要解决的问题。
- 测量：用于测量结果。
- 分析：用于确定何时、何地、为何产生缺陷。
- 改进：用于确定如何改进过程。

- 控制：用于确定如何保持过程的改善。

目前，业界对 6 西格码管理的实施方法还没有一个统一的标准，大致上可以摩托罗拉公司提出并取得成功的"七步骤法"（seven-step method）作为参考。"七步骤法"的内容如下。

（1）找问题。把要改善的问题找出来，当目标锁定后便召集有关员工，使他们成为改善的主力，并选出首领，作为改善责任人，然后制定时间表以进行跟进。

（2）研究目前生产方法。收集目前生产方法的数据，并进行整理。

（3）找出各种原因。集合有经验的员工，利用脑力风暴法，通过控制图和鱼骨图，找出每一个可能发生问题的原因。

（4）确定解决方案。利用有经验的员工和技术人才，通过各种检验方法找出解决方案，当方法设计完成后便立即实行。

（5）检查效果。通过数据收集、分析、检查解决方案是否有效和达到什么效果。

（6）把有效方法制度法。当方法证明有效后，便将其制定为工作守则，各员工必须遵守。

（7）总结成效并确立新目标。当以上问题解决后，总结其成效，并制订解决其他问题的方案。

4. 6 西格码管理的组织结构

6 西格码管理的组织结构如图 3-7 所示。

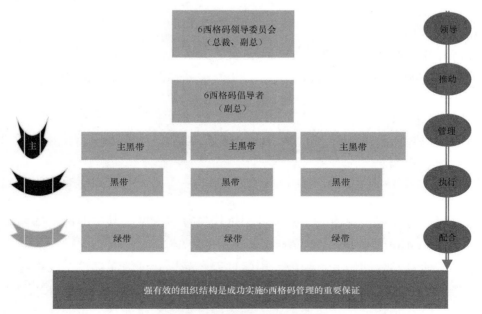

图 3-7 6 西格码管理的组织结构

主黑带（Master Black Belt，MBB）和黑带（Black Belt，BB）都是全职人员，而绿带（Green Belt，GB）是兼职人员（组建全员参与的推行队伍）。

3.3　软件产品质量模型

ISO25010 软件产品质量模型由 8 个特性（涵盖 31 个子特性）组成，如图 3-8 所示。这个模型是软件质量标准的核心，测试工作中需要根据这 8 个特性或 31 个子特性测试和评价一个软件。

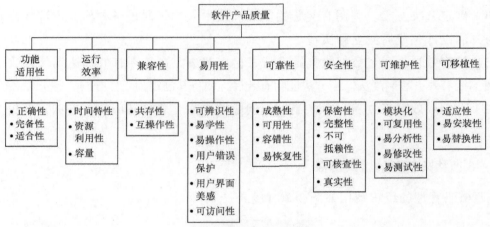

图 3-8　软件产品质量模型

首先解释软件产品质量模型中"产品质量"的含义。

涉及软件生命周期的质量有以下几种，相互关系如图 3-9 所示。

图 3-9　质量分类及相互关系

- 过程质量：过程设计的完善程度和过程执行的力度。其中的测量活动是软件质量保证（Software Quality Assurance，SQA）。
- 产品质量：软件研发过程中，中间过程产品（软件的零部件）及最终产品的质量。其中的测量活动包括静态测试和动态测试，静态测试包括 SRS、HLD 说明书、LLD 说明书、代码的评审，动态测试包括系统测试、单元测试、粒度小的集成测试。

- 使用质量：最终用户在其真实环境中运行软件系统时，所感受到的软件各方面特性与其目标的符合程度。其中的测量活动包括验收测试、α 测试、β 测试。

过程质量、产品质量由软件组织内部（SQA、开发、测试）人员评估，使用质量由软件组织外部人员（用户）评估。

3.3.1 功能适用性

功能适用性（functional suitability）指当软件在指定条件下使用时，软件产品或系统提供满足显式和隐式要求的功能的程度。功能适用性只关心功能是否满足显式或隐式的需求，而不是功能规范。

功能适用性包含以下子特性。

- **正确性**（correctness）：产品或系统提供具有所需精度的正确结果的程度。例如，对于计算器，1+1=2 的正确性是看加法运算的结果是否正确；对于手机，发送、接收短信的正确性是看发送与接收的内容是否正确，如发送内容与接收内容是否一致、内容有无丢失。
- **完备性**（functional completeness）：功能集覆盖所有规定任务和用户目标的程度，即提供的功能是否完整。例如，对于手机而言，完备性包括是否提供了通话、短信、上网等功能，如果没有实现通话功能，那就不能算是一款手机。
- **适合性**（appropriateness）：软件产品为指定的任务和用户目标提供一组合适的功能的能力，即所提供的功能是用户所需要的，用户所需要的功能软件系统已提供。例如，如果需求说明书中描述了注册功能，那么实现的软件要包含注册功能。适合性和完备性的区别在于前者关心的是个体功能，而后者关心的是整体功能是否完整。

3.3.2 运行效率

运行效率（performance efficiency）指在规定的条件下，相对于所用资源的数量，软件产品可提供适当的性能的程度。资源可以包括其他软件产品的软件和硬件系统的配置与材料（如打印纸、存储介质）。

运行效率包含以下子特性。

- **时间特性**（time behavior）：在规定条件下，当软件产品执行其功能时，在适当的处理时间内提供适当的响应和吞吐量的能力，即完成用户的某个功能需要的响应时间。例如，打开一个网页的响应时间等。

- **资源利用性**（resource utilization）：在规定条件下，当软件产品执行其功能时，使用合适的资源数量和类别的能力。例如，完成某个功能需要的 CPU（Central Processing Unit，中央处理器）占有率、内存占有率、通信带宽等。
- **容量**（capability）：一个产品或系统参数最大限度满足要求的程度。参数包括可存储的项目数、并发用户、通信带宽、事务吞吐率和数据库的大小等。例如，一个网站支持的最大用户数等。

3.3.3　兼容性

兼容性（compatibility）指在同时共享相同的硬件或软件环境时，系统或组件可以与其他系统或组件交换信息并执行其所需功能的程度。

兼容性包含以下子特性。

- **共存性**（co-existence）：在与其他产品共享一个共同的环境和资源时，没有任何其他产品的不利影响的情况下，产品可以有效地执行其所需功能的程度。共存性要求软件能与系统平台、子系统、第三方软件等兼容，同时针对国际化和本地化进行了合适的处理。测试不仅需要关注自身特性的实现，而且要关注本软件是否影响了其他软件的正常功能。例如，杀毒软件诺顿出现的赛门铁克（诺顿的开发商）"误杀"事件。2007 年 5 月 18 日，在赛门铁克 SAV 2007-5-17 Rev 18 版本的病毒定义码中，将 Windows XP 操作系统的 netapi32.dll 文件和 lsasrc.dll 文件判定为 Backdoor.Haxdoor 病毒，并进行隔离，导致重启计算机后无法进入系统，以至于连安全模式也无法进入，并出现蓝屏、重启等现象。
- **互操作性**（interoperability）：两个或两个以上的系统、产品或部件可以交换信息并使用已经交换的信息的程度。互操作性要求系统功能之间的有效对接，涉及 API 和文件格式等。例如，不同型号的打印机与 Word 之间的协议可能不一致，导致消息传递过程中发生错误。应该对被测软件系统和周边系统的各种主流型号（Epson、HP、Canon 等）进行互操作性测试。Word 和打印机之间的互操作性如图 3-10 所示。对于手机入网测试，互操作测试指为了满足网络运营商的一些特殊需求而定制的测试项目。各基站控制器的品牌不同，包括华为、阿尔卡特。

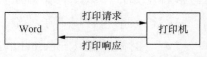

图 3-10　Word 和打印机之间的互操作性

3.3.4 易用性

易用性（usability）指在特定环境下特定用户使用产品或系统时，满足有效性、效率和满意度要求的特定目标的程度。对于一个软件，易用性指用户学习、操作、准备输入和理解输出所需工作量的大小，如安装简单、容易使用、界面友好，并能适用于不同特点的用户。

易用性包含以下子特性。

- **可辨识性**（recognizability）：用户可以识别产品或系统是否适合他们的需求的程度。可辨识性取决于认识到恰当的产品或系统的功能的能力，根据产品或系统和任何相关文件得到的初步印象，产品或系统提供的信息可以包括示范、教程、文档或一个网站首页的信息。例如，搜索引擎提供一个搜索框和一个搜索按钮，让用户直观地分辨出这是一个搜索引擎。

- **易学性**（learnability）：在特定使用环境下，特定的用户通过学习使用产品或系统，达到满足有效性、效率和满意度要求的特定目标的程度。例如，用户手册是否有中文版，帮助文档是否齐全，是否有在线帮助，控件是否有回显功能，是否简明易懂等是易学性考虑的因素。例如，控件回显，以及图 3-11 所示的悬浮提示。

图 3-11　悬浮提示

- **易操作性**（operability）：产品或系统有易操作和易控制的属性的程度。例如，GUI 中，要求菜单层次不要太深，提供快捷键，选项卡顺序正确，支持默认操作，提供工具栏（按相似功能分组，用户自定义常用功能）等。

- **用户错误保护**（user error protection）：系统使用户免受错误影响的程度。例如，注册功能中每个输入后面都给出了该输入的要求，避免用户输入错误。

- **用户界面美观**（user interface aesthetic）：用户界面能取悦和满足用户交互的程度。这涉及产品或系统增加用户喜悦和满意度的属性，如颜色的使用和图形设计的特征。例如，在针对儿童的 APP 中，会选用暖色、明亮的颜色，并且颜色相对丰富。

- **可访问性**（accessability）：产品或系统中使用最广泛的特征和功能在特定的使用环境下达到特定目标的程度。使用人群包括残疾人。例如，iPhone 的通用设置中辅助功能有旁白设置，便于盲人使用 iPhone。

3.3.5 可靠性

可靠性（reliability）指在规定的时间和条件下，软件能维持其正常的功能、性能水平的程度。常见可靠性指标包括平均无故障时间（Mean Time To Failure，MTTF）、平均恢复时间（Mean Time To Restoration，MTTR）或平均修复时间（Mean Time To Repair，MTTR）、平均失效间隔时间（Mean Time Between Failures，MTBF）。MTBF 的原理如图 3-12 所示。

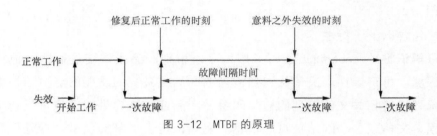

图 3-12　MTBF 的原理

MTBF 的计算公式如下。

$$MTBF = \frac{故障间隔时间之和}{故障次数}$$

可靠性包含以下子特性。

- **成熟性**（maturity）：软件产品为避免由其中错误而导致失效的能力。这里主要是指软件避免自身的错误、自身模块间的错误而导致整个软件失效，如对其他模块中传递的指针进行非空检查。子系统、模块、单元的设计人员应该仔细分析和这三者有接口关系的子系统、模块、单元，识别出这些接口上可能会传递过来的错误，然后在自己的子系统、模块、单元内部对这些可能的错误预先进行防范，规避这些错误引起的失效。

- **可用性**（availability）：系统、产品或组件在需要使用时可操作的和可访问的程度。在系统、产品或组件升级期间，可用性可以通过总时间的比例进行评估。因此，可用性是成熟性（管理失败的频率）、容错性和可恢复性（每次故障后的停机时长）的组合。对于一个网站而言，成熟性是指该网站能持续访问的时间长短，而可用性则是网站可访问的时间占总时间的比例。

- **容错性**（fault tolerance）：在软件出现故障或者违反指定接口的情况下，软件产品维持规定的性能级别的能力（注意,规定的性能级别可能包括失效防护能力）。这里主要是指软件和外部的接口，如用户接口、硬件接口、外部软件接口等。设计人员应该充分分析外部接口可能产生的错误，然后在设计上对这些错误一一予以防范，防止这些外部传入的错误引起失效。例如，如果在用户登录模块中要求用户密码长度不大于 6，则在用户接口中要判断是否大于 6 并进行相应处理。

- **易恢复性**（recoverability）：在失效的情况下，软件产品重建规定的性能级别并恢复受直接影响的数据的能力，包括原有能力恢复的程度、原有能力恢复的速度。例如，路由器中交换板故障的情况下，备用交换板变为主交换板（见图 3-13），经过短暂的平滑时间后能恢复到原来的性能级别，这里可以用恢复时间、恢复期间丢包数等来衡量易恢复性。

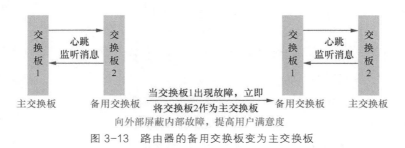

图 3-13　路由器的备用交换板变为主交换板

开发人员进行设计时应该充分分析架构中哪个组件的风险集中度最高，并对这类核心组件采用主备倒换等易恢复机制。

3.3.6　安全性

安全性（security）指产品或系统保护信息和数据，方便人员或其他产品或系统对信息和数据访问的程度。和产品或系统数据存储一样，安全性也适用于数据传输。

安全性包含保密性、完整性、不可抵赖性、可核查性和真实性。

保密性（confidentiality）指产品或系统确保数据只能被那些有权访问的人访问的程度，即防止信息泄露给非授权个人或实体并且信息只为授权用户使用的特性。常用的保密技术包括防侦收（使对手侦收不到有用的信息），防辐射（防止有用信息以各种途径辐射出去），信息加密（在密钥的控制下，用加密算法对信息进行加密处理。即使对手得到了加密后的信息也会因为没有密钥而无法读懂有效信息），物理保密（利用各种物理方法，如限制、隔离、掩蔽、控制等措施，保护信息不被泄露）。

完整性（integrity）指系统、产品或组件防止未经授权修改计算机程序或数据的程度，即信息在存储或传输过程中不被破坏（包括偶然或蓄意地删除、修改、伪造、乱序、重放、插入等）和不丢失的特性。完整性是一种面向信息的安全性，它要求保持信息的原样，即信息的正确生成及正确存储和传输。

完整性与保密性不同，保密性要求信息不泄露给未授权的人，而完整性则要求信息不致受到各种破坏。影响信息完整性的主要因素有设备故障，误码（传输、处理和存储过程中产生的误码，定时的稳定度和精度降低造成的误码，各种干扰源造成的误码），人为攻击，计算机病毒等。

保障信息完整性的主要方法如下。

- 使用协议：通过各种安全协议可以有效地检测出被复制的信息、被删除的字段、失效的字段和被修改的字段。
- 使用纠错编码：由此完成检错和纠错功能。常用的纠错编码方法是奇偶校验法。
- 使用密码校验：防止篡改和传输失败的重要手段。
- 使用数字签名：保障信息的真实性。
- 公证：请求网络管理或中介机构证明信息的真实性。

不可抵赖性（non-repudiation）指动作或事件已经发生，这样的事件或动作不能否定的程度。不可抵赖性也称不可否认性，在信息系统的信息交互过程中，确信参与者的真实性，即所有参与者都不可能否认或抵赖曾经完成的操作。利用信息源证据可以防止发件人否认已发送信息，利用递交接收证据可以防止收件人事后否认已经接收的信息。

可核查性（accountability）指一个实体的操作可以追溯到唯一的实体的程度。一般需要对用户的操作及数据的修改记录详细的日志，以便需要时查看。

真实性（authenticity）指一个实体或资源的身份可以被证明。网站用户实名认证或者绑定手机就是为了保证用户信息的真实性。

3.3.7　可维护性

可维护性（maintainability）指维护者可以修改软件的有效性和效率的程度。修改可能包括纠正、改进或软件对环境、需求和功能说明中变化的适应。可维护性包括升级和更新的安装。

可维护性包含以下子特性。

- **模块化**（modularity）：软件由各个组件组成，改变一个组件对其他组件的影响的程度。例如，要求模块划分清晰、松耦合、高内聚等。
- **可复用性**（reusability）：软件中程序可重复调用的程度。例如，要求尽量重复代码的比例不到 1%，不要针对相同或相似的功能写单独的代码。

- **易分析性**（analyzability）：评估软件拟改变其各个部分中的一个或多个的影响，诊断软件中的缺陷或识别待修改部分的有效性和效率。例如，要求有崩溃等的相应日志，缓存内容等可以导出，甚至包含调试的 shell 以帮助快速定位，同时也要注意从用户那里收集数据。
- **易修改性**（modifiability）：软件可以有效和高效地修改，而不会引入缺陷或影响现有软件质量的程度。易修改性包括编码、设计、编写文档和检查更改的容易程序。模块化和易分析性会影响易修改性，如要求分层明确，可以修改某一层次代码而对上下层无影响或影响很小。
- **易测试性**（testability）：软件产品使已修改软件能被确认的能力。软件的易测试性是指软件发现故障并隔离、定位其故障的能力，以及在一定的时间和成本下，设计测试、执行测试的能力。软件的易测试性通常包含可操作性、可观察性、可控制性、可分解性、简单性、稳定性和易理解性。但在实际软件设计中，通常考虑其可观察性和可控制性。易测试性主要考虑如何方便执行测试，以及发现问题后如何方便问题定位。在进行易测试性分析之前，通常要分析被测特性，然后根据对各被测特性的观察和控制来提出测试人员的易测试性需求，简单地说，就是研究如何打点、打什么点和如何进行流程控制。我们通常使用的方法是在关键的位置（模块输入/输出、错误、关键数据更新等）上输出，引入输出过滤，在线修改模块变量等。业界还有不少其他算法，如哨兵算法，即通过一个独立的程序定期读被测试程序 P 的状态数据，并转储等。

3.3.8 可移植性

可移植性（portability）指系统、产品或组件从一种硬件、软件或其他操作或使用环境移植到另一种环境的有效性和效率的程度。

可移植性包含以下子特性。

- **适应性**（adaptability）：软件产品无须做任何相应变动就适应不同运行环境（操作系统平台、数据库平台、硬件平台等）的能力。解决平台无关、可移植性问题的一个常用思路是构造出一个虚拟层，虚拟层将下一层细节屏蔽，对上一层提供统一接口，如 Java、JVM。
- **易安装性**（installability）：在指定环境中安装软件产品的能力。如果软件由最终用户安装，那么易安装性就可能会对适合性与易操作性产生影响。通常，主流平台中执行全部测试用例，非主流平台中执行 10%的测试用例。

- **易替换性**（replaceability）：在同样环境下，软件产品替代另一个相同用途的指定软件产品的能力。

3.4　软件质量活动

软件组织主要软件质量活动包括软件质量保障（Software Quality Assurance，SQA）和测试。本节重点介绍 SQA。

3.4.1　SQA 和测试的关系

软件质量由组织、流程和技术 3 方面决定。简单来说，SQA 和测试的关系如下。

- SQA 从流程方面保证软件的质量。
- 测试从技术方面保证软件的质量。
- 只进行 SQA 活动或只进行测试活动不一定能提高软件的质量。

3.4.2　SQA 工作范围

1. 保障制度体系

无论是 CMM/CMMI 还是 ISO9000 等其他管理思想，都强调法治而非人治，实施 CMM 也希望能通过它将一些优秀的软件工程化开发经验用一套合理、规范的制度沉淀、固化下来，使项目的成功不再成为一种偶然。其中体现了三权分立的思想：软件工程过程组（Software Engineer Process Group，SEPG）相当于立法机构，负责建立、维护、改进企业的开发过程体系；软件工程组（Software Engineering Group，SEG）则是执行机构，执行这套开发过程，按照软件工程化的思想来实施项目；而 QA 组则是督促这些规范贯彻实施的监督机构，它不仅要监督开发人员对过程的遵守程度，还要监督测试人员对于过程的遵守程度。

对于一个企业，监督机构也是非常必要的。试想一下，如果企业花了大量的人力、物力建立了一套规范的开发制度，每个项目启动时也制订了各种周密的计划，却缺少相应的机构来进行督促，那么项目在实施过程中是很容易由于这样或那样的原因而偏离既定轨道的，导致项目难于得到有效的控制，而企业的制度、项目的计划也就形同虚设。企业的制度实际上就相当于企业的法律，如果有法不依，执法不严，违法不究，久而久之这套制度就只是一纸空文了，浪费了大量的人力、物力，却毫无用处。因此，需要存在 QA 组这么一个机构来维护企业制度的权威性，并督促项目计划得到有效实施。

2. 促使过程改进

SEPG 建立了一套规范过程后，并不表示这个过程就一成不变了，规范自身必须不断地进行改进才能保证它的正确性和有效性。虽然过程规范在发布之前都必须经过评审，但这并不表示只要通过评审就能发现所有的问题，还必须经过实践的检验才行。正所谓没有最好只有更好，所以过程的改进也是永无止境的。过程的改变往往来自两个方面：一方面，可能这个过程本身存在的缺陷和错误暴露出来了，促使 SEPG 必须改进；另一方面，可能制定过程时所依赖的情况发生了变化，现有的过程已不适应当前项目实施的需要，甚至还阻碍了项目的发展，这也会促使 SEPG 改进。

但是改进的来源是什么呢？表面上好像项目组可以向 SEPG 提出，SEPG 自己也可以发现。但是实际情况下，一方面，项目组成员（尤其是成熟度等级较低企业的项目组成员）缺乏质量意识，只关注与自身相关的开发工作，对过程改进工作缺乏应有的认识，提不出问题或者有问题也不愿提出来；另一方面，SEPG 却又往往苦于不了解项目情况而找不到关键问题所在。

而 QA 组的存在恰好就可以解决这一矛盾，因为 QA 组经常要参与过程改进工作，又常常参与项目的活动，既熟悉过程体系，又熟悉项目情况，刚好可以充当 SEPG 和项目组之间的桥梁。

QA 组在项目实施过程中经常会发现很多问题。有些问题是因为项目组本身的流程不够规范而产生的，而另一些问题则是由于过程本身存在着一些缺陷引起的，如可操作性不强或前后矛盾等而让项目组无法实施。所以在工作当中，QA 组会将这些问题记录下来并反映给 SEPG，以促使过程改进。另外，QA 组也把项目实施过程中值得借鉴的一些经验做法反映给 SEPG，以便 SEPG 在企业范围内进行推广。如果过程完善了，就会更好地促进项目的开展，这是一个良性循环。

3. 指导项目实施

QA 组对项目有督促的作用，但是仅仅督促是不够的，还需要给予项目组在过程实施上的指导。虽然在项目过程实施之前会要接受相应的培训，但是工作的顺利开展并不是仅靠几堂理论课就能解决问题的，很多具体的做法需要在实践中才能真正理解、应用，而且每个项目组成员接受培训的程度不同，对过程的理解可能存在一些偏差。因此，还需要 QA 人员在项目实施过程中给以解答和指导，将这些规范真正地贯彻下去。

QA 组对于项目组来说就像一把双刃剑，既有监督的一面，也有指导的一面；既能帮助项目顺利地开展工作，也能使不规范、不合格的项目暂停甚至关闭。其中项目经理的指导思想非常重要。如果项目经理抱着积极合作的态度，决心要真正按企业规范化过程来实施项目，那么 QA 组将成为最有力的帮手和支持者；如果项目经理抱着消极对抗的态度，置企业管理制度不顾，欺上瞒下、自行一套，那么 QA 组就是他们最大的障碍之一。

4．增加透明度

软件开发活动存在于人的大脑中，不像工业生产中在流水线上的工作情况那样令人一目了然，因此软件项目难于控制。而 QA 组的存在则可以提高这种透明度，增加项目的可视性，让高级经理和相关工作人员能从项目组以外的第三方得到一个独立的视角和渠道，从多方面客观地了解项目的过程、产品、服务等情况，以便做出正确的判断，及时发现问题并及时进行纠正，使项目尽可能朝着良性的方向发展。

5．评审项目活动

评审项目活动是 QA 组的核心工作之一，也是 QA 组实施质量保证的一个重要手段。评审项目活动的目的是检查项目的活动是否符合企业制定的规范和项目既定的计划，及早发现可能存在的问题，并通报给相关人员以便及时纠正。

虽然质量保证的最终目的保证质量，但质量是过程、人、技术三者的函数。除了过程外，质量还与人员、技术有关，而人员素质和技术水平的提高并不是依赖 QA 组就能保证的，所以 QA 组实际上直接保证的是决定质量好坏的一个重要因素——过程。

过程不仅包括活动，还包括产品。产品是一系列活动后的产物，所以保证过程要先从活动开始入手，因为越早控制，越早发现问题，所付出的代价就越小。当产品出来之后再去控制就已经晚了。虽然仅有好的过程不一定就会保证好的质量，但是一个不好的过程肯定难保证好的质量，因为过程、人员、技术这个质量铁三角缺一不可。所以 QA 组需要评审项目的活动，从保证活动入手来保证过程进而保证最终的质量。

QA 组在评审项目活动时应该做到独立、客观、公正，评审的时机和频率可按预定的检查点进行抽查。

需要指出的一点是，QA 组评审项目活动和同行评审不同。同行评审是指同行评审人员从技术角度对产品进行评审，而 QA 组评审项目活动则是从规范角度对活动进行评审，这两者有本质的区别。SQA 组参加评审活动和评审专家参加评审活动不同，前者不关心被评审对象，也不从技术角度提出问题，只评审流程的规范性。

6. 审核工作产品

评审完项目的活动之后，QA 组就需要审核活动的产物——产品了。审核工作产品是 QA 组的另一个核心工作。项目组在开发过程中会产生大量的工作产品，如需求、设计、代码、用户文档等。同行评审、测试等手段可以从技术角度对产品质量进行把关；而过程方面的质量（如符合性、规范性、一致性等）则需要由 QA 组来把关，产品的技术性与规范性不可或缺。

最终的产品质量是由单个软件工作产品的质量决定的，所以 QA 组必须从审核单个软件工作产品开始来保证最终的产品质量。审核产品也应该做到独立、客观、公正，它的重点在于产品规范性、符合性、一致性、完整性、可追溯性等方面。对于同一工作产品，如果 QA 组代表参加该产品的同行评审工作，则可以视情况不对该产品进行独立 QA 审核，以免重复工作。

7. 协助问题解决

QA 组无论是评审项目活动还是审核工作产品，都是为了发现问题并及早解决。QA 组发现问题后会将问题记录在报告中并提交给项目经理确认，然后还会协助项目经理一起找出问题的原因。如果在项目一级问题能得到妥善解决，则应尽量在项目内解决；如果在项目组一级不能解决，则 QA 组会上报给高级经理以寻求更高一级的支持。QA 组上报问题并不能看成在向高级经理打小报告，这也是为了更好地解决问题。有问题要及时发现，发现了问题要及时解决，越早越好，否则小问题发展成大问题之后，很可能就会给项目和企业带来无法挽回的损失。

QA 组应客观地报告问题，报告用语应做到客观、公正、规范、严谨、准确、清楚，并且跟踪这些问题，直到它们被妥当地解决为止。

8. 提供决策参考

在那些没有专职度量分析人员的软件企业中，QA 组还承担了数据采集、统计、分析的工作。

在项目一级，QA 组采集项目的相关数据并对其进行统计和分析。项目经理可以从分析的结果中看出现阶段哪些方面做得还不够，哪些方面还存在着问题，哪些方面还需要改进，并为项目下一步的工作重点提供决策参考。在组织层面，QA 组也会收集组织的过程数据，并将统计分析的结果反馈到高层领导，用数据说话，用事实说话，为高层的决策提供有力的参考和依据。

9.　进行缺陷预防

从长远来看，企业要降低成本、提高质量就必须要进行缺陷预防。消除产生缺陷和问题的根本原因并且防止这类缺陷和问题的再次出现，以优化项目及企业的规范过程。缺陷预防并不是简单对缺陷进行发现和纠正。等到缺陷被发现时，实际上缺陷已经出现了，对于节省项目成本和控制进度来说，作用并不是特别大。对于缺陷，防患于未然才有效。通常的做法是在开发周期的每个阶段实施缺陷预防和原因分析，吸取其他项目或本项目前期的一些经验教训，并使原因分析和缺陷预防成为一种机制。

在项目过程实施当中，QA 组会指导并协助项目组积极地开展缺陷预防活动，采集问题和缺陷的相关数据，对缺陷和问题的类型进行分析，了解问题的趋势，确定这些缺陷的根源和将带来的影响，通过决策分析，得出所需要采取的措施并具体实施。

10.　实现质量目标

执行一系列与质量相关的活动的根本目的是达到项目乃至组织的预期质量目标。只有达到目标了，一切的努力才没有白费，工作才显现了应有的价值。

项目启动时，QA 组会和项目经理一起结合企业的过程能力基线来制订项目的质量目标。在项目实施过程中，QA 组会指导项目按阶段、里程碑等控制点对质量目标进行定量控制，定期将项目运行情况和质量目标进行比较，及时发现偏差，及时进行调整，以保证项目最终能达到质量目标。如果项目的质量目标都达到了，那么企业的质量目标就容易实现了，并提升了整个企业的能力基线。

通过总结，读过可能已经认识到 QA 组在企业中是一个不可缺少的角色。但是从理论上来说，如果企业的成熟度发展到很高等级，人人都具有很强的质量意识，人人都能自觉维护质量体系，人人都充当起 QA 人员，也许就不需要专职的 QA 人员了。但是，就目前来说，这还是一种理想的状态，QA 人员在相当长的时间内应该还会继续存在。另外，随着我国软件业工程化思想的普及，软件企业对 QA 人员的需求也会相应地增大，QA 人员这一新兴岗位也将越来越有发展前途。

3.4.3 PDCA 循环

计划、执行、检查、行动（Plan Do Check Action，PDCA）循环又叫戴明循环，最早是由 Shewhart 提出来的，由于美国质量管理专家戴明把它引入了日本，后来就以戴明命名了。除了其他的戴明管理原则外，PDCA 循环是日本制造工业发生改变的基础。

PDCA 循环对检查的结果进行处理，对成功的经验加以肯定并适当推广、标准化，对失败的教训加以总结，将未解决的问题放到下一个 PDCA 循环里。以上 4 个过程不是运行一次就结束，而是周而复始地进行，一个循环完了，解决一些问题，未解决的问题进入下一个循环，这样阶梯式上升。PDCA 循环实际上是有效进行任何一项工作的合乎逻辑的工作程序。在质量管理中，有人称 PDCA 循环为质量管理的基本方法。

在循环的计划（Plan）部分，人们定义目标，并且确定达到目标需要的条件和方法。在这个阶段，需要对目标及策略进行清晰的描述。如果可能，一个特殊的目标应当数字化和文档化。同时，还应当描述为获取目标而采取的方法和手段。

在循环的执行（Do）部分，创建了条件，完成了为执行计划而必需的培训。每个人完全理解目标和技术是至关重要的。需要掌握完成计划所需的过程和技能，并且完全理解工作，这样工作才能按这些步骤进行。

在循环的检查（Check）部分，确定工作是否按计划进行，并且是否获得期望的结果。设定过程的执行必须根据条件的改变或可能出现的异常进行检查。工作的结果应当尽可能地和目标进行比较。如果检查检测到一个异常——实际值与目标值不一致，那么必须调查异常的原因以防止类似的事情再次发生。

在循环的行动（Act）部分，如果发现工作并没有按照计划执行，或者结果并不是预计的，那么必须采取适当的措施。把好的行动标准化，改进不好的行动。

3.4.4 度量

度量指的是对事物属性的量化表示。软件度量是指计算机软件中范围广泛的测度，包括对软件系统、构件或生命周期过程具有的某个给定属性的度的一个定量测量。

度量的目的如下。

- 提高软件生产率，缩短产品研发周期，降低研发成本、维护成本。
- 提高软件产品质量，提高用户满意度。
- 为组织持续改进提供量化的指标和反馈。

1. 软件度量的作用

软件度量的作用包括理解、预测、评估和改进。

1）理解

所谓理解就是通过度量，获得对过程、产品、资源等的认识，确定以后预测的基线和模型。这是评估、预测、改进活动的基础。例如，在某产品的软件项目中，工作量、设计文档规模、缺陷总数、遗留缺陷数都与代码规模——千行代码（Kilometer Lines Of Code，KLOC）存在一定关系。

$$工作量=30.5KLOC（人·天）$$
$$需求文档规模=4.18KLOC（页）$$
$$缺陷总数=22.5KLOC$$
$$遗留缺陷数=0.45KLOC$$

例如，在过程的缺陷 Gompertz 模型中，需要大量度量数据去理解各企业的模型，作为以后度量的基础。

2）预测

我们知道，通过度量可以理解过程、产品、项目各要素之间的关系并建立度量模型。预测就是由这些已知的要素推算、估计其他要素，以便合理分配资源，合理制订计划。以前面的软件项目为例，该项目的代码规模为 14KLOC，项目组成员是 5 人，据此可以预测：

$$总工作量=30.5×14=427（人·天）$$
$$进度=427÷5=85.4（天）$$
$$需求文档规模=4.18×14≈59（页）$$
$$项目缺陷总数=22.5×14=315$$
$$遗留缺陷数=0.45×14=6.3$$

3）评估

通过度量可以评估以下内容。

- 开发活动与计划的符合程度，如工作量估计偏差、进度偏差等。
- 产品的质量，如软件复杂度、缺陷密度、平均失效时间间隔等。
- 新技术的影响。以 NASA（National Aeronautics and Space Administration，美国国家航空航天局）的实践为例，该组织为了提高生产率和产品质量，曾准备引入 CleanRoom 开发方法。在对该方法进行了 3 个项目的试点后发现，通过采用该方法，可使生产率提高 50%以上，而产品缺陷密度下降了近 20%。通过上述度量分析，可以认为，如果不考虑其他因素，CleanRoom 开发方法确实可以提高生产力，降低错误率。

4）改进

根据得到的量化信息，可以帮助我们识别原因，查找问题的根源，以及提高产品质量和过程效率的其他方法；与以前的量化信息比较，可以验证这些方法是否有效。例如，某产品通过正交缺陷分类（Orthogonal Defect Classification，ODC）缺陷度量分析发现，由组合变换类触发因素发现的缺陷仅为由覆盖类触发因素发现的缺陷的 30%，远少于基线定义的 80%的水平，这说明该组织在测试方案和用例设计中对组合变换类触发因素的考虑不足，需要完善这部分用例，从而提高产品质量，避免漏测。

2. 软件度量的过程

软件度量的过程，概括地说就是 5 步法，即识别目标→定义度量过程→收集数据→分析与反馈数据→改进过程。

1）识别目标

根据管理者的不同要求，分析度量的工作目标，并根据其优先级和可行性，得到度量活动的工作目标列表，并由管理者审核、批准。例如，提高生产率或质量，降低成本，提高计划准确性等。

2）定义度量过程

根据度量目标，度量过程的内容如下。

- 收集要素：定义收集活动和分析活动所需数据要素与收集表格的形式。
- 收集过程：定义数据收集活动的形式、方法、角色及数据的存储、管理。
- 分析/反馈过程：定义数据的分析方法和分析报告的反馈形式。
- IT 支持体系：定义 IT 支持的设备和工具，协助数据收集和存储、质量控制、存取控制、初加工，以及生成分析报告。

3）收集数据

收集数据就是从项目中获取数据，存储原始数据，并对数据进行质量检查，生成初步的统计数据；在规定的度量活动完成（或阶段性的度量活动完成）后，输出汇总数据的初步统计结果。

4）分析与反馈数据

根据汇总数据的初步统计结果，按照预定义的分析方法进行数据分析，找到影响质量、进度等属性的原因及可能的改进点；完成规定格式的分析报告，向相关的管理者和项目进行反馈。

5）改进过程

改进过程包括软件开发过程改进和软件度量过程改进。软件开发过程改进是指根据分析报告，管理者做出决策。这些决策可能包括两方面：对于项目，通过滚动计划等采取纠正活动；对于过程，固化过程变更、修正过程变更等活动。对于软件度量过程改进，主要根据度量活动中所发现的问题，对度量过程做出变更，以提高度量活动的效率，或者更加符合组织的商业目标。

软件度量的类型如下。

- 过程度量：过程优化和改进。
- 产品度量：产品评估和决策。
- 项目度量：项目控制和评估。

4 个基本度量项如下。

- 规模（size）：软件工作产品的大小。例如，SRS 页数、HLD 说明书页数、LLD 说明书页数、KLOC、UT 用例数、IT 用例数、ST 用例数等。
- 工作量（effort）：完成各软件工作产品和活动所用人•时（或人•天等）。例如，SRS 所用人•时数，HLD 所用人•时数，LLD 所用人•时数，编码所用人•时数，测试（包括 UT、IT、ST）计划所用人•时数，测试（包括 UT、IT、ST）方案所用人•时数，测试（包括 UT、IT、ST）用例所用人•时数，测试（包括 UT、IT、ST）执行所用人•时数等。
- 进度（schedule）：各软件工作产品和活动开始与结束的时间。例如，需求分析阶段开始时间、结束时间，概要设计阶段开始时间、结束时间，详细设计阶段开始时间、结束时间，编码阶段开始时间、结束时间，测试（包括 UT、IT、ST）计划阶段开始时间、结束时间，测试（包括 UT、IT、ST）方案编写阶段开始时间、结束时间，测试（包括 UT、IT、ST）用例设计阶段开始时间、结束时间，测试（包括 UT、IT、ST）执行阶段开始时间、结束时间等。
- 质量（quality）/缺陷（defect）：在各软件工作产品和活动中产生的缺陷数。例如，评审 SRS 发现的缺陷数，评审 HLD 说明书发现的缺陷数，评审 LLD 说明书发现的缺陷数，评审编码发现的缺陷数，UT 中发现的缺陷数，IT 中发现的缺陷数，ST 中发现的缺陷数等。

根据基本度量数据可以分析、综合得到其他度量数据或指标。其他度量指标如下。

- 缺陷密度。
  - 研发活动发现的缺陷密度：评审 SRS、HLD 说明书、LLD 说明书发现的缺陷密度，评审代码以及在 UT、IT、ST 中发现的缺陷密度。
  - 研发活动引入的缺陷密度：SRS、HLD 说明书、LLD 说明书中引入的缺陷密度，编码阶段中引入的缺陷密度。
  - 工作产品的缺陷密度：SRS、HLD 说明书、LLD 说明书中的缺陷密度，代码中的缺陷密度。
- 生产率。
  - 需求分析、概要设计、详细设计阶段的文档生产率：单位是页/（人•天）。
  - 编码阶段的生产率：单位是 KLOC/（人•天）。
  - UT、IT、ST 用例设计的阶段生产率：单位是用例/（人•天）。
- 测试执行效率：单位是执行的用例数/（人•天），按测试阶段进行度量。
- 用例密度：单位是用例数/KLOC，按测试阶段进行度量，用例密度说明用例设计的充分性。
- 需求稳定性：单位是变更过的需求数/总需求数。

第 4 章　测 试 方 法

测试过程中提到每个测试阶段都可以细分为测试计划、测试设计、测试实现、测试执行这 4 个测试活动，其中测试设计活动需要考虑如何测试，包含测试方法的选用。测试方法可以分成白盒测试（white box testing）、黑盒测试（black box testing）和灰盒测试（gray box testing），以及静态测试和动态测试。

4.1　白盒测试

针对代码通常可以使用白盒测试方法，通过对代码内部逻辑的测试来保证代码质量。

4.1.1　什么是白盒测试

以生活中的自动售货机为例，在对一个自动售货机进行测试时，我们可以准备大量的硬币，如 1 元的、5 角的，甚至游戏币来对自动售货机进行黑盒测试和白盒测试。

如果进行黑盒测试，测试人员并不清楚自动售货机内部的机械结构，但是测试人员很清楚售货机要实现的功能。下面给出几个示例。

如果投入 1 元钱，购买价值 5 角钱的货物，售货机会送出货物并且找零。

如果投入 5 角钱，购买价值 5 角钱的货物，售货机只送出货物。

如果投入游戏币，售货机会识别并退还游戏币。

……

对于测试人员而言，只要了解了售货机的功能，就完全可以站在用户即消费者的角度进行测试。

给售货机投入不同组合的硬币，分别选择不同的货物，然后观察自动售货机将送出什么。将售货机的输入和输出一一对应起来，检测售货机的功能是否正确。

这就是对自动售货机的黑盒测试。

接下来，测试人员换一个角度，对自动售货机进行白盒测试。这时需要把自动售货机外围的一层铁皮全部拿走，看清楚售货机内部的机械结构，确定有多少个机械结构，每个机械结构由哪些零配件组成，零配件和零配件之间的触发是否正常，并针对每个机械结构开展测试。通过这种测试方法可以测试每种机械结构，一般不会存在漏测的可能。这就是对自动售货机的白盒测试。

回到软件测试领域，当对一个被测对象（如函数）进行测试时，也可以分别采用黑盒方法和白盒测试方法。

从黑盒测试的角度来讲，函数内部的逻辑结构不需要了解，测试人员只需要了解其功能即可，如该函数实现的是排序功能，即不必关心排序是如何实现的，用了什么样的算法，只需要输入若干数据，检测函数处理后的结果是不是进行了排序就可以了。

而从白盒测试的角度看，就需要分析函数内部的逻辑结构（包括函数的结构、局部数据的定义和引用、函数内部各个控制语句组成的不同路径等）是否合法。

在测试类图书中，白盒测试有多种叫法，如玻璃盒测试（glass box testing）、透明盒测试（clear box testing）、开放盒测试（open box testing）、结构化测试（structured testing）、基于代码的测试（code-based testing）、逻辑驱动测试（logic-driven testing）等。白盒测试是一种测试用例设计方法，在这里盒子指的是被测试的软件。顾名思义，白盒是可视的，你可以看到盒子内部的东西及里面是如何运作的，因此白盒测试需要你对系统内部的结构和工作原理有一个清楚的了解，并且基于这个知识来设计你的用例。

白盒测试的原理如图 4-1 所示。

使用白盒测试方法得到的测试用例能够达到以下目的。

- 保证一个模块中的所有独立路径至少使用一次。
- 对所有逻辑值均测试 true 和 false。
- 在上下边界及可操作范围内运行所有循环。
- 检查内部数据结构以确保其有效性。

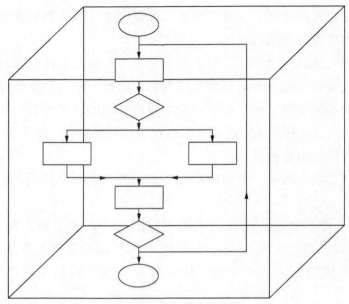

图 4-1　白盒测试的原理

4.1.2　为什么要进行白盒测试

我们应该保证程序需求的实现，为什么要花费时间和精力来担心（和测试）逻辑细节？答案在于软件自身的缺陷。

- 逻辑错误和不正确假设与一条程序路径被覆盖的可能性成反比。当我们设计和实现主流之外的功能、条件或控制时，错误往往开始出现在我们工作中。日常处理往往易于了解，而特殊情况下的处理则难以理解。
- 我们经常相信某逻辑路径不可能执行，而事实上，它可能在正常的基础上执行。程序的逻辑流有时是违反直觉的，这意味着我们关于控制流和数据流的一些无意识的假设可能导致设计错误，只有通过路径测试才能发现这些错误。
- 笔误是随机的。当编写一个程序的源代码时，有可能产生某些笔误，很多将通过语法检查机制发现，但是其他的在测试开始时才会被发现。笔误出现在主流程上和不明显的逻辑路径上的概率是一样的。

正如 Beizer 所说的，"错误潜伏在角落里，聚集在边界上"，而通过白盒测试更可能发现它。

4.1.3　白盒测试的常用技术

白盒测试技术一般可分为静态分析和动态分析技术两类。

- 静态分析技术：主要有控制流分析技术、数据流分析技术、信息流分析技术。
- 动态分析技术：主要有逻辑覆盖率测试（分支测试、路径测试等）、程序插装等。

1. 覆盖率

在白盒测试中另一个经常用到的技术是覆盖率技术。一方面，覆盖率技术可以指导测试用例的设计；另一方面，可以通过覆盖率来衡量白盒测试的力度。

白盒测试中经常用到的覆盖率是逻辑覆盖率，主要有语句覆盖率、判定覆盖率、条件覆盖率、判定条件覆盖率、路径覆盖率。

2. 程序插装

在动态分析技术中，最重要的技术是路径测试、分支测试和程序插装。

为了判断程序中的路径和分支测试是否充分，我们可以使用程序插装技术对其进行度量。程序插装好比我们在调试程序时常常要在程序中插入一些 print 语句。print 语句用于在执行程序时，输出我们最关心的信息，我们可进一步通过这些信息了解执行过程中程序的一些动态特性，如程序的实际执行路径或者特定变量在特定时刻的取值。

从这一思想发展出的程序插装技术能够按用户的要求，获取程序的各种信息，因而这成为测试工作的有效手段。简单来说，程序插装技术就是通过向被测程序中插入操作来实现测试目的的技术。

例如，一个求最大公约数的案例如图 4-2 所示。在程序的不同路径或分支上，我们分别插入了不同的检查点，即 $C(1)$、$C(2)$、$C(3)$、$C(4)$、$C(5)$、$C(6)$。令 6 个变量的初始值都为 0，每当这个变量所在的路径或分支被执行一次，这个变量就会自动增 1。当所有针对这个程序的用例都执行完毕的时候，根据这 6 个变量的取值，我们就可以判断，哪些路径或者分支测试了，哪些没有测试，或者说，哪些测试得相对比较充分，哪些测试得不够充分。

4.1.4　白盒测试的优缺点

白盒测试的优点如下。

- 迫使测试人员仔细地思考软件的实现方式。
- 可以检测代码中的每条分支和路径。
- 揭示隐藏在代码中的错误。

- 对代码的测试比较彻底。

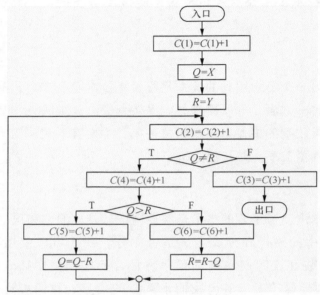

图 4-2　求最大公约数的案例

- 可以优化测试。

白盒测试的缺点如下。

- 成本昂贵。
- 无法检测代码中遗漏的路径和数据敏感性错误。
- 无法验证规格的正确性。

4.2 黑盒测试

针对软件系统可以采用黑盒测试方法，通过对软件系统外在特性的检查来保证软件系统质量。

4.2.1　什么是黑盒测试

黑盒测试又称功能测试（functional testing），这是因为在黑盒测试中主要关注被测软件的功能实现，而不是其内部逻辑。黑盒测试是与白盒测试截然不同的测试，也是在软件测试中使用得最早、最广泛的一类测试。在黑盒测试中，被测对象的内部结构、运作情况对于测试人员是不可见的，测试人员主要根据被测产品的规格，验证产品与规格的一致性。比如，对于一台自动售货机，为了验证它能否自动售出货物，你可以指定需要购买的物品，塞入钱币，然后观测售货机能否输出正确的货物并找回数目正确的零钱。在这个过程中你不需要关注自动售货机如何判定钱币数额、如何选择货物、如何找回零钱等内部操作，这是白盒测试关注的范围，黑盒测试关注的是结果。

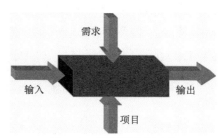

图 4-3 黑盒测试的原理

黑盒测试的原理如图 4-3 所示。黑盒测试试图发现以下类型的错误。

- 功能错误或遗漏。
- 界面错误。
- 数据结构或外部数据库访问错误。
- 性能错误。
- 初始化和终止错误。

4.2.2 为什么要进行黑盒测试

既然我们已经做了白盒测试，为什么还要进行黑盒测试？这不是重复测试吗？

在测试的早期采用白盒测试，而在测试的后期采用黑盒测试。黑盒测试故意不考虑控制结构，而注意信息域。黑盒测试并不是白盒测试的替代品，而是用于辅助白盒测试发现其他类型的错误。黑盒测试用于回答以下问题。

- 如何测试功能的有效性？
- 何种类型的输入会产生好的测试用例？
- 系统是否对特定的输入值尤其敏感？
- 如何分隔数据类的边界？
- 系统能够承受何种数据率和数据量？
- 特定类型的数据组合会对系统产生何种影响？

运用黑盒测试方法，可以导出满足以下标准的测试用例集。

- 所设计的测试用例能够减少达到合理测试所需的附加测试用例数。
- 所设计的测试用例能够指出某些类型的错误是否存在，而不是仅仅指出与特定测试相关的错误。

4.2.3 黑盒测试的常用技术

黑盒测试意味着测试数据的选择和测试结果的解释是以软件的功能为基础的。黑盒测试不应当由程序开发人员来执行，因为他知道程序太多的内部知识。在新的测试方法中，软件系统在内部进行白盒测试后由第三方来执行黑盒测试。

尽管黑盒测试是围绕着用户需求文档进行的，但是用户不必参与黑盒测试。在绝大多数没有用户参与的黑盒测试中，最常见的测试有功能性测试、容量测试、安全性测试、负载测试、恢复性测试、标杆测试、稳定性测试、可靠性测试等。此外，对于两个类型的测试，用户必须参与，它们分别是外场测试和实验室测试。

1.　没有用户参与的黑盒测试

黑盒测试有不同的方法：一种方法是顺序测试每个程序的特性或功能；另一种方法是一个模块一个模块地测试，即每个功能在最先调用的地方测试。

容量测试的目的是检测软件在处理海量数据时的局限性。容量测试能发现系统效率方面的问题，如不正确的缓冲区规模、消耗太多内存空间等。

负载测试用于检测系统在很短时间内处理巨大的数据量或执行许多功能调用的能力，如检测一个网站在某个时间段内接受 100 万用户的访问。

恢复性测试主要保证系统在崩溃后能够恢复外部数据的能力。系统能够完全恢复还是部分恢复这些数据？对于需要高可靠性的系统，恢复性测试是非常重要的。

标杆测试包含程序效率的测试。一段程序的有效性很大程度上依赖于硬件环境，因此标杆测试总是考虑软件和硬件的组合。然而，对于大部分软件工程师来说，标杆测试关注特定操作的量化数据。有些也考虑用户测试，比较以不同软件系统作为标杆测试的有效性。

2.　用户参与的黑盒测试

用户参与的黑盒测试包括外场测试（类似于 β 测试）和实验室测试（类似于 α 测试）。

在外场测试中，观察用户在他们正常的工作地点使用软件的情况。除了与可用性相关的一般特点之外，外场测试对评价软件系统的可交互性特别有用。此外，外场测试是阐明系统在已有过程中的综合性能的仅有实际手段。尤其在自然语言处理（Natural Language Processing，NLP）环境中，这个问题通常被低估。实现翻译存储器的典型例子是一个大的汽车制造商的语言服务，在这里主要的实现问题不是技术环境，而是实际上许多客户仍旧提交纸质的定货单，这样原始文本和目标文本都无法正确存储，最终单个翻译器根本无法引起人们工作习惯的改变。

实验室测试一般用来评价系统可用性方面的问题。由于实验室测试的成本高，该测试一般只在大型的软件机构（如 IBM、Microsoft 等）进行。由于实验室测试给测试人员提供了许多技术可能性，因此其数据收集和分析比外场测试要容易得多。

4.2.4　黑盒测试的优缺点

黑盒测试的优点如下。

- 对于更大的代码单元（子系统甚至系统级）来说，黑盒测试比白盒测试的效率要高。
- 测试人员不需要了解实现的细节，包括特定的编程语言。
- 测试人员和编码人员是彼此独立的。
- 从用户的视角进行测试，很容易被人们理解和接受。
- 有助于暴露任何规格不一致或有歧义的问题。
- 测试用例可以在确定规格之后马上进行。

黑盒测试的缺点如下。

- 只有一小部分可能的输入被测试到，要测试每个可能的输入流几乎是不可能的。
- 没有清晰和简明的规格，测试用例是很难设计的。
- 如果测试人员不知道开发人员已经执行过的用例，那么在测试数据上会存在不必要的重复。
- 会有很多程序路径没有被测试到。
- 不能直接针对特定的程序段，这些程序可能非常复杂（因此可能隐藏更多的问题）。

4.3　白盒测试和黑盒测试的比较

从上面白盒测试和黑盒测试的例子来看，我们可以发现白盒测试会考虑黑盒测试不会考虑的方面，同样，黑盒测试也会考虑白盒测试不会考虑的方面。

白盒测试只考虑测试软件代码，它不保证完整的需求规格是否满足；而黑盒测试只考虑测试需求规格，它不保证实现的所有部分是否测试到。黑盒测试会发现遗漏的缺陷，指出规格的哪些部分没有完成；而白盒测试会发现代码方面的缺陷，指出实现的哪些部分是错误的。

白盒测试比黑盒测试的成本要高很多，白盒测试需要在规划测试前产生源代码，并且在确定合适的数据和决定软件是否正确方面需要投入更多的工作量，建议尽可能使用可获得的规格从黑盒测试方法开始测试计划。白盒测试的计划应当在黑盒测试的计划已经成功通过之后再开始，使用已经产生的流程图和路径的判定结果。路径应当根据黑盒测试计划进行检查并且使用额外需要的测试。

　　一个白盒测试的失败会导致一次修改，这需要所有的黑盒测试重复执行并且重新决定白盒测试的路径。为了降低成本，可以把测试过程当成一个质量保证过程而不是一个质量控制过程。早期工作产品的质量直接决定了后期测试的工作量，早期工作产品的质量越好，后期测试能发现的错误越少，相应的测试和修改工作量就会减少，反之则增加。

4.4　灰盒测试

　　白盒测试和黑盒测试完全基于不同的出发点，并且是两个完全对立的测试，反映了事物的两个极端，两种方法各有侧重，不能互相替代。但是在现代测试理念中，这两种测试往往不是完全分开的，一般在白盒测试中交叉使用黑盒测试，在黑盒测试中交叉使用白盒测试。灰盒测试就是这类界于白盒测试和黑盒测试之间的测试。

　　最常见的灰盒测试是集成测试。

4.5　静态测试

　　静态测试也叫静态分析，是一种不通过执行程序而进行测试的技术。

　　静态测试的关键功能是检查软件的表示和描述是否一致，有没有冲突或者歧义。静态测试旨在纠正软件系统在描述、表示和规格上的错误，因此它是任何进一步测试执行的前提。静态测试覆盖程序语法的词汇分析，并研究与检查独立语句的结构和使用。

　　静态测试的重点如下。

- 　在程序内部检查完整性和一致性。
- 　考虑预定义规则。
- 　把程序和它相应的规格或文档进行比较。

　　静态测试技术的结构如图 4-4 所示，这些技术在 1975～1994 年的软件工程协会的文献中可以找到。

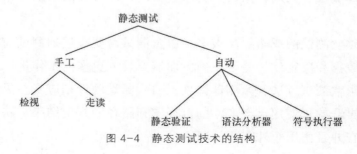

图 4-4　静态测试技术的结构

　　语法分析器是一个基本的自动化静态分析工具，它把程序/文档文本分解成独立的语句。当在内部检查程序/文本的时候，对语句的一致性进行检查。

　　当在不同的语义级别上执行两个文本的时候，能够评价程序的完整性和正确性。这个技术瞄准的是检测规格到程序实现之间的转换问题，称为静态验证。验证器需要有形式化的规格和规格的形式化定义，静态验证比较程序提供的实际值和在规格文档中预定义的目标值。然而，静态验证不提供任何手段用于检查程序是否实际解决了给出的问题。静态验证过程的结果被描述成布尔语句，即一个语句要么是真，要么是假。静态验证的明显优点是它引导程序向正确的方向发展。但是，由于形式化规格是非常困难和耗时的，因此它一般用于对那些要求高可靠性的软件。

　　另外一种静态测试技术是使用符号执行器。符号执行器在符号短语中分析一个程序在给定的路径上做了什么事情。符号执行器模拟程序的执行，计算在不同位置上变量的值。符号执行器非常适合用于数学算法分析。由于采用符号执行器测试程序是非常昂贵的，因此它一般用于测试数字程序，这里成本/收益是可接受的。

　　静态测试技术中一种重要的手工技术是检视。

　　检视技术最初可以追溯到 Fagan，他认为在软件开发生命周期的多个阶段必须执行这个活动来改进软件质量。在检视中，使用预先定义好的检视规则检查代码或者工作产品的文档。检视过程一般是根据检查表进行的。

　　走读是一个类似的同行评审过程，参与者包括程序的作者、测试人员、一个秘书和一个协调员。走读的参与者模拟计算机创建小部分的用例。走读的目标是对源代码背后的逻辑和基本假设进行质疑，尤其是嵌入式程序中的接口。

4.6　动态测试

　　和静态测试方法不同，动态测试方法需要运行被测对象。如果被测对象是代码，则需要执行代码；如果被测对象是软件系统，则需要操作软件系统。

4.6.1　动态测试技术

　　静态测试技术不需要执行软件系统，而动态测试技术需要执行被测试的软件系统。动态测试技术包含了系统的执行，软件系统在模拟的或真实的环境中执行之前、之中和之后，对软件系统行为的分析是动态测试的主要特点。动态测试包含在受控的环境下使用特定的结果正式运行程序，它显示了一个系统在检查状态下是否正确。

　　当今，在软件开发过程中有许多动态测试方法，具体方法及其功能如表 4-1 所示。

表 4-1　动态测试方法及其功能

动态测试方法	功能
测试覆盖率分析	测试白盒测试技术对代码的检测范围
跟踪	跟踪程序执行期间的所有路径，如所有变量的值等
调整	度量程序执行过程中使用的资源
模拟	模拟系统的部分，如无法获得的代码或硬件
断言检查	测试在复杂逻辑结构中某个条件是否已经给出

4.6.2　常用的黑盒动态测试工具

常用的黑盒动态测试工具如表 4-2 所示。

表 4-2　常用的黑盒动态测试工具

工具	功能
Robot、QTP、Selenium	建立测试脚本，自动录制手工测试过程，自动生成测试脚本，对脚本进行修改，增加循环体，引用外部数据源等。 可反复运行，进行回归测试。 支持更多的应用访问，包括本地的 Windows 端应用、具备 Windows 客户端的 C/S 或 B/S 应用，或者通过 Windows 仿真终端程序访问的基于宿主机（大型机）的应用
LoadRunner、SilKPerformer	企业级用于检验程序运行性能的测试工具。 自动录制手工测试过程的协议报文，生成测试脚本。 支持虚拟用户生成和调度。 对测试性能数据的分析

第 5 章　软件配置管理

为了使软件测试工程师在测试执行活动时需要获取相应版本的被测软件，需要通过配置管理来保证版本不会出现混乱。配置管理是整个软件研发中很重要的一个辅助活动。

5.1　初级软件配置管理

5.1.1　软件配置管理发展史

很多年以前，很多软件产品通常由一个人开发，因而很少需要进行软件配置管理。随着软件产品在规模和复杂度方面的增长，个人已经很难适应开发的要求。由坐在一起的两三个人组成的软件团队尚且比较易于管理，但是开发团队很快就扩展到几十甚至几百个开发人员，他们还可能分布在不同的地点，这时候，管理的难度就加大了。

在早期，软件配置管理流程用于管理变更。通常情况下，这些流程通过手工的方式执行。一个或多个配置管理员负责控制什么人能够访问源代码。为了修改文件，需要经历以下几个步骤。

（1）开发人员 A 需要填写书面的表单，然后提交给配置管理员。在这张表单里面，记录了需要修改的文件、修改的原因。

（2）配置管理员确认表单上记录的需要修改的文件当前未被其他人修改后，将文件的一份副本交给开发人员，然后记录开发人员 A 在何时取走文件副本。

（3）如果需要修改的文件处于修改状态，即另外一位开发人员 B 正在修改这几个文件，配置管理员会通知开发人员 B 尽快修改文件。开发人员 B 修改完毕后，并且将修改后的文件提交给配置管理员归档后，继续执行步骤（2）的相关操作。

（4）开发人员在完成修改之后，将结果提交给配置管理员，配置管理员将修改后的文件归档到配置库中。

如果我们把存放代码、文档的库理解为仓库，那么配置库管理员就是仓库保管员了。

不久之后，配置管理工具被开发出来，用于帮助配置管理员自动化处理其工作任务。通常，一种操作系统平台上有一种主要的工具，这些工具拥有下列基本的版本控制特性。

- 维护文件库。
- 创建和存放文件的多个版本。
- 提供锁定的机制（避免同一文件在同一时间被多人修改，保证修改的顺序性）。
- 标识一组文件的版本。
- 从配置库中提取/找回文件的版本。

早期的 SCM（Software Configuration Management，软件配置管理）工具提供了上述基本的版本控制能力，并且将库管理员的一些手工 SCM 任务自动化，开发人员能够在没有配置管理员介入的情况下检出需要的文件。当文件被检出后，其他开发人员将不能修改该文件。完成变更内容之后，开发人员将文件检入，由于修改了文件，文件的版本自动升级，升级到新的版本号。检入/检出的工作模式至今没有发生变化。

一个广泛应用的 SCM 工具是源代码控制系统（Source Code Control System，SCCS），该工具由贝尔实验室在 20 世纪 70 年代早期开发；另外一种与 SCCS 类似的 SCM 工具是由 Walter Tichy 在普渡大学开发的版本控制系统（Revision Control System，RCS）。RCS和 SCCS 成为 UNIX 平台上的主流配置管理工具。此时，大多数主机系统使用它们自己的 SCM 工具。例如，配置管理系统（Configuration Management System，CMS）曾经是美国 DEC（Digital Equipment Corporation）的 VAX/VMS 操作系统的一个组成部分。

这些早期的版本控制工具通常用标签（label）或标记（mark）来标识一组文件中每个文件的特定版本。这就是所谓的配置，它用来标识整个产品的一个特定版本。

这些工具大大地提升了原有手工方式的工作效率，它们提供了经典的 SCM 能力，用于标识被开发的软件项目的各个文件，控制对这些文件的变更，提供审计信息用于记录何人在何时修改了什么文件。

从上面的文字描述中分析，我们可以得到如下定义。

- **配置**：在技术文档中明确说明并最终组成软件产品的功能或物理属性。因此，配置包括最终组成软件产品所有的相关文档、软件版本、变更文档、软件运行的支持数据。相对于硬件类配置，软件产品的配置包括更多的内容并具有易变性。
- **配置管理**：通过对软件生命周期中不同的时间点上所产生的文件进行标识，并对这些标识的文件的更改进行系统控制，从而达到保证软件产品的完整性和可溯性的过程。

- **版本**：表示一个配置项具有一组定义的功能的一种标识。随着功能的增加、修改或删除，配置项的版本随之演变。版本以版本号进行标识。

- **版本号**：为了维护软件项目，我们提出了对版本进行管理控制的要求。对于用户来说，版本直接体现在版本号的命名上。

那么如何对版本号进行命名呢？版本控制比较普遍的 3 种命名格式如下。

- GNU 风格的版本号命名格式：Major_Version_Number.Minor_Version_Number [.Revision_Number[.Build_Number]]，即主版本号.次版本号[.修订版本号[.内部版本号]]，如 1.2.1、2.0、5.0.0 build-13124。

- Windows 风格的版本号命名格式：Major_Version_Number.Minor_Version_Number [Revision_Number[.Build_Number]]，即主版本号.次版本号[修订版本号[.内部版本号]]，如 1.21、2.0。

- .NET Framework 风格的版本号命名格式：Major_Version_Number.Minor_ Version_ Number[.Build_Number[.Revision_Number]]，即主版本号.次版本号[.内部版本号 [.修订版本号]]。

版本号由 2～4 部分组成，其中，主版本号和次版本号是必选的；内部版本号和修订版本号是可选的，但是如果定义了修订版本号，则内部版本号就是必选的。所有定义的部分都必须是不小于 0 的整数。

应根据下面的约定使用这些部分。

- 具有相同名称但不同主版本号的程序集不可互换。这适用于对产品的大量重写，这些重写使得无法实现向后兼容性。

- 如果两个程序集的名称和主版本号相同，而次版本号不同，这指示显著增强，但照顾到了向后兼容性。这适用于产品的修订版或完全向后兼容的新版本。

- 内部版本号的不同表示对相同源所做的重新编译。这适用于更改处理器、平台或编译器的情况。

- 名称、主版本号和次版本号都相同但修订号不同的程序集应是完全可互换的。这适用于修复以前发布的程序集中的安全漏洞。

程序集中只有内部版本号或修订版本号不同的后续版本被视为先前版本的修补程序更新。

5.1.2　版本号管理策略

GNU 风格的版本号管理策略如下。

- 项目初版本中，版本号可以为 0.1 或 0.1.0，也可以为 1.0 或 1.0.0。
- 当项目在进行了局部修改或 Bug 修正时，主版本号和次版本号都不变，修订版本号加 1。
- 当项目在原有的基础上增加了部分功能时，主版本号不变，次版本号加 1，修订版本号重置为 0，因而可以被忽略掉。
- 当项目在进行了重大修改或局部修正累积较多而导致项目整体发生变化时，主版本号加 1。
- 内部版本号一般是编译器在编译过程中自动生成的，我们只定义其格式，并不进行人为控制。

Windows 风格的版本号管理策略如下。

- 项目初版本中 ，版本号为 1.0 或 1.00。
- 当项目在进行了局部修改或 Bug 修正时，主版本号和次版本号都不变，修订版本号加 1。
- 当项目在原有的基础上增加了部分功能时，主版本号不变，次版本号加 1，修订版本号重置为 0，因而可以忽略掉。
- 当项目在进行了重大修改或局部修正累积了较多而导致项目整体发生变化时，主版本号加 1。
- 内部版本号一般是编译器在编译过程中自动生成的，我们只定义其格式，并不进行人为控制。

另外，还可以在版本号后面加入 Alpha、Beta、Gamma、Current、RC（Release Candidate）、Release、Stable 等后缀，在这些后缀后面还可以加入 1 位数字的版本号。

对于用户来说，如果某个软件的主版本号进行了升级，用户还想继续那个软件，则发行软件的公司一般要对用户收取升级费用;而如果子版本号或修订版本号发生了升级，一般来说是免费的。

配置项版本号指组成软件的每一个配置项同样需要通过版本标识，一般配置项的版本号配置管理工具可以自行管理。

在配置管理系统中，基线就是配置项在其生命周期的不同时间点上通过评审而进入正式受控的一种状态，而这个过程称为"基线化"。每一个基线都是其下一步开发的基准。

5.1.3 不借助 SCM 工具来解决 SCM 问题的方法

在没有 SCM 工具的情况下，开发人员会想出各种办法管理多版本的文件，这些多版本的文件组成了不断演进的软件系统。对于个人而言，经常采用文件的副本；对于小型团队而言，使用目录副本管理最新软件版本中的相关文件，这种方法称为共享副本。下面将讨论这两种不借助 SCM 工具来解决 SCM 问题的方法。

1. 使用文件副本

假设用 Perl 这种脚本语言编写了一个小软件，该软件从一个特定格式的文本文件（如 Excel 文件）中读取数据，然后将其输出为 HTML 格式的文件，该软件保存在目录 D:\configuration\mysystem_latest_version 下。该 Perl 程序包括两个文件，分别是 genhtml 和 myfunctions.pl。D:\configuration\mysystem_latest_version 目录中的文件列表如图 5-1 所示。

图 5-1　D:\configuration\mysystem_latest_version 目录中的文件列表

在开发、测试该应用程序之后的几个月时间内，软件都没有出现什么问题。在 2017 年 7 月 26 日，你打算在 genhtml 脚本中做一些修改，修改该文件中的一些代码，然后增加一些其他的代码，以便更好地控制 HTML 文件的格式。

如果直接修改当前的 genhtml 文件，你将丢失能够正常工作的前一版 genhtml。因此，在着手修改之前，你需要备份前一版本。

在没有 SCM 工具的情况下，解决这种问题的方法是显而易见的：将整个目录结构进行复制，存放系统的一个完整副本，根据修改的日期，创建目录 mysystem_workstoday_july26_2017。然后，将目录 D:\configuration\mysystem_latest_ version 下的文件都复制到新建的备份目录 D:\configuration\mysystem_workstoday_july26_2017 下面，如图 5-2 所示。

修改位于 D:\configuration\mysystem_latest_version 目录下的相关文件，即使修改错误，导致该目录下的文件内容无法恢复到修改之前的状态，也不会有大碍。因为在目录 D:\configuration\mysystem_workstoday_july26_2017 下已经备份了修改之前的文件，根据需要，可以将文件恢复到以前的版本。

同样可以使用文件副本存放文件的中间版本，如图 5-3 所示。

```
D:\configuration>dir
 驱动器 D 中的卷没有标签。
 卷的序列号是 4224-AA3B

 D:\configuration 的目录

2016-07-18  11:57    <DIR>          .
2016-07-18  11:57    <DIR>          ..
2016-07-18  11:57    <DIR>          mysystem_latest_version
2016-07-18  12:37    <DIR>          mysystem_workstoday_july26_2017
               0 个文件              0 字节
               4 个目录  3,722,706,944 可用字节
```

图 5-2　基础版本的目录和备份版本的目录

```
D:\configuration\mysystem_latest_version>dir
 驱动器 D 中的卷没有标签。
 卷的序列号是 4224-AA3B

 D:\configuration\mysystem_latest_version 的目录

2016-07-18  11:57    <DIR>          .
2016-07-18  11:57    <DIR>          ..
2016-07-18  11:58                 0 genhtml
2016-07-18  11:58                 0 myfunction.pl
2016-07-18  11:58                 0 genhtml_bak20050104
2016-07-18  11:58                 0 genhtml_bak20050214
2016-07-18  11:58                 0 genhtml_bak20050305
2016-07-18  11:58                 0 genhtml_bak20050407
2016-07-18  11:58                 0 genhtml_bak20050508
               7 个文件              0 字节
               2 个目录  3,722,706,944 可用字节
```

图 5-3　使用文件副本存放文件的中间版本

对于个人项目而言，这种解决方案可能不错，但是在小型项目中会出现问题，并且不可能用于中型乃至大型项目。

2. 使用共享副本

当软件系统的多个不被控制的副本位于每个开发人员的机器上时，小型团队就遇到了新的问题，即没有标准的软件版本。最初解决的方案是创建一个共同的系统目录，团队成员可以在此复制文件的新版本，这种解决方案实质上和个人开发所使用的方案类似。应用共享副本的方法，小型项目中的每个人在本机目录中创建一个或多个软件系统的副本，这种工作模式与前述个人项目相同。

这里有一个示例，假设你在 3 个成员组成的团队中与 Joe 和 Shirley 一道开发了一个小型 C 应用程序。团队在一个共同的系统目录中存放完成的代码，因而系统至少存在 4 份副本，如图 5-4（a）～（d）所示。当添加新特性或者做出变更时，团队成员将相应的文件复制到共同的系统目录中。当文件内容发生变更时，更新文件的过程如图 5-5 所示。

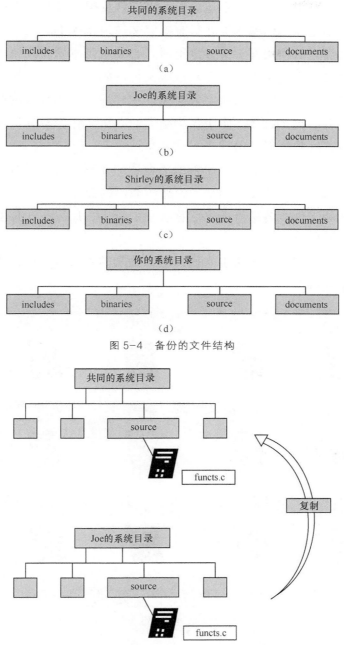

图 5-4 备份的文件结构

图 5-5 当文件内容发生变更时更新文件的过程

初看起来，共享副本的方法还不错。但是，现实中，该方法会存在 3 方面的问题。

● 同一文件的不同版本之间相互覆盖，会导致文件的版本丢失。

- 在共用的代码中，从一个不适合的变更中恢复很困难甚至不可能。
- 文件多个不受控制的副本导致很难确定文件最新版本的位置。

当两个开发人员同时使用同一文件之上时，会发生副本覆盖问题，导致文件的版本丢失。他们都从共同的系统文件目录上获取该文件的副本，然后各自做修改。两个人相继将修改后的文件复制回共同的系统文件目录，这样后一个人修改的版本会覆盖前一个人的版本，具体过程参见图 5-6。使用共享副本的方法，你没有办法获知何时发生了并行变更，也无法防范这种情形的出现。

基本上不可能恢复对共同的文件所做的不合适的变更。因为没有办法查看项目的公共区域中发生了什么变更、谁做出的变更、何时做出的变更。

因为应用系统的文件在各地有诸多名称各异的副本，所以很快你就无法找出文件的最新版本到底在什么位置。

如前所述，针对共享副本方法引入的问题，最初的解决方案就是指派配置管理员，人工管理共用的系统目录。

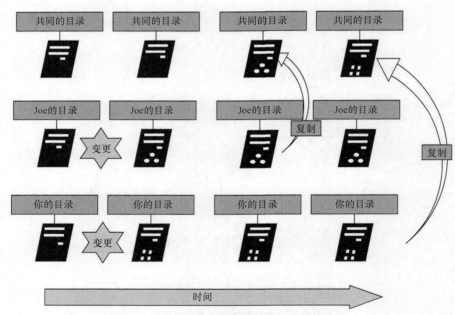

图 5-6　文件内容发生变更后更新文件的过程

5.1.4　配置管理工具的机制

早期软件配置管理工具基于手工保管配置库的工作模式，很多工具至今还在使用。通过这种工具创建配置库，应用程序文件被存放在配置库中而不是文件系统中。开发人员如果需要修改某个文件，需要将其检出。检出操作提供一个文件的副本，确保开发人员在该文件的最新版本上做修改。在检出操作的同时，会记录由何人、何时、为什么做检出操作。同时，配置管理工具自动锁定文件，一直到检入之前，避免另外一个人对其进行修改。开发人员修改检出的文件后，进行检入操作，该操作将开发人员修改后的文件放回配置库中。在该操作中也记录何人、何时检入了该文件，通常还要求开发人员简短说明变更了什么内容。检入操作释放了文件，从而允许其他开发人员进行变更。配置管理工具的机制如图 5-7 所示。

锁定文件是为了避免由于两个开发人员同时修改同一文件所造成的问题。

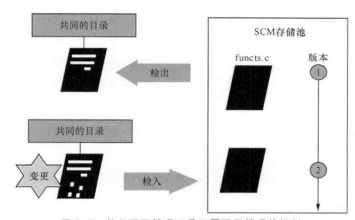

图 5-7　使用配置管理工具开展配置管理的机制

版本并行开发中的配置管理

在真正的开发过程中检入/检出的策略非常有效，但是也存在一定的问题。

锁定可能导致管理问题。比如，有时候 Harry 会锁住文件，然后忘了此事，也就是说，Sally 一直等待解锁来编辑这些文件，她在这里卡住了。之后，Harry 去旅行了，现在 Sally 只好去找管理员解锁，这种情况下会导致不必要的时间浪费。

锁定可能导致不必要的线性化开发。如果 Harry 编辑一个文件的开始，Sally 想编辑同一个文件的结尾，这种修改不会冲突，可以正确地合并到一起，他们可以轻松地并行工作而没有太多的坏处，没有必要让他们轮流工作。

锁定可能导致错误的安全状态。假设 Harry 锁定并编辑文件 A，同时 Sally 锁定并编辑文件 B，A 和 B 互相依赖，那么 A 和 B 就不能正确地工作了，锁定机制无法防止此类问题，从而产生了一种处于安全状态的假象。Harry 和 Sally 很容易都以为自己锁定了文件，而且在一个安全、孤立的情况下开始工作，因而没有尽早发现他们不匹配的修改。

　　所以，一种并行开发的版本管理规则——复制-修改-合并模型应运而生。在这种模型中，每一个客户端读取项目版本库，建立一个私有工作副本——版本库中文件和目录的本地映射。用户并行工作，修改各自的工作副本，最终，把各个私有的副本合并在一起，成为最终的版本。这种系统通常可以辅助合并操作，但是最终要靠人工确定正误。

　　但是如果 Sally 和 Harry 的修改重叠了该怎么办？这种情况称为冲突，这通常不是一个大问题。当 Harry 指示他的客户端在自己的工作副本中合并版本库的最新修改时，他的文件 A 就会处于冲突状态，他可以看到一对冲突的修改集，并手工地选择保留一组修改。需要注意的是，软件不能自动地解决冲突，只有人可以理解并做出智能的选择，一旦 Harry 手工解决了冲突（也许需要与 Sally 讨论），他就可以安全地把合并的文件保存到版本库中。

　　复制-修改-合并模型有一点混乱，但在实践中通常运行得很平稳，用户可以并行地工作，不必等待别人。在同一个文件上修改时，也很少会有重叠发生，冲突并不频繁，处理冲突的时间远比等待解锁花费的时间少。

　　最后，一切都要归结到一个重要的因素——用户交流。当用户缺乏交流时，语法和语义的冲突就会增加。没有系统可以强制用户交流，没有系统可以检测语义上的冲突，所以不能够保证锁定系统就可以防止冲突。在实践中，锁定除了约束了生产力之处，并没有做什么事。

5.1.5　常用的配置管理工具

　　常用的配置管理工具包括 Microsoft Visual Sourcesafe（VSS）、CVS（Concurrent Version System）、SVN、StarTeam 和 Rational ClearCase。下面针对不同的配置管理工具做初步的分析。

1. VSS

　　VSS 是美国微软公司的产品，是 Visual Studio 套件中的一个组件，目前常用的版本为 6.0 版。VSS 是配置管理的入门级工具。

　　VSS 提供文件的版本跟踪功能。对于 build 和基线的管理，VSS 的标签的功能可以提供支持。VSS 提供共享（share）、分支（branch）和合并（merge）的功能，对团队的开发进行支持。VSS 不提供流程管理功能，如对变更的流程进行控制。VSS 不提供对异地团队开发的支持。此外，VSS 只能在 Windows 平台上运行，不能运行在其他操作系统上。

VSS 的特点如下。

- 易用性：VSS 采用标准的 Windows 操作界面，只要对微软的产品熟悉，就能很快上手。VSS 的安装和配置非常简单，对于该产品，不需要外部的培训（可以为公司省去一笔不菲的费用），只要参考微软完备的随机文档，就可以很快地用到实际的工程当中。
- 安全性：VSS 的安全性不高，对于使用 VSS 的用户，可以在文件夹上设置不可读、可读、可读/写、可完全控制权限。但由于 VSS 的文件夹完全共享给用户后，用户才能访问，因此用户可以删除 VSS 的文件夹。这是 VSS 的一个比较大的缺点。
- 总体成本：VSS 没有采用对许可证（license）进行收费的方式，只要安装了 VSS，对用户的数目是没有限制的，因此使用 VSS 的费用是较低的。
- 技术支持：由于 VSS 是微软公司的产品，因此可以得到稳定的技术支持。

2. CVS

CVS 是开放源代码的配置管理工具，其源代码和安装文件都可以免费下载。

除具备 VSS 的功能外，CVS 还具有 3 个功能。

- 它的客户端/服务器存取方法使得开发者可以从任何因特网的接入点存取最新的代码。
- 它的无限制的版本管理检出模式避免了通常因为排他检出模式而引起的人工冲突。
- 它的客户端工具可以在绝大多数的平台上使用。

同样，CVS 也不提供流程变更的自动管理功能。

CVS 的特点如下。

- 易用性：CVS 是源于 UNIX/Linux 的版本控制工具，最好要对 UNIX/Linux 的系统有所了解，才能更容易学习 CVS 的安装和使用，CVS 的服务器管理需要进行各种命令行操作。目前，CVS 的客户端有 winCVS 的图形界面，服务器端也有 CVSNT 的版本，易用性正在提高。
- 安全性：一般来说，CVS 的权限设置单一，通常只能通过 CVSROOT/passwd、CVSROOT/readers、CVSROOT/writers 文件，同时还要设置 CVS REPOS 的物理目录权限来完成权限设置，无法完成复杂的权限控制。但是 CVS 通过 CVSROOT 目录下的脚本提供了扩充相应功能的接口，不但可以完成精细的权限控制，还能完成更加个性化的功能。

- 总体成本：CVS 是开源软件，无须支付费用。
- 技术支持：同样因为 CVS 是开源软件，没有生产厂家为其提供技术支持。如发现问题，通常只能靠自己查找网上的资料进行解决。

3．SVN

SVN 是在 CVS 的基础上诞生的开放源代码的配置管理工具，较 CVS 有很多新的特点。

SVN 支持 CVS 的所有特性，并且更好地支持中文，在文件的处理上不再区分文本格式和二进制格式，存放之前统一进行压缩，在空间占用上更占优势。SVN 对于版本的管理更胜 CVS 一筹，SVN 使用了全局版本模式，针对每一次操作进行版本管理，便于查询每次操作的内容；而在分支功能上采用了虚拟文件的方式，使用的空间更少。

SVN 的特点如下。

- 易用性：继承了 CVS 的简便性，而客户端方面 TortoiseSVN 相对于 winCVS 更加方便，同样提供了主流开发工具的插件。
- 安全性：类似于 CVS，支持 Apache 扩展，支持 SVN 自定义协议，支持加密规则。
- 总体成本：开源软件，无须付费。
- 技术支持：SVN 由第三方公司再次开发，可以提供一定的技术支持。

4．StarTeam

StarTeam 是 Borland 公司的配置管理工具，StarTeam 属于高端工具，在易用性、功能和安全性等方面都很不错。

除了具备 VSS、CVS 所具有的功能外，StarTeam 还提供了基于数据库的变更管理功能，是相应工具中独树一帜的。StarTeam 还提供了流程定制工具，用户可以根据自己的需求灵活地定制流程。VSS 和 CVS 是基于文件系统的配置管理工具，而 StarTeam 是基于数据库的配置管理工具。StarTeam 的用户可根据项目的规模，选取多种数据库系统。

StarTeam 的特点如下。

- 易用性：StarTeam 的用户界面同 VSS 类似，它的所有的操作都可通过图形用户界面来完成。同时，对于习惯使用命令方式的用户，StarTeam 也提供命令集进行支持。另外，StarTeam 的随机文档也非常详细。
- 安全性：StarTeam 无须设置物理路径的权限，而是通过自己的数据库管理，实现了类似于 WindowsNT 的域用户管理和目录文件访问控制列表（Access Control List，ACL）。StarTeam 完全是域独立的。这个优势可以为用户模型提供灵活性，而不会影响到现有的安全设置。StarTeam 的访问控制非常灵活并且系统，用户可以对工程、视图、文件夹甚至每一个小的条目设置权限。对于高级别的视图（view），访问控制可以与用户组、用户、项目甚至视图等链接起来。

- 总体成本：StarTeam 是按许可证来收费的，相对于 VSS、CVS，企业在使用 StarTeam 进行配置管理时需要投入一定的资金。
- 技术支持：Borland 公司将对用户进行培训，协助用户建立配置管理系统，并对用户提供技术升级等完善的支持。

5. ClearCase

ClearCase 是 Rational 公司的产品，也是目前使用较多的配置管理工具。

ClearCase 提供 VSS、CVS、StarTeam 所支持的功能，但不提供变更管理功能。Rational 公司的 ClearQuest 工具可提供变更管理功能。与 StarTeam 不同，ClearCase 后台的数据库具有专有的结构。ClearCase 对 Windows 和 UNIX 平台都提供支持。ClearCase 通过多点复制支持多个服务器和多个点的可扩展性，并擅长设置复杂的开发过程。

ClearCase 的特点如下。

- 易用性：ClearCase 的安装和维护远比 StarTeam 复杂，要成为一个合格的 ClearCase 的系统管理员，需要接受专门的培训。ClearCase 提供命令行和图形界面的操作方式，但从 ClearCase 的图形界面不能实现命令行的所有功能。
- 安全性：StarTeam 有独立的安全管理机制，ClearCase 没有专用的安全性管理机制，依赖于操作系统。
- 总体成本：要选用 ClearCase，除购买许可证的费用外，还要考虑必不可少的技术服务费用。没有 IBM 公司专门的技术服务，很难发挥出 ClearCase 的功能。另外，对于 Web 访问的支持，对于变更管理的支持，都要另行购买相应的软件。
- 技术支持：如果购买了 IBM 的技术支持服务，就会有可靠的售后服务保证。

5.1.6　5 种类型的项目团队对配置管理的需求

在本节中将项目团队大致划分为 5 类，如此划分的主要用意是方便讨论 SCM 问题及解决方案。

5 种类型的项目如下。

- 个人型项目：一个人组成一个团队，致力于单一产品。
- 小型项目：包含 2～5 个团队成员，致力于单一产品。
- 中型项目：包含 6～15 个团队成员，致力于单一产品或一个产品系列中的多个产品。
- 大型项目：包含 1～10 个相互配合的开发组，每组有 2～30 个团队成员，总人数不超出 150，致力于一个产品系列中的一个或多个产品的一个公共版本。
- 特大型项目：包含许多相互协作的开发组，致力于一个或多个产品的发布版本，整个项目团队的人数在 150 以上。

下面介绍项目团队的分类。

1. 个人型项目团队

负责开发一个软件系统（应用）的一个人就构成了一个个人型项目团队，他负责编写并控制所有的系统源代码。这种开发模式适用于小工具/脚本、个人网站的主页、小的共享软件，以及供个人使用的小系统。当一个人开发单一系统时，SCM 的需求很少。通常，个人不需要使用 SCM 工具解决其问题。不过，SCM 工具能够在内容组织和安全性方面提供方便，从而让个人避免通过文件及目录副本方式进行版本管理。配置管理工具可以选择 VSS。

2. 小型项目团队

小型项目团队由 2～5 个团队成员组成，他们共同开发单一软件应用。团队编写控制应用系统的所有源代码。开发机构赋予这些团队充分的自主权，这些团队不需要与其他项目团队共享任何源代码，他们的工作内容也不会依赖其他团队的工作。配置管理工具可以选择 VSS。

3. 中型项目团队

中型项目团队由 6～15 个团队成员组成，他们开发一个或多个软件应用，编写和控制源代码。中型项目中跨越团队共享的内容有限，通常是少量明确定义的核心构件，少量的构件间存在依赖关系。配置管理工具可以选择 VSS、CVS、SVN 或者 StarTeam。

4. 大型项目团队

大型项目团队通常由 1～10 个规模不等且相互协作的开发组组成（每个开发组可能

有 2～30 个团队成员），其中存在一些共享代码及相互依赖的构件。大型团队中的开发组成员有可能分布在不同的地域，整个团队的规模不超过 150 人。大型团队获得的发布版本中包含多个开发组所做的变更，这些开发组针对共同的发布版本进行协作。大型项目团队几乎一定需要现代 SCM 工具所具备的功能。配置管理工具可以选择 CVS、SVN、StarTeam 或者 ClearCase。

5. 特大型项目团队

一个特大型项目团队中有很多相互协作的开发组，致力于一个或多个产品的发布版本，整个项目团队的人数在 150 以上，其中存在大量共享代码及相互依赖的构件。特大型团队中的开发组成员更有可能分布在不同的地域，产品的发布周期通常比较长（如12～24 个月）。配置管理工具可以选择 StarTeam 或者 ClearCase。

5.2 高级软件配置管理

在软件研发过程中，配置管理是一个全民参与的管理活动，其中参与的人员包括项目负责人、配置管理员（Configuration Management Officer，CMO）、软件开发工程师、软件测试工程师、质量保证（Quality Assurance，QA）工程师，以及变更控制委员会（Change Control Board，CCB）。配置管理活动包括启动项目、标识配置项、制订配置管理计划、建立和维护配置库、控制配置机制、变更基线、发布配置状态、审计和验证配置、归档和删除配置等若干环节。本节重点讲解软件配置管理活动中的相关角色，以及这些角色参与的主要活动。

5.2.1 软件配置管理过程中的角色

1. 项目负责人

项目负责人主要对配置管理的整体过程负责，保证配置管理中主要角色的定义和配置计划的制订，主要任务如下。
- 制订项目的配置管理计划。
- 指定 CMO。
- 建立项目的 CCB。
- 保证为项目提供合适的配置管理工具。

2. CMO

CMO 对整体的配置管理活动负责，主要任务如下。

- 建立和管理配置库。
- 保存变更请求。
- 基线化配置项。
- 生成并发布配置状态表（增加配置状态表）。
- 将基线化的文档和计划分发给所有相关人员。
- 管理配置库的访问权限。
- 增加/删除配置项（仅在收到已获批准的请求时）。
- 备份/恢复和归档配置库。
- 向项目成员提供配置管理工具的使用指导。

3. 软件开发工程师

在配置管理的过程中，在 CMO 授权的情况下，软件开发工程师对配置项做相应的修改，主要任务如下。

- 软件开发工程师将自己创建的与开发相关的配置项（如软件需求说明书、概要设计说明书、详细设计说明书、代码等配置项）加入配置库中。
- 软件开发工程师根据变更请求，对配置项进行检出、修改、检入操作。例如，测试人员在测试执行过程中，发现缺陷并提交之后，开发人员应该在 CMO 授权之后，对相应的配置项（源文件）检出、修改、检入。

4. 软件测试工程师

在配置管理的过程中，在 CMO 授权的情况下，软件测试工程师对配置项做相应的修改，主要任务如下。

- 软件测试工程师将自己创建的与测试相关的配置项（如软件测试计划、软件测试方案、软件测试用例、软件测试日报、软件测试报告等）加入配置库中。
- 软件测试工程师根据变更请求，对测试相关的配置项进行检出、修改、检入操作。例如，在测试执行之前，需要更新测试用例，因此需要经过 CMO 的授权，然后由测试人员对相应的配置项（测试用例文件）检出、修改、检入。
- 获取被测试的已发布的软件版本。

5. QA 工程师

QA 工程师主要对配置管理的过程质量负责，主要任务如下。

- 审计基线。
- 评审并批准配置管理计划。
- 验证配置库的备份。

6. CCB

CCB 的职责是评审配置项的变更，对变更的合理性给出评判。CCB 一般由高级的软件开发工程师、高级的软件测试工程师、高级的系统工程师、高级的产品技术支持工程师、高级的销售工程师组成，主要任务如下。

- 评估和批准对配置项的更改。
- 确保批准后的更改的实施。

5.2.2　软件配置管理过程

1. 启动项目

在项目启动过程中，项目负责人确定 CMO，并且确定 CMO 的备用人员。由于 CMO 的工作贯穿在软件研发的全过程中，因此 CMO 的岗位是不能空缺的，在 CMO 不在岗的时候，由 CMO 备用人员临时接替 CMO 的工作。

然后，项目负责人还需要确定 CCB 的成员。

2. 标识配置项

配置项是逻辑上组成软件系统的各部分。例如，一个软件产品包括几个程序模块，每个程序模块及其相关文档和支撑数据就是软件的配置项。它们可以作为一个配置项，也可以根据类型划分为几个配置项，这个过程就是配置项的选择与划分。

配置项的定义与划分的基本出发点在于保证软件的所有功能和物理属性都定义为配置项。配置项包括软件的所有功能、物理属性，具体可以分成若干类型，如表 5-1 所示。

表 5-1　配置项的分类

类别	描述
原始需求相关文档	建议书、用户意向书、用户需求（如果不在建议书中定义）、工作任务书
计划类文档	包括各类项目的相关计划，如项目过程手册、项目计划、配置管理计划等

续表

类别	描述
工程类文档	包括需求规格文档、设计文档、测试计划、测试方案、测试用例等
程序代码	所有开发的源代码，包括各类支持数据、二进制文件
第三方程序代码	由供应商提供的源代码，并接受供应商的维护
工具	支持软件开发、建立、维护、管理的工具，如语言开发工具、编译工具、测试工具、配置管理工具等
用户文档	包括用户手册、安装指南等
运行环境	包括系统运行环境的相关内容，如系统运行平台、环境设置要求等

配置项按照大的类型分为文档与代码，对于这两种类型，其配置项划分方法也不同。

- 一篇文档就是一个配置项。对于代码，推荐将整个项目组的所有代码作为一个配置项。
- 如果项目组内不同模块之间的进度相差很大，将每一个文件划分为一个配置项更加方便管理。
- 必须唯一地标识每个配置项。配置项的标识包括两个方面，分别是配置项名称和配置项版本标识。

3. 制订配置管理计划

由项目负责人制订配置计划，配置计划包括如下内容。

- 配置管理人员的组织和职责。
- 命名规则。
- 配置管理工具及配置库结构。
- 标识的配置项和位置。
- 权限分配和管理方法。
- 配置库备份的周期、方法。
- 变更控制的流程和操作方法。
- 版本发布的计划和策略。
- CCB 活动。
- 基线审计计划。

4. 建立和维护配置库

配置管理计划制订完毕之后，CMO 根据配置管理计划中的规定，建立和维护配置库。该阶段包括如下工作内容。

- CMO 根据配置管理计划建立配置库。
- CMO 按照配置管理计划分配权限，并通知项目组成员，给受影响的人分配只读权限。
- CMO 根据配置管理计划确保配置库定期进行了备份，并且保证配置库中的数据能够成功恢复，同时 CMO 应该维护备份日志以跟踪备份。
- 根据需要，CMO 为项目组提供工作说明或培训所使用的配置库。

5. 控制配置机制

在配置项提交、评审时（基线化前），CMO 将该配置项纳入配置库，并贴标签，此时配置项置于"受控"状态。在这个状态下，对于该配置项的每次更新，通过不同的版本号来进行区分。配置项变更后，在基线化之前，如果需要，则该配置项必须重新评审、批准及签发。

在修改文档时，应在修订记录中描述所做的改动。当修改代码时，代码的修改历史记录要充分地描述所做的修改，注明导致改动的评审记录或缺陷报告。

在配置管理工具的备注中，应注明变更请求（Change Request，CR）或缺陷 ID 及所做的修改。

配置项完成评审后，项目负责人在确保配置项得到批准和签发后，向 CMO 提出建立基线的申请。

CMO 确认相应的评审记录已收集和保存，且批准、签发的记录备齐后，将已签发的配置项放入配置库中并贴标签，此时配置项处于已基线化状态。

文档在批准、签发后基线化，代码在批准后基线化。一旦配置项基线化后，CMO 应该更改并维护所有已基线化配置项的记录。对已基线化配置项的更改将遵循基线变更操作的规定。

6. 变更基线

任何已基线化的配置项的变更，都要以变更申请表或缺陷报告单的方式提交。变更请求可由客户或项目组成员启动，无论由谁启动，均由项目组成员填写更改请求表格。

基线变更控制流程如图 5-8 所示。

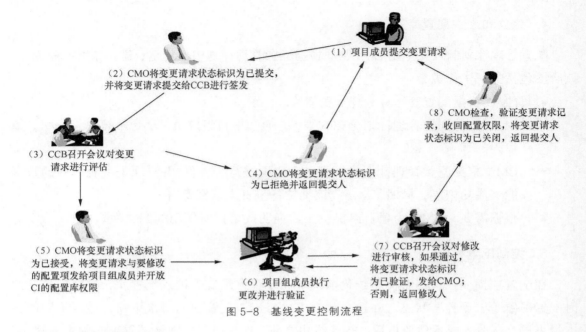

图 5-8　基线变更控制流程

7.　发布配置状态

一旦配置项基线化后，CMO 应该通知项目组，内容应该包括基线化配置项的名称及位置。CMO 应该周期性地将更新后的配置状态报告发给项目组成员及相关组，以确保配置项的状态能被相关人员所了解，建议至少每两周发布一次。

8.　审计和验证配置

根据配置管理计划，在阶段结束会议前，由 QA 工程师及 CMO 进行基线审计。审计要依照基线审计检查单进行，以便验证配置项的完整性、正确性、一致性和可跟踪性，以及配置项的变更控制是否和配置计划相一致。

9.　归档和删除配置

当项目提前关闭、中止或正式关闭时，CMO 将配置库归档到产品配置库中，并删除所有与项目组相关的本地副本。

5.3　建立软件测试的配置管理库

软件开发、测试分为多个阶段，每个阶段都需要输出相应的配置项，每个阶段输出的配置项都需要纳入配置库中统一管理。本节介绍各个阶段中与测试相关的配置项。

5.3.1 软件测试的生命周期与配置项

在图 5-9 所示的软件开发、测试流程的 V 模型当中，主要包括系统测试计划（System Testing Plan，STP）阶段，集成测试计划（Integration Testing Plan，ITP）阶段，单元测试计划（Unit Testing Plan，UTP）阶段，单元测试（Unit Testing，UT）阶段，集成测试（Integration Testing，IT）阶段，系统测试（System Testing，ST）阶段，用户接收测试（User Acceptance Testing，UAT）阶段。表 5-2 针对每个阶段列出了相应的配置项、参考文档和角色。现对每个字段做简单的解释。

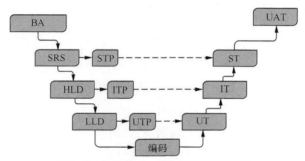

图 5-9　软件开发、测试流程的 V 模型

- 阶段：V 模型中与测试相关的 7 个阶段。
- 配置项：在每个测试相关阶段中需要交付的，并将纳入配置库的测试过程文档。
- 参考文档：每个测试阶段配置项需要依照的参考文档，如系统测试用例文档的参考文档是软件需求规格说明书，因为测试人员只有根据软件需求规格说明书才可以设计出完整的测试用例。
- 角色：每个测试阶段配置项的作者。

表 5-2　软件测试中每个阶段的配置项、参考文档和角色

阶段	配置项	参考文档	角色
STP	软件系统测试计划、软件系统测试方案、软件系统测试用例、软件系统测试规程	软件开发计划、用户需求文档、软件需求说明书	软件测试工程师
ITP	软件集成测试计划、软件集成测试方案、软件集成测试用例、软件集成测试规程	软件开发计划、软件需求说明书、软件概要设计说明书	软件开发工程师或软件测试工程师
UTP	软件单元测试计划、软件单元测试方案、软件单元测试用例、软件单元测试规程	软件开发计划、软件详细设计说明书	软件开发工程师或软件测试工程师
UT	软件单元测试日报、软件单元测试报告	软件单元测试用例、软件详细设计说明书	软件开发工程师或软件测试工程师

续表

阶段	配置项	参考文档	角色
IT	软件单元测试日报、软件单元测试报告	软件集成测试用例、软件概要设计说明书	软件开发工程师或软件测试工程师
ST	软件单元测试日报、软件单元测试报告	软件系统测试用例、软件需求说明书	软件测试工程师
UAT	用户验收测试用例、软件用户验收测试日报、软件用户验收测试报告	用户需求文档	软件测试工程师

5.3.2 软件测试工作中需要关注的配置管理问题

在软件测试工作中，测试人员一定要关注与测试相关的配置管理问题，否则就会出现不必要的麻烦，或者造成不必要的重复工作，更严重的时候，可能会导致产品不稳定。因此，测试人员需要关注下面几个与配置管理相关的问题。

- 测试人员获取的测试版本正确吗？
- 开发人员是否在正确的版本上修改了缺陷？
- 开发人员修改缺陷之后的配置项合并到配置库了吗？
- 开发人员是不是在未经授权的情况下私自修改了配置项？
- 在回归测试中，如果验证开发人员修改的缺陷，测试不通过，该怎么办？
- 在配置库中测试工作提交的配置项有哪些？
- 所执行的测试用例在配置库中是否有更新？

第6章　需求开发与管理

软件需求是整个软件研发的基础，无论是软件开发工程师还是软件测试工程师本质上都是依赖软件需求来开展工作的，因此产生了软件需求工程（Requirement Engineering，RE）。软件测试工程师也需要对需求工程有所了解，尤其是需求管理的部分。

6.1　需求

理解需求管理的第一步就是对什么是需求达成共识。软件行业存在的一个问题就是缺乏统一定义的名词术语来描述对应的工作。客户所定义的"需求"对于开发者似乎是一个较高层次的产品概念，而开发人员所说的"需求"对于用户来说又像是详细设计。实际上，软件需求包含多个层次，不同层次的需求从不同角度与不同程度反映了细节问题。

6.1.1　什么是需求

IEEE 软件工程标准词汇表（1997 年）中需求的定义如下。

- 用户解决问题或达到目标所需的条件或权能（capability）。
- 系统或系统部件要满足合同、标准、规范或其他正式规定文档应具有的条件或权能。
- 一种反映第 1 条或第 2 条所描述的条件或权能的文档说明。

需求不仅包括通常意义上的产品功能，而且包括行业规范中定义的标准。例如，对于相应的产品来说，银行的行业技术规范、电信的入网标准等都是需求，我们在开发行业软件时需要结合这些标准来分析需求。当我们开发一款手机时，一定要了解移动行业的规范，不能说手机可以通话、发短信了，即满足了手机通信功能；而在设计开发一款财务系统时，一定要了解其行业背景，不能孤立地看问题。

举个简单的例子，用户要我们生产一款榨汁机，用户想要的榨汁机的需求如下。

- 功能：能够榨豆浆、水果汁（苹果、梨、西瓜……）。
- 性能：榨 1kg 黄豆需要 1h。
- 耗能：榨 1kg 黄豆的耗电量 1kW·h。
- 安全性：榨汁过程中有人体安全防护措施，有漏电保护。
- 可靠性：榨汁机能持续稳定运转 1h。
- 易用性：榨汁机的操作简单方便。

这些需求是不是已经很详细了？能够开始生产了吗？

回答：不行。就这么一个小小的榨汁机，我们同样要考虑行业背景，像家电的 3C 标准，如果要销往不同的国家，其插头和电源标准也是不一样的，在英国、法国等国家的标准都不同，如果不考虑这些背景，生产出来的榨汁机即使运到销售地，也卖不出去。

6.1.2　需求的类型

需求有不同的类型，各组成部分之间的关系如图 6-1 所示。

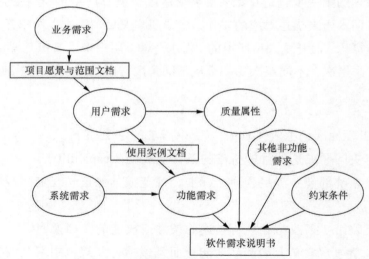

图 6-1　需求各组成部分之间的关系

1. 业务需求

业务需求（business requirement）表示组织或客户高层次的目标。业务需求通常来自项目投资人、购买产品的客户、实际用户的管理者、市场营销部门或产品策划部门。业务需求描述了组织为什么要开发一个系统，即组织希望达到的目标。使用项目愿景和范围（vision and scope）文档来记录业务需求，这份文档有时也称为项目轮廓图（project charter）或市场需求（market requirement）文档。

以自动取款机（Automatic Teller Machine，ATM）为例，从银行业务人员的角度来看，ATM能够代替柜员执行存取款操作，节约劳动力成本。这就是ATM的业务需求。

2. 用户需求

用户需求（user requirement）描述的是用户的目标，或用户要求系统必须完成的任务。场景描述和事件响应表都是表达用户需求的有效途径，即用户需求描述了用户能使用系统来做些什么。

为了得到一台可用的ATM，用户应该把ATM实现的功能描述出来，这就是ATM的用户需求，如自动存款，自动取款，账务查询，密码验证，出错处理，……

3. 系统需求

系统需求（system requirement）用于描述包含多个子系统的产品（系统）的顶级需求。系统可以只包含软件系统，也可以既包含软件子系统又包含硬件子系统。人也可以是系统的一部分，因此某些系统功能可能要由人来承担。

ATM简单地分为软件子系统和硬件子系统，软件部分主要实现用户验证、存取款的账务处理、远程通信等功能，而硬件部分主要实现吞吐卡、触摸屏、点/验钞机等功能。

4. 功能需求

功能需求（functional requirement）规定开发人员必须在产品中实现的软件功能，用户利用这些功能来完成任务，满足业务需求。功能需求有时也称为行为需求（behavioral requirement），因为习惯上总是用"应该"对其进行描述，如"系统应该发送电子邮件来通知用户已接受其预订"。功能需求描述开发人员需要实现什么。

ATM的软件功能需求如下。

（1）用户登录。

- 验证卡的合法性和正确的密码后，用户才能登录。
- 本行卡……
- 外行卡……
- 密码出错……

（2）取款。

● 取款金额合法性判断。

● 账户扣款处理。

● 手续费……

业务规则包括企业方针、政府条例、工业标准、会计准则和计算方法等。业务规划本身并非软件需求，因为它们不属于任何特定软件系统的范围。然而，业务规则常常会限制谁能够执行某些特定操作，或者，规定系统为符合相关规则必须实现某些特定功能。有时，功能中特定的质量属性（通过功能实现）也源于业务规则。所以，当对某些功能需求进行追溯时，会发现其来源正是一条特定的业务规则。

ATM 应该遵守银行电子系统相关的规范，如《银行计算机信息系统安全技术规范》中对系统中网络安全的规定，要求 ATM 与后台服务器之间的网络通信必须是高度安全的，必须采用加密机制。

5. 软件需求说明书

软件需求说明书（Software Requirement Specification，SRS）中的功能需求充分描述了软件系统所应具有的外部行为。软件需求说明书在开发、测试、质量保证、项目管理及相关项目功能中都起了重要的作用。对于一个复杂的产品来说，软件功能需求也许只是系统需求的一个子集。

作为功能需求的补充，软件需求说明书还应包括非功能需求，它描述了系统展现给用户的行为和执行的操作等。软件需求说明书包括产品必须遵从的标准、规范和合约，外部接口的具体细节，性能要求，设计或实现的约束条件及质量属性。约束是指对开发人员在软件产品设计和构造上的限制；质量属性通过多种角度对产品的特点进行描述，从而反映产品功能。

从以上定义可以发现，需求并未包括设计细节、实现细节、项目计划信息或测试信息。需求与这些没有关系，它关注的是客户究竟想开发什么样的软件产品。项目也有其他方面的需求，如开发环境需求或发布产品及移植到支撑环境的需求。

6.1.3　需求说明书

开发软件系统最困难的部分就是准确说明开发什么；最困难的概念性工作是编写详细技术需求，这包括所有面向用户、面向机器和其他软件系统的接口。同时，这些也是一旦做错将最终会给系统带来极大损害的部分，并且以后再对它们进行修改也极困难。

　　每个软件产品都是为了使其用户能以某种方式改善他们的工作和生活，于是，花在了解他们需求上的时间便是使项目成功的一种高层次的投资。这对于最终用户的业务应用程序、企业信息系统及一个大的软件系统中的部分产品都是非常重要的。然而，即便并非出于商业目的的软件，如软件库、组件和工具这些供开发小组内部使用的软件，需求也是必需的。

　　当然，你可能偶尔不需要文档说明就能与其他人的意见一致，但更常见的是出现重复返工这种不可避免的后果，而重新编制代码的代价远远超过重写一份需求文档的代价。

　　怎样才能区分优秀的和糟糕的需求说明书？下面讨论整个需求说明书和每条需求说明的特点。让项目各方从不同角度对需求说明书进行认真评审，确定哪些需求确实是需要的。只要你在编写、评审需求时把这些特点记在心中，就会写出更好的需求文档，同时也会开发出更好的产品。

1. 需求说明书的七大特征

- **完整性**：每一项需求都必须将所要实现的功能描述清楚，以使开发人员获得设计和实现这些功能所需的所有信息。

- **正确性**：每一项需求都必须准确地陈述要开发的功能。做出正确判断的参考是需求的来源，如用户或高层的系统需求说明。若软件需求与对应的系统需求相抵触，则软件需求说明书是不正确的。只有用户代表才能确定用户需求的正确性，这就是一定要有用户的积极参与的原因。没有用户参与的需求评审将导致此类说法："那些毫无意义，这些才很可能是他们所要想的。"其实这完全是评审者的凭空猜测。

- **可行性**：每一项需求在已知系统和环境的权能与限制范围内是可以满足的。为避免不可行的需求，最好在获取需求（收集需求）的过程中软件工程小组的一位组员始终与需求分析人员或市场分析人员一起工作，由软件工程小组的成员负责检查技术可行性。

- **必要性**：每一项需求都应把客户真正所需要的和最终系统所需遵从的标准记录下来。"必要性"也可以理解为每项需求都是用来授权你编写文档的"根源"。每项需求都能回溯至客户的某项输入。

- **划分优先级**：给每项需求、特性或用例分配一个实施优先级，以指明它在特定产品中所占的分量。如果所有的需求都同样重要，那么项目管理者在开发或节省预算或调度中就会丧失控制自由度。

- 无二义性：对软件需求说明书的所有读者都只能有一个明确统一的解释，由于自然语言极易导致二义性，因此尽量把每项需求用简洁明了的语言表达出来。避免二义性的有效方法包括对需求文档的正规审查、编写测试用例、开发原型及设计特定的方案脚本。

- 可验证性：检查一下是否能通过设计测试用例或其他的验证方法（如用演示、检测等）来确定产品按需求实现了。如果需求不可验证，则确定其实施是否正确就成为主观臆断，而非客观分析了。一份前后矛盾、不可行或有二义性的需求是不可验证的。

2. 每条需求说明的四大特点

- 完整性：不能遗漏任何必要的需求信息。遗漏的需求将很难查出。注重用户的任务而不是系统的功能将有助于你避免不完整性。如果知道缺少某项信息，用 TBD（To Be Determined，待确定）作为标准标识来标明该项缺失。在开始开发之前，必须解决需求中所有的 TBD 项。

- 一致性：与其他软件需求或高层（系统、业务）需求不相矛盾。在开发前必须解决所有需求间的不一致问题。只有进行一番调查研究，才能知道某一项需求是否确实正确。

- 可修改性：在必要时或维护每一个需求变更历史记录时，应该修订 SRS。这就要求每项需求要独立标出，并与其他需求区别开来，从而无二义性。每项需求只应在 SRS 中出现一次，这样在更改时易于保持一致性。另外，使用目录表、索引和相互参照列表方法将使软件需求说明书更容易修改。

- 可跟踪性：应能在每项软件需求与它的根源和设计元素、源代码、测试用例之间建立起链接。可跟踪性要求每项需求以一种结构化的、细粒度（fine-grained）的方式编写并单独标明，而不是以大段的文字叙述。

6.2　需求工程概要

需求工程是随着计算机的发展而发展的，在计算机发展初期，软件规模不大，软件开发所关注的是代码编写，需求分析很少受到重视。后来软件开发中引入了生命周期的概念，需求分析成为其第一个阶段。随着软件系统规模的扩大，需求分析与定义在整个软件开发和维护过程中越来越重要，直接关系到软件的成功与否。人们逐渐认识到需求分析活动不再仅限于软件开发的最初阶段，它贯穿于系统开发的整个生命周期。20 世纪 80 年代中期，形成了软件工程的子领域——需求工程。进入 20 世纪 90 年代以来，需求工程成为研究的热点之一。从 1993 年起每两年举办一次需求工程国际研讨会，自 1994年起每两年举办一次需求工程国际会议，在 1996 年 Springer-Verlag 发行了新的刊物——*Requirements Engineering*。

需求工程是指应用已证实有效的技术、方法进行需求分析，确定客户需求，帮助分析人员理解问题并定义目标系统的所有外部特征的一门学科。它通过合适的工具和记号系统地描述待开发系统及其行为特征和相关约束，形成需求文件，并对用户不断变化的需求演进给予支持。

软件需求工程是一门分析并记录软件需求的学科，它把系统需求分解成一些主要的子系统和任务，把这些子系统或任务分配给软件，并通过一系列重复的分析、设计、比较研究、原型开发过程把这些系统需求转换成软件的需求描述和一些性能参数。

需求工程是一个不断地进行需求定义、文件记录、需求演进的过程，最终在验证的基础上冻结需求。20 世纪 80 年代，Herb Krasner 定义了需求工程的五阶段生命周期——需求定义和分析、需求决策、需求说明书形成、需求实现与验证、需求演进管理。后来，Matthias Jarke 和 Klaus Pohl 提出了三阶段周期——获取、表示和验证的说法。

综合几种观点，可以把需求工程的活动划分为两大部分——需求开发和需求管理，如图 6-2 所示。

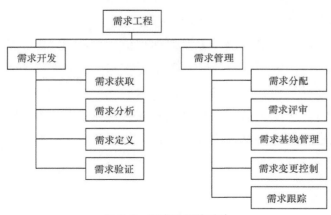

图 6-2　需求工程的活动

- 需求开发是从用户和市场获取需求并分析、形成需求说明书的过程，是一系列决定需求内容的活动。
- 需求管理是一种获取、组织并记录系统需求的系统化方案，也是一个使客户与项目团队对不断变更的需求达成并保持一致的过程。

6.3　需求开发

需求开发是由需求分析人员与用户接触、交流并对市场需求进行分析的一系列活动。需求开发包括 4 个阶段的活动。

- 需求获取：通过与用户的交流、观察现有系统及分析任务，从而开发、捕获和修订用户的需求。
- 需求分析：为最终用户所看到的系统建立一个概念模型，作为需求的抽象描述，并尽可能多地捕获现实世界的语义。
- 需求定义：生成需求模型构件精确的、形式化的描述，作为用户和开发者之间的一个协约。
- 需求验证：以需求说明书为输入，通过符号执行、模拟或快速原型等途径，分析需求说明书的正确性和可行性。

6.3.1　需求获取

需求获取是需求工程的主体，对于所建议的软件产品，获取需求是一个确定和理解不同用户需要与限制的过程。业务需求决定用户需求，业务需求描述了用户利用软件系统需要完成的任务。从这些任务中，分析者能获得用于描述系统活动的特定的软件功能需求，这些系统活动有助于用户执行他们的任务。

需求获取是在问题及其最终解决方案之间架设桥梁的第一步。需求获取可以让项目参与者普遍理解所描述的客户需求，一旦理解了需求，分析者、开发者和客户就能分析出描述这些需求的多种解决方案。参与需求获取的人员只有在理解了问题之后才能开始设计系统；否则，对需求定义任何改变之后，相关的设计都必须做大量的修改。把需求获取集中在用户任务上，而不是集中在用户接口上，有助于防止开发组由于草率处理设计问题而造成的失误。

1.　需求获取的指导方针

需求获取可能是软件开发中最困难、最关键、最易出错及最需要交流的方面之一，需求获取只有通过客户和开发者的有效合作才能成功。分析者必须建立一个对问题进行彻底探讨的环境，而这些问题与产品有关。为了清晰地进行交流，就要列出重要的争议点，而不是假想所有的参与者都持有相同的看法。对于需求问题，不但考虑项目的功能需求方面，而且讨论项目的非功能需求。确定用户已经理解，对某些功能的讨论并不意味着即将在产品中实现它。对于想到的需求，必须集中处理并设定优先级，以避免一个不能带来任何益处的无限大的项目。

需求获取是一个需要高度合作的活动，而并不是客户所说的需求的简单誊本。作为一个分析者，你必须透过客户所提出的表面需求理解他们的真正需求。询问一个可扩充的问题有助于你更好地理解用户目前的业务过程并且知道新系统如何简化或改进他们的工作。调查用户任务可能遇到的变更，或者用户需要使用系统的其他可能方式。假如你自己在做用户的工作，你需要完成什么任务？你有什么问题？从这一角度来指导需求的开发和利用。

另外，还要探讨例外的情况。什么会妨碍用户顺利完成任务？对系统错误情况的反映，用户是如何想的？在询问问题时，以"还有什么能……""当……时，将会发生……""你是否曾经想过……""有没有人曾经……"开头。记下每一个需求的来源，不断向下跟踪，直到发现特定的客户。

尽量把客户所持的假设解释清楚，特别是那些发生冲突的部分，从字里行间去理解以明确客户没有表达清楚但又想加入的特性或特征。通过"上下文无关问题"可以获取业务问题和可能的解决方案的全部信息。客户对这些问题（如"产品要求怎样的精确度"或"你能帮我解释一下你为什么不同意某人的回答吗？"）的回答有助于你更直接地认识问题，而这是封闭问题所不能做到的。

需求获取利用了所有可用的信息来源，这些信息描述了问题域或软件解决方案中合理的特性。

相对于不成功的项目，成功的项目往往在开发者和客户之间采用了更多的交流方式。对于业务软件包或管理信息系统（Management Information System，MIS）的应用来说，与单个客户或潜在的用户组一起座谈是一种传统的需求获取方式。直接聘请用户参与获取需求的过程是为项目获得支持的一种方式。在每次座谈会之后，记下所讨论的条目，请参与讨论的用户评论并更正。及早并经常进行座谈会是成功获取需求的一个关键途径，因为只有提供需求的人才能确定是否真正获取了需求。进行深入收集和分析以消除任何冲突或不一致性。尽量理解用户表述他们需求的思维过程。充分研究用户执行任务时做出决策的过程，并提取出潜在的逻辑关系。流程图和决策树是描述这些逻辑决策途径的好方法。

当进行需求获取时，应避免受不成熟的细节的影响。在对切合的客户任务取得共识之前，用户很容易在一个报表或对话框中列出每一项的精确设计。如果这些细节都作为需求记录下来，它们会给随后的设计过程带来不必要的限制。你可能要周期性地检查需求，以确保参与者将注意力集中在与当前所讨论的话题匹配的抽象层上，向他们保证在开发过程中将会详尽阐述他们的需求。

在一个逐次描述的过程中重复地详述需求，以确定用户目标和任务，并作为用例。然后，把任务描述为功能需求，这些功能需求可以使用户完成其任务；也可以把它们描述为非功能需求，这些非功能需求描述了系统的限制和用户对质量的期望。虽然最初的构思有助于描述你对需求的理解，但是你必须细化用户接口设计。

2.　需求获取中的注意事项

在需求获取过程中，你可能会发现对产品范围的定义存在误差，不是太大就是太小。如果项目范围太大，你将要收集比真正需要更多的需求，以传递足够的信息，那么获取过程将会拖延；如果项目范围太小，那么客户将会提出很重要的但又在当前产品范围之外的需求，以致不能提供一个令人满意的产品。需求的获取将导致修改项目的范围和任务，但做出这样具有深远影响的改变一定要谨慎。

需求主要关注系统做什么，而解决方案的实现属于设计的范围。这样说虽然很简洁，但似乎过于简单。需求的获取应该把重点放在"做什么"上，但在分析和设计之间还存在一定的距离。你可以使用假设"怎么做"来分类并加深你对用户需求的理解。在需求的获取过程中，分析模型、屏幕图形和原型可以使概念表达得更加清楚，然后提供一个寻找错误和遗漏之处的办法。把你在需求开发阶段所形成的模型和屏幕效果看成方便高效交流的概念性建议，而不应该看成对设计者选择的一种限制。

需求获取研讨会中如果参与者过多，就会减慢进度。太多的参与者会对不必要的细节进行激烈的讨论，并且在每个用例如何工作的问题上难以达成一致意见。一般情况下，需求获取研讨会的参与者只需要代表了客户、系统设计者、开发者和可视化设计者等主要工程角色即可。相反，从极少的代表那里收集信息或者只听到呼声最高、最有舆论影响的用户的声音，也会造成问题。这将导致忽视特定用户的重要需求，或者其需求不能代表绝大多数用户的需求。最好选择一些授权为他们的用户发言的产品代表，他们也被同组用户的其他代表所支持。因此，需求获取研讨会的人数不能太多，也不能太少，关键人物参加即可。

3. 产品和项目类软件的需求获取

根据需求来源，软件分为产品类软件和项目类软件。

1）产品类软件

特定用户不会以合同的形式明确需求，需求由市场分析人员分析潜在客户的潜在需求获得。这类软件有操作系统软件、微软公司的 Office、Photoshop 等，开发的产品源于公司已有的一些项目、技术专利。

产品需求需要通过市场调查、用户回馈、心理分析研究等方式获取，需要我们的需求获取人员有深厚的业务背景、敏锐的洞察力、前瞻的预测能力和创造性思维。

例如，宜家家居提供的都是产品，人们直接去购买即可，这些产品都是宜家设计团队根据相应的客户群及宜家理念设计的。宜家提供的一些组装构件也是产品，和软件领域中的组件非常类似，可用来构建其他系统。

2）项目类软件

需求由特定用户以合同等形式明确下来。需求可通过访谈、交流、一起工作等渠道获取。需求获取人员应有业务背景以及很好的交流沟通能力和亲和力，还需要很强的分析能力。

例如，去家具厂定制家具和定制项目类软件类似，客户会给出自己想要的家具的需求，接待客户的销售人员就是需求获取者，他应该详细地了解客户的真实需求，从家具行业的角度提出一系列问题，以不遗漏任何一点并使设计和生产人员能够 100%地生产出客户想要的家具。

6.3.2 需求分析

需求分析就是分析软件用户的需求是什么。如果投入了大量的人力、物力、财力、时间，开发出的软件却没人要，那所有的投入都是徒劳。费了很大的精力，开发了一个软件，最后却不满足用户的要求，而要重新开发，这种返工是让人痛心疾首的。例如，用户需要一个针对 Linux 系统的软件，而你在软件开发前期忽略了软件的运行环境，忘了向用户询问这个问题，而想当然地认为是开发针对 Windows 系统的软件。当你千辛万苦地开发完成并向用户提交时才发现出了问题，那时候你就欲哭无泪了。

需求分析之所以重要，就因为它具有决策性、方向性的作用，它在软件开发的过程中具有举足轻重的地位。在一个大型软件系统的开发中，它的作用要远远大于程序设计。

1. 需求分析的活动

　　例如，用户提出需要一个木本色的 3m 长、2m 高、0.6m 宽的衣柜，需求规格如表 6-1 所示。其中包括衣柜的功能、性能、安全性、与外界的接口及约束方面的所有需求，设计和制作者应该可以开始工作了。这就是需求分析的目的：所有的需求项都有确定的规格说明，确保后续的设计、开发、测试可以进行，在需求分析后，不再有模棱两可的描述。

表 6-1　橱柜需求规格

用户需求		详细规格
显式需求	木本色的 3m 长、2m 高、0.6m 宽的衣柜	**功能规格** （1）衣柜大小为 3m×2m×0.6m。 （2）外面涂本色立邦 2 号漆，里面涂环保的立邦 3 号白色漆。 （3）底座与外立面平齐，形状…… （4）所有面板可拆卸。 （5）两格挂短衣，长度……高度…… （6）两格挂长衣，长度……高度…… （7）1 格无抽屉柜，长度……高度…… （8）1 格有抽屉柜，带保密锁，长度……高度……
隐式需求	（1）用作主卧的衣柜。 （2）有底座。 （3）方便移动。 （4）因地方小，采用推拉门。 （5）挂衣服的地方多，长短对半开。 （6）采用不锈钢挂杆。 （7）需要一个带锁的抽屉。 （8）采用环保材料。 （9）外面是本色，有玻璃横条；里面白色即可。 （10）穿墙式	（9）以上布局详见图纸…… （10）挂杆是××牌……规格圆钢管，配套底座…… （11）全实木，外三面为梨花木，里板、顶板、底板全为杉木板…… （12）铰链……推拉滑轮、轨道…… **性能规格** （1）强度达到…… （2）硬度达到…… （3）防潮等级达到…… **其他属性** 安全性：符合玻璃门、推拉门等的安全指标 **接口规格** （1）底座下有 10mm 软垫。 （2）推拉门拉手…… （3）与墙之间有…… **约束** 南方防潮

从客户获取的需求是原始需求。为了把原始需求转化为设计、开发、测试依据的软件需求说明书，需要进一步的分析。需求分析的工作如下。

- 依据原始需求（显式需求）去挖掘其背后的隐式需求。在挖掘隐式需求时，需要对业务非常了解。
- 对所有的需求（显式需求和隐式需求）精确定义其规格。
  - 功能的范围。
  - 性能的要求。
  - 其他属性要求（可移植性、可用性、安全性等）。
  - 接口规格（用户接口、外部软件接口、外部硬件接口等）。
  - 约束（操作系统、资源约束等）。

2. 需求分析的方法

需求的图形化表示的模型包括数据流图（Data Flow Diagram，DFD）、实体关系图（Entity Relationship Diagram，ERD）、状态转换图（State Transition Diagram，STD）、对话图和用例图。其他一些非常规的建模方法也是很有价值的。一个项目开发组利用项目规划工具为嵌入式软件产品成功地描述时间需求，时间精通到毫秒，而不是以天或周为单位。这些模型不仅有助于解决设计软件的问题，而且对详述和探索需求是有益的。借助需求分析工具，你可以用这些图对问题域进行建模，或者创建新系统的概念表示法。图形不仅有助于分析人员和客户在需求方面形成一致的、综合的理解，还有助于发现需求的错误。

在需求分析方面或设计方面是否使用模型取决于建模的定时和目的（timing and intent of the modeling）。在需求开发中，通过建立模型来确认你理解了需求。模型描述了问题域的逻辑方面，如数据组成、事务、转换、现实对象和允许的状态。或者从文本需求出发来画模型，从不同的角度来表示这些需求，或者从所画的基于用户输入的模型来获得功能需求。在设计阶段，要从物理上而不是从逻辑上画出模型来明确说明将如何实现该系统，包括规划建立的数据库、举例说明的对象类、编码模块。

我们重点介绍用例建模方法。首先找到系统中的活动者，即角色，从这些角色入手，分析角色可能的所有活动及这些活动之间的关系。这是分析复杂系统的一个有效方法。例如，在最简单的财务系统中，有会计、出纳，我们只需要分析会计和出纳日常有哪些活动即可，分析这些活动的输入、输出以及活动之间的顺序，将这些活动的流程用状态图或时序图细化，这些需求规格就确定下来了。

如果财务系统覆盖了整个公司的财务制度，那其中的活动者就多了，我们依然可以根据这些人的活动来分析整个系统。

详细的用例分析法可以参考一些面向对象的编程图书。

6.3.3　需求定义

需求定义就是将需求分析的结果形成书面文档。

需求分析的最终成果是客户和开发小组对将要开发的产品达成一致协议，这份协议综合了业务需求、用户需求和软件功能需求。项目愿景和范围文档包含了业务需求，而用例文档则包含了用户需求。你不仅要编写从用例派生出的功能需求文档，还要编写产品的非功能需求文档，包括质量属性和外部接口需求。只有以结构化和可读性方式编写这些文档，并由项目的风险承担者评审通过后，各方面人员才能确信他们所赞同的需求是可靠的。

可以用 3 种方法编写软件需求说明书。

- 用结构化的自然语言编写文本型文档。
- 建立图形化模型，这些模型可以描绘转换过程、系统状态和它们之间的变化、数据关系、逻辑流或对象类和它们的关系。
- 编写正式的需求说明书，这可以通过数学上精确的形式化逻辑语言来定义需求。

由于正式的需求说明书具有很强的严密性和精确度，因此它所使用的形式化语言只有极少数软件开发人员才熟悉，更不用说客户了。虽然结构化的自然语言具有许多缺点，但在大多数软件工程中，它仍是编写需求文档最现实的方法之一。包含功能和非功能需求的基于文本的软件需求说明书已经为大多数项目所接受。图形分析模型通过提供另一种需求视图，增强了软件需求说明书。

为了提高文档的可维护性，通过数据字典来描述一些特殊的概念是一个很好的方法。

1. 软件需求说明书

软件需求说明书也称为功能说明书、需求协议及系统说明书，它精确地阐述一个软件系统必须提供的功能和性能及它所要考虑的限制条件。软件需求说明书不仅是系统测试和用户文档的基础，还是所有子系列项目规划、设计和编码的基础。它应该尽可能完整地描述系统预期的外部行为和用户可视化行为。除了设计和实现上的限制之外，软件需求说明书不应该包括设计、构造、测试或工程管理的细节。许多读者使用软件需求说明书来达到不同的目的。

- 客户和营销部门依赖软件需求说明书来了解他们所能提供的产品。
- 项目经理根据软件需求说明书中描述的产品来制订规划并预测进度、安排工作量和资源。
- 软件开发小组依赖软件需求说明书来理解他们将要开发的产品。
- 测试小组根据软件需求说明书中对产品行为的描述制订测试计划、编写测试用例和实现测试过程。
- 软件维护和支持人员根据软件需求说明书了解产品的某部分是做什么的。
- 产品发布组在软件需求说明书和用户界面设计的基础上编写客户文档，如用户手册和帮助文档等。
- 培训人员根据软件需求说明书和用户文档编写培训材料。

软件需求说明书作为产品需求的最终成果必须具有综合性，即必须包括所有的需求。开发者和客户不能做任何假设。如果任何期望的功能或非功能需求未写入软件需求说明书，那么它将不能作为协议的一部分并且不能在产品中出现。

毫无疑问，你必须在开始设计和构造之前编写出整个产品的软件需求说明书。你可以反复地或以渐增方式编写需求说明书，这取决于是否可以一开始就确定所有的需求、编写软件需求说明书的人是否将参与开发系统、计划发行的版本数量等。然而，每个项目针对要满足的每个需求集合必须有一个基线协议。基线是指正在编写的软件需求说明书向已通过评审的软件需求说明书的过渡过程。必须通过项目中所定义的变更控制过程来更改基准软件需求说明书。

所有的参与者必须根据已通过评审的需求来安排工作，以避免不必要的返工和误解。作者见过一个项目，项目开发人员突然接到测试人员发出的错误报告，结果发现测试人员测试的是老版本的软件需求说明书，而他们觉得错误的地方正是产品所独有的特性。他们的测试工作是徒劳的，因为他们一直在老版本的软件需求说明书中寻找错误的系统行为。

前面提出了高质量需求文档所具有的特征——完整性、一致性、可修改性和可跟踪性。要构造并编写软件需求说明书，并使用户和其他读者能理解它，应牢记以下关于可读性的建议。

- 对节、小节和单个需求的号码编排必须一致。
- 在右边留下文本注释区。
- 允许不加限制地使用空格。
- 正确使用各种可视化强调标志（如黑体、下划线、斜体和其他不同字体）。
- 创建目录表和索引表，有助于读者寻找所需的信息。
- 对所有图与表指定号码和标识号，并且可按号码进行查阅。
- 使用字处理程序中交叉引用的功能来查阅文档中其他项或位置，而不是通过页码或节号。

不同类型需求的规格说明如表 6-2 所示。

表 6-2　不同类型需求的规格说明

需求类型	规格说明
功能	（1）需求描述：说明需求是什么，一般是对"正常过程"的概述。 （2）Actor：与软件交互的所有角色，包括用户、其他软件/硬件、软件的另一个实例或特定事件。 （3）优先级：高、中、低，其含义应该事先定义。 （4）使用频度：可选。如"频繁""偶尔""不关心"等，其含义应该事先定义。 （5）前置条件：只有具备该条件才可执行本功能。 （6）后置条件：正常过程、可选过程执行后软件所处的状态。后置条件不含异常过程的结果。 （7）正常过程：当没有任何错误发生时，参与者与软件的交互就是正常过程。正常过程快速地展示了本功能的核心价值。每个用例都必须有一个正常过程。 （8）可选过程：促进本功能价值的实现，但它们代表了细节或另一途径。一个用例有零到多个可选过程。可选过程与正常过程共享后置条件。 （9）异常过程：描述正常过程、可选过程中出现异常的情况。异常过程一般会结束整个用例的执行。注意，如果异常过程需要终止本功能的继续执行，则应对环境进行恢复，以确保数据一致性等。 （10）特殊需求：可选。描述与本功能相关的，如性能、业务规则等
性能	性能需求描述了"被描述对象"实现预期功能的程度（是确定的、非概率的），如运行有多快、待机时间有多长、功耗有多大等。 性能的描述格式如下。 <需求编号　需求名称> 需求描述：_____。 优先级：_____。 特殊需求：_____。

续表

需求类型	规格说明
质量属性	质量属性描述了"被描述对象"实现预期功能的程度（表现为与概率相关的统计值）。 一般应描述易用性、可维护性、可测试性、可扩展性、可移植性、可靠性、安全性等。 注意，质量属性一般需要功能需求的支撑。 质量属性的描述格式如下。 <需求编号　需求名称> 需求描述：＿＿＿＿＿。 优先级：＿＿＿＿＿。 特殊需求：＿＿＿＿＿。
外部接口	外部接口定义了软件和外部软硬件的交互关系，包括用户界面、硬件接口、软件接口、通信接口等。本质上，接口包括两个要素。 ● 接口两端实体的交互，即"被描述对象"完成的功能应该作为功能需求进行描述。 ● 接口上数据的详细信息（如含义、类型、数据大小、格式、度量单位、精度及允许的取值范围），应该定义在"数据字典"或"外部接口说明书"中
约束	包括设计和实现上的限制， 国际化因素等

2. 软件需求说明书模板

每个软件开发组织都应该在他们的项目中采用一种标准的软件需求说明书。许多人使用来自 IEEE 标准 830—1998 的模板，这是一个结构好并适用于许多种软件项目的灵活的模板。

从 IEEE 830 标准改写并扩充的软件需求说明书模板如图 6-3 所示，可以根据项目的需要来修改这个模板。如果模板中某一特定部分不适合你的项目，那么就在原处保留标题，并注明该项不适用，这将防止读者认为是否不小心遗漏了一些重要的部分。

与其他任何软件项目文档一样，该模板包括一个内容列表和一个修正的历史记录，该记录包括对软件需求说明书所做的修改、修改日期、修改人员和修改原因。而附录 A 和附录 C 让我们明确了目前文档中的一些专用的词汇和一些没有确定下来的问题，这些都是对需求文档的一个很好的补充说明。

```
a.引言                          d. 系统特性
  a.1 目的                       d.1 说明和优先级
  a.2 文档约定                   d.2 激励/响应序列
  a.3 预期的读者和阅读建议       d.3 功能需求
  a.4 产品的范围               e. 其他非功能需求
  a.5 参考文献                   e.1 性能需求
b.综合描述                       e.2 安全设施需求
  b.1 产品的愿景                 e.3 安全性需求
  b.2 产品的功能                 e.4 软件质量属性
  b.3 用户类和特征               e.5 业务规则
  b.4 运行环境                   e.6 用户文档
  b.5 设计和实现上的限制       f. 其他需求
  b.6 假设和依赖                附录A： 词汇表
c.外部接口需求                  附录B： 分析模型
  c.1 用户界面                  附录C： 待确定问题的列表
  c.2 硬件接口
  c.3 软件接口
  c.4 通信接口
```

图 6-3　软件需求说明书模板

3. 需求验证

需求验证的定义有多种，在本书中，需求验证是指需求定义之后，由客户、公司决策层、专家来确定是不是要将这些需求纳入项目中，有没有超出合同预算，或者缺少了哪些需求，以保证合同要求。

大型项目一般会分成多个子项目，在需求验证期间，需要验证需求说明书与工作任务书是否一致。

6.3.4　需求验证

经过需求定义得到的需求说明书需要经过进一步的确认，无论是在研发团队内部确认还是通过客户确认。可以通过符号执行、模拟或快速原型等途径。比如，在快速原型方式中，利用原型工具（如 Axure），将需求说明书用可视化界面以交互的方式展现出来，从而方便研发团队或者客户确认需求的细节，进行需求验证。

6.4　需求管理

作为需求工程中一部分，需求管理实际上和软件测试工程师的工作是紧密联系的，尤其是需求评审、需求变更控制和需求跟踪。

6.4.1 什么是需求管理

由于需求是正在构建的系统必须符合的事务，而且是否符合某些需求决定了项目的成功或失败，因此找出需求是什么，将它们记下来，进行组织，并在发生变化时对它们进行追踪，这些活动都是有意义的。

换句话说，需求管理就是一种获取、组织并记录系统需求的系统化方案，一个使客户与项目团队对不断变更的系统需求达成并保持一致的过程。

需求工程包括获取、分析、规定、验证和管理软件需求的所有活动，而"软件需求管理"则强调对所产生需求的管理和控制。"管理"这个词更合适用来描述所有涉及的活动，并且它准确地强调了追踪变更以保持涉众与项目团队之间共识的重要性。

需求管理包括在工程进展过程中维持需求约定的集成性和精确性的所有活动。需求管理强调以下几方面。

- 控制对需求基线的变动。
- 保持项目计划与需求一致。
- 控制单个需求和需求文档的版本情况。
- 管理需求和联系链之间的联系或管理单个需求和其他项目可交付品之间的依赖关系。
- 跟踪基线中需求的状态。

为达到软件过程能力成熟度模型的第二级，组织必须在软件开发与管理的 6 个关键过程域展示达到目标的能力。需求管理是其中之一，它的目标如下。

- 为软件需求建立一个基线供软件工程和管理使用。
- 使软件计划、产品和活动同软件需求保持一致。

无论是否知道或关心过程成熟度模型，大多数软件开发组织将会从达成这两个目标中获益。过程成熟度模型确定若干先决条件和技术策略，使组织能持续地达到这两个目标，但并不指定组织必须遵循的需求管理过程。

需求管理的关键过程域不涉及收集和分析项目需求，而是假定已收集了软件需求或已由更高一级的系统给定了需求。一旦确定需求且文档化，软件开发团队和有关的团队（如质量保证团队和测试团队）需要评审文档。发现问题应与客户或其他需求源协商解决，软件开发计划是基于已确认的需求编写的。

开发团队在向客户、市场部或经理做出承诺之前，应该确认需求、约束条件、风险、偶然因素、假定条件。由于技术因素、进度原因、不现实的需求，也许不得不做出承诺，但是绝不要承诺任何无法实现的事。

这个关键过程域同样建议通过版本控制和变更控制来管理需求文档。版本控制确保随时能知道在开发和计划中正在使用的需求的版本情况；变更控制提供了规范的方式来统一需求变更，并且基于业务和技术的因素来同意或反对建议的变更。当在开发中修改、增加、减少需求时，软件开发计划应该随时更新以与新的需求保持一致。不反映现实的计划于事无补。

当接受了所建议的变更时，可能在进程调度或质量上受到影响。在这种情况下，必须就约定的变更与所涉及的经理、开发者及其他相关组织进行协商。通过如下方法能使项目反映最新的或变更过的需求。

- 暂时搁置次要需求。
- 得到一定数量的后备人员。
- 短期内带薪加班处理。
- 将新的功能纳入进度安排。
- 为了保证按时交工使质量受到必要的影响（通常，这是默认反应）。

由于项目在特性、进度、人员、预算、质量各个方面的要求不同，因此不存在一个放之四海而皆准的模式。根据早期计划阶段中项目风险承担者确定的优先级顺序挑选合适的模式。无论你对变更需求或项目情况采取何种措施，必要时调整一些约定仍是需要养成的一个好习惯，这总比不现实地期待所有新要求在原定交付日期前魔术般地实现且其他方面（如预算或员工工作强度）不受什么影响要好。

6.4.2　为什么要进行需求管理

从美国于 1995 年开始的一项调查结果可以看出需求管理的重要性。在这项调查中，他们对全国范围内的 8000 个软件项目进行了跟踪调查，结果表明，有 1/3 的项目没能完成，而在完成的 2/3 的项目中，又有 1/2 的项目没有成功实施。他们仔细分析失败的原因后发现，与需求过程相关的原因占了 45%，而其中缺乏最终用户的参与及不完整的需求又是两大主要原因，各占 13% 和 12%。

简单地说，系统开发团队之所以管理需求，是因为他们想让项目获得成功，满足项目需求即为成功打下了基础。若无法管理需求，达到目标的概率就会降低。

以下一些数据很有说服力。

- Standish Group 从 1994 年到 2001 年的 CHAOS 报告证实，导致项目失败的重要

原因与需求有关。

- 2001 年，Standish Group 的 CHAOS 报告报道了该公司的一项研究，该公司对多个项目做调查后发现，74%的项目是失败的，即这些项目不能按时、按预算完成。其中提到最多的、导致项目失败的原因就是"变更用户需求"。

为什么要管理需求？避免失败就是一个很充分的理由，提高项目的成功率和需求管理所带来的其他好处同样也是理由。Standish Group 的 CHAOS 报告进一步证实了与成功的项目关系最大的因素之一是良好的需求管理。

需求在软件生命周期中举足轻重的地位决定了其重要性，在软件开发过程的 V 模型（见图 6-4）中，我们可以看到软件需求是设计和测试的基础，要保证软件在规定的时间里正确地开发出来，需要通过管理活动来控制和保障需求的一致性、正确性，并且保证所有的需求都满足并测试过。

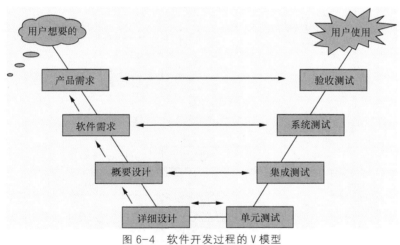

图 6-4　软件开发过程的 V 模型

6.4.3　需求管理活动

软件开发过程如图 6-5 所示，需求分配、需求跟踪、需求评审、需求基线建立、变更控制等属于需求管理的活动。

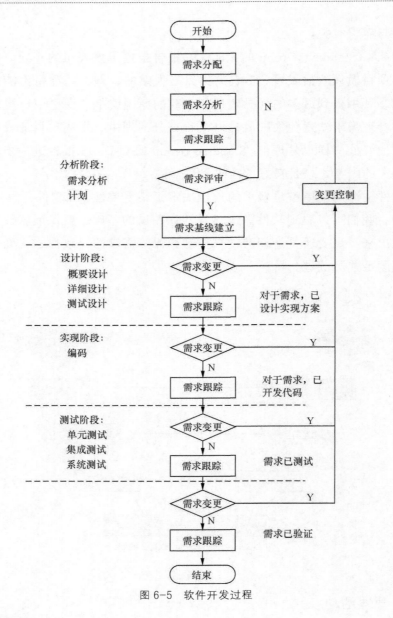

图 6-5　软件开发过程

6.4.4　需求分配

当要开发的系统很大并且需要分成不同的项目组进行开发时，才有必要进行需求分配。需求分配是通过工作任务书来完成的。在工作中经常有将大项目分成一个个子项目并承包出去的情况。总包商和分包商之间需要另外签订合同，确定分包商的工作、时间及相关要求。在软件项目中，工作任务书就是类似的合同。

需求本身是有层次的，当一个系统的需求非常多并且不可能由一个项目组完成时，就需要考虑分成若干个子项目或者根据需求优先级来划分目前项目开发的需求和后续版本的项目，这两种需求分配在现实工作中都是存在的。

现在假设要设计一款智能手机，需求分配的典型过程如图 6-6 所示。根据软硬件可以把项目参与人员划为不同的项目组，不同的项目组分别负责不同的需求。

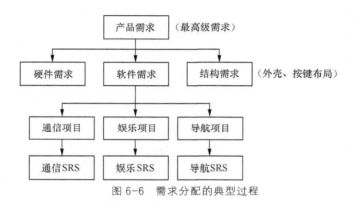

图 6-6 需求分配的典型过程

从上面的需求分配过程可知，要进行需求分配，其实意味着上层架构设计已经完成了，否则很难进一步进行分配。

需求分配的一些注意事项如下。

（1）若需求很多，不可能由一个项目组在项目计划时间内完成，要进行需求分配。

（2）项目组拿到分配的需求后，还要进行需求分析。

（3）小项目不需要需求分配，直接进行需求分析。

（4）需求分配后，还可以再进行需求分配。

6.4.5 需求评审

通常，由一些非软件开发人员进行产品检查以发现产品所存在的问题，这就是技术评审。需求文档的评审是一项精益求精的工作，它可以发现那些二义性的或不确定的需求、那些由于定义不清而不能作为设计基础的需求。

需求评审也为风险承担者提供了在特定问题上达成共识的方法。

1. 评审中每个成员扮演的角色

评审组中的一些成员在评审期间扮演着特定的角色，根据不同的评审过程这些角色有所不同，但他们所起的作用是相似的。

（1）作者负责创建或维护正在被评审的产品。软件需求说明书的作者通常是收集用户需求并编写文档的分析员。在诸如"一包到底"的非正式评审中，作者经常主持讨论。然而，作者在评审中起着被动的作用，不应该充当调解者、读者或记录员。由于作者在评审中不起积极作用，因此他只能听取其他评审员的评论，思考、回答他们所提出的问题，但他并不参与讨论。

（2）调解者或者评审主持者所做的是与作者一起为评审制订计划，协调各种活动，并且推进评审会的进行。调解者在评审会开始前几天就把待评审的材料分发到各个评审员，按时召开会议，从评审员那里获得评审结果，并且使会议集中在发现错误上，而不是解决提出的问题。向经理或者那里些收集评审数据的工作人员汇报评审结果也是调解者的责任。调解者最后的角色是督促作者对需求说明书做出建议性的更改，以保证向执行者明确说明在评审过程中提出的问题和缺陷。

（3）记录员也称书记员，其工作是用标准化的形式记录在评审会中提出的问题和缺陷。记录员必须仔细检查所写的材料，以确保记录的正确性。其他的评审员必须用有说服力的方式帮助记录员抓住每个问题的本质，这一方法也使作者清楚地认识到问题的所在和本质。

2．评审过程

常见的评审过程如图 6-7 所示。

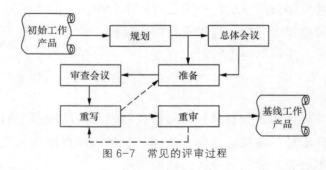

图 6-7　常见的评审过程

作者和调解者协同对评审进行规划（planning），以决定谁该参加评审，评审员在召开评审会之前应收到什么材料并且需要召开几次评审会。评审速度对能发现多少错误影响甚大，评审软件需求说明书的速度越慢，就能发现越多的错误（对这一现象的另一种解释是如果遇到太多的错误，就会引起评审速度的下降）。由于不能把太多的时间用于需求评审，因此应根据忽略重大缺陷的风险大小来选择一种合理的速度。每小时评审 4～6

页是合理的，但应根据如下因素调整评审速度。

- 一页中的文字数量。
- 需求说明书的复杂性。
- 待评审的材料对项目成功的重要程度。
- 以前的评审数据。
- 软件需求说明书的作者的经验水平。

总体会议（overview meeting）可以为评审员提供会议的信息，包括要评审的材料的背景、作者所做的假设和作者的特定评审目标。如果所有的评审员对要评审的项目都很熟悉，那么就可以取消本次会议。

在正式评审的准备（preparation）阶段，每个评审员以典型缺陷清单为指导，检查产品可能出现的错误，并提出问题。评审员所发现的错误中高达 75% 的错误是在准备阶段发现的，所以这个步骤不能省略。如果评审员准备不充分，将会使评审变得低效，并可能得出错误的结论，此时，评审就是一种时间的浪费。

花在检查同事工作上的时间是对提高整体产品质量的一种投资，并且其他组员也会以同样的方式帮助改善产品。

在**评审会议**（inspection meeting）进行的过程中，读者通过软件需求说明书指导评审小组，一次解释一个需求。当评审员提出可能的错误或其他问题时，记录员就记录这些内容，这些内容可以作为需求作者的工作项列表。会议的目的是尽可能多地发现需求说明书中的重大缺陷。评审员很容易提出肤浅的问题，或者偏离到讨论一个问题是否是一个错误，讨论项目范围的问题，并且集体研讨提出问题的解决方案。这些活动是有益的，但是评审员偏离了寻找重要错误及提高发现错误概率的中心目标。评审会议不应该超过两小时，如果需要更多的时间，就另外再安排一次会议。在会议的总结中，评审小组将决定可以接受需求文档、经过少量的修改后可接受或者由于需要大量的修改而不被接受。

一些研究者认为评审会议是劳动密集型的，以至于很难说清它的价值。然而，通过评审能发现评审员在进行准备时没有发现的错误。即使有这些评审质量的活动，在继续进行设计和构造软件时，也应该根据风险决定在需求评审上需要投入多少精力。

通过每一个质量控制活动都可能发现一些需求缺陷，因此必须在评审会之后安排一段时间用于重写（rework）文档。如果把不正确的需求拖延到以后修改，那将十分费时，所以要尽快消除二义性和模糊性并且为成功开发一个项目打下坚实的基础。如果不打算纠正缺陷，那么进行需求评审将是无意义的。

重审（follow-up）是评审工作的最后一步，调解者或指派人单独重审由作者重写的软件需求说明书。重审确保了所有提出的问题都能得到解决，并且修改了错误的需求。重审标志评审过程的结束并且可以使调解者确定是否已满足评审的退出标准。

3．进入和退出评审的标准

当软件需求文档满足特定的前提条件时，就可以进行需求评审了。在评审的准备阶段，进入评审的标准为作者设定了前进的方向，这些标准还可以使评审小组避免把时间浪费在评审之前就应该解决的问题上。调解者在决定进行评审之前，可以把进入评审的标准作为一个清单，并以此作为判断的标准。下面是一些关于需求文档进入评审的标准。

- 文档符合标准模板。
- 文档已经经过拼写检查和语法检查。
- 作者已经检查了文档在版面上所存在的错误。
- 已经获得了评审员所需要的参考文档，如系统需求说明书。
- 在文档中标注了行号以方便在评审中对特定位置的查阅。
- 所有未解决的问题都被标记为 TBD（待确定）。
- 包括文档中使用到的术语表。

类似地，在调解者宣布评审结束之前，你应该定义退出评审的标准。这里有一些关于需求文档的退出标准。

- 已经明确阐述了评审员提出的所有问题。
- 已经正确修改了文档。
- 修订过的文档已经进行了拼写检查和语法检查。
- 所有待确定的问题已经全部解决，或者已经记录下每个待确定问题的解决过程、目标日期和提出问题的人。
- 文档已经登记到项目的配置管理系统中。
- 已将评审过的资料送到有关收集处。

4．需求评审清单

为了使评审员警惕他们所评审的产品中的习惯性错误，应对公司所创建的每一类型的需求文档建立一份检查清单。这些清单可以提醒评审员以前经常出现的需求问题。

没有人可以记住冗长清单中的所有项目，削减每一份清单以满足公司的需要，并修改这些清单使其能反映需求中最常发现的错误。可以让不同的评审员使用完整清单的不同子集来查找错误，一个人检查所有文档内部的交叉引用是否是正确的，而另一个人判断这些需求是否可以作为设计的基础，第三个人专门评价可验证性。一些研究结果表明，赋予评审员特定的查错责任，向他们提供结构化思维过程或情节以帮助他们寻找特定类型的错误，这比仅仅向评审员发放一份清单所产生的效果要好得多。

以往的案例是测试人员参加需求评审，提不出建设性的问题，或者干脆不提问题，认为评审需求即是学习。这些评审的态度都是不正确的，如果在评审中不提出和可测试性相关的问题，会给后期的测试带来很大的困难，甚至会导致设计出错误的用例，导致测试质量的下降。

测试工程师应该主要针对需求是不是可测来进行评审。需求可测性检查单如表 6-3 所示。

表 6-3　需求可测性检查单

序号	检查项目
1	对需求的描述是否易于理解？
2	是否存在有二义性的需求？
3	是否定义了术语表？对特定含义的术语是否进行了定义？
4	最终产品的每个特征是用唯一的术语描述的吗？
5	需求中的条件和结果是不是合理？有没有遗漏一些异常因果关系？
6	需求中有没有包含不确定性描述，如大约、可能？
7	每个规格是不是都有明确的说明？
8	环境搭建是否可能或有困难？

6.4.6　需求基线管理

1. 概念

基线就是一个配置项或一组配置项在其生命周期的不同时间点上通过正式评审而进入正式受控的一种状态，而这个过程称为"基线化"。每一个基线都是下一步开发的出发点和参考点。基线确定了元素（配置项）的一个版本，且只确定一个版本。一般情况下，基线在指定的里程碑处创建，并与项目中的里程碑保持同步。

一般地，第一个基线包含了通过评审的软件需求，因此称为"需求基线"。通过建立这样一个基线，受控的系统需求成为进一步软件开发的出发点，对需求的变更被正式初始化、评估。受控的需求还是对软件进行功能评审的基础。

每个基线都将接受配置管理的严格控制，将严格按照变更控制要求的过程修改基线。在一个软件开发阶段结束时，上一个基线加上增加和修改的基线内容形成了下一个基线，这就是基线管理的过程。

2. 建立基线的好处

建立基线的好处如下。

- 重现性：当认为更新不可信时，基线为团队提供一种取消变更的方法，具有及时返回并重新生成软件系统给定发布版的能力，或者在项目的早期重新生成开发环境的能力。
- 可追踪性：建立项目工件之间的前后继承关系。目的是确保设计满足要求以及用正确代码编译可执行文件。
- 版本隔离：基线为开发人员提供了一张快照，新项目可以从基线提供的快照建立。作为一个单独分支，新项目将与随后对原始项目所进行的变更进行隔离。

3. 需求基线管理的步骤

需求基线管理的步骤如下。

（1）在需求评审后，将所有需求说明书的相关文档提交到配置库。

（2）对这些文档确认版本的正确性。

（3）对所有需求说明书文档建立基线标志。

（4）发布基线，通知项目组所有成员及相关的人员，确定基线的文档存放位置和标志。

（5）需求变更并评审后，需求基线要重新建立并通知相关人员。

6.4.7 需求变更控制

需求基线建立后，其他依赖需求的工作就以此为标准进行。但是在软件开发的生命周期中的任何时刻，随着项目的推进，需求的不确定性逐渐消除，当和当初的预测不一致时，需求就开始变更，这个变更可能来自项目内，也可能来自项目外。内部变更是指在软件开发的过程中，设计、开发、测试人员发现需求有偏差，从而提出变更；外部变更则是指客户对需求提出变更。

需求是后续工作的基础，所以需求变更会引起项目目标变化：一方面，产品功能、性能等会变化；另一方面，整个开发过程的时间进度、人员成本也会受影响。需求变更往往会牵一发而动全身，对项目的成败有非常大的影响。

为了对需求变更进行有效控制，应建立变更控制流程，而且要严格遵守流程。变更控制系统就是修改需求文档时应该遵循的一套流程，其中包括必要的书面文件，责任追踪和变更审批制度，人员和权限。变更控制系统要明确规定 CCB 的责任和权力，并由所有项目相关人员认可。

变更控制过程并不是给变更设置障碍，相反，它是一个渠道和过滤器，通过它可以确保采纳最合适的变更，使变更产生的负面影响最小化。变更过程应该文档化，尽可能简单，当然，首要的是有效性。如果变更过程没有效率且冗长，又很复杂，人们宁愿用旧方法来做出变更决定（或许他们应该那样做）。

控制需求变更同项目的其他配置管理决策紧密相连。管理需求变更类似于跟踪错误和做出相应决定的过程。然而，记住，管理需求变更是工具而不是过程，使用商业问题跟踪工具来管理已建议的需求变更并不能代替写下变更需求的内容和处理方式的过程。

1. 变更控制策略

关于项目管理应该达成一个策略，它描述了如何处理需求变更。策略具有现实可行性，实施之后，才有意义。下述需求变更的策略是有用的。

- 所有需求变更必须遵循变更控制过程，按照此过程，如果一个变更需求未被采纳，则其后续过程不再予以考虑。
- 对于未获批准的变更，除可行性论证之外，不应再做其他设计和实现工作。
- 一个简单的请求变更不能保证能彻底实现变更，要由项目 CCB 决定实现哪些变更。
- 项目风险承担者应该能够了解变更数据库的内容。
- 绝不能从数据库中删除或修改变更请求的原始文档。
- 对于每一个集成的需求变更，必须能跟踪到一个经核准的变更请求。

当然，大的变更会对项目造成显著的影响，而小的变更就可能不会有影响。原则上，应该通过变更控制过程来处理所有的变更，但实践中，可以将一些具体的需求决定权交给开发人员。但只要变更涉及两个人或更多人，就应该通过控制过程来处理。例如，一个项目由两大部分组成，一个是用户集成界面应用，另一个是内部知识库，但缺乏变更过程。当知识库开发人员改变了外部界面但没有将此变更通知应用开发人员时，这个项目就遇到了麻烦。还有一个项目，开发人员在测试时才发现有人应用了新的已修改的功能却没有通知小组中其余人员，导致重写了测试程序和用户文档。采用统一的变更控制方法可以避免这样的问题所带来的错误、开发的返工。

2．变更控制流程

变更控制流程如图 6-8 所示。其中，RTM 表示需求跟踪矩阵（Requirement Trace Matrix）。

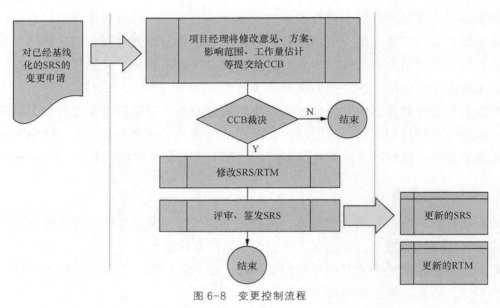

图 6-8　变更控制流程

1）变更申请

需求变更的申请可能有不同的来源——可能来自一个潜在的用户、系统分析员、测试人员或软件供应商。应该有一个特定的需求变更请求表格。变更请求表格的形式必须与软件配置管理计划保持一致，有些变更管理工具也提供一些一般的电子表格，项目中还应该由需求变更控制委员会（Change Control Board，CCB）会来负责受理变更请求，包括赋予变更请求一个唯一的跟踪编号和分类号，并实际执行变更流程。

2）变更评估

需要对提出的变更需求进行影响分析，如评估变更是否在项目范围内、对项目计划安排和其他需求的影响、需要的工作量等。

3）CCB

CCB 是一个专门的变更控制机构。一般来说，CCB 是一个项目主要的管理机构组织，

CCB 至少应该由高层经理、项目经理（技术负责人）、配置管理负责人、质量保证负责人、测试负责人组成。

CCB 负责评估那些提交的变更请求，针对这些变更的目的、要求和影响来决策。

- 同意实施一项变更请求，并且在会议上安排相关的变更实施责任人和相关联的协作组织。
- 拒绝某一项变更请求，并给出拒绝的理由。

在制订项目的启动计划时就要建立项目的 CCB，它是在项目初期建立的，将确定的 CCB 人选记录到配置管理计划中，并发通知给项目组和相关组。当正式基线建立或变更时，要召开 CCB 会议，并进行会议记录，会后形成《CCB 会议纪要》。

4）变更评审

CCB 收到了变更请求后，会请专门的人员先做一个初步的分析，主要评估变更的来源、变更的理由、变更产生的影响、变更的代价。某些变更会在这个阶段做出一个初步的处理，根据评估结果确定选择哪些，放弃哪些，并设置变更的优先顺序。

接下来，变更请求会被提交到 CCB 并进行评审。CCB 评审一般会以会议的形式进行，有关方都会参加。可以定期召开会议，也可以针对某一项重要的变更临时召开会议。评估将产生一个报告，其中包括对变更的描述、受影响的配置项及相关文档，以及所要求的资源情况等。

5）变更分派（通知）

将评审通过的变更申请分配到各个项目实施小组后，符合要求的变更需求要执行接下来的流程，即需求分析、设计、开发、测试。

需求变更通知通常是一份比较正式的文档，需要业主、承包方、建立方多方面签字，通知到各个和变更有关的部门或项目参与人员。

6）变更实施

维护需求变更文档，包括日期及所做的变更、原因、负责人及新的版本号等。该工作可以由 CCB 或者执行小组来完成。

6.4.8　变更实施后期的工作

变更实施后期的工作如下。

- 重新分析需求，修改需求说明书。
- 更新需求跟踪矩阵。
- 重新评审需求。

- 建立新的需求基线。
- 根据新的需求说明书，修改受影响的设计、开发、测试。

表 6-4 列出了在不同阶段受需求变更的影响而要修改的内容。

表 6-4 在不同阶段受需求变更的影响而要修改的内容

阶段	要修改的内容
需求分析阶段	需求分析→系统测试计划
概要设计阶段	需求分析→概要设计； 需求分析→系统测试计划→系统测试方案→系统测试用例； 概要设计→集成测试计划
详细设计阶段	需求分析→概要设计→详细设计； 需求分析→系统测试计划→系统测试方案→系统测试用例； 概要设计→集成测试计划→集成测试方案→集成测试用例； 详细设计→单元测试计划
编码及后期测试执行阶段	需求分析→概要设计→详细设计→代码； 需求分析→系统测试计划→系统测试方案→系统测试用例； 概要设计→集成测试计划→集成测试方案→集成测试用例； 详细设计→单元测试计划→单元测试方案→单元测试用例

6.4.9 需求跟踪

需求跟踪能跟踪一个需求在软件生命周期中的全过程，即从需求源到实现的前后生存期。为了实现跟踪能力，必须统一地标识出每一个需求，以便能明确地进行查阅。

客户需求可向前追溯到软件需求说明书中的某个需求，这样就能区分出开发过程中或开发结束后由于需求变更受到影响的需求，这也确保了软件需求说明书包括所有客户需求。同样，可以从软件需求说明书中的某个需求回溯相应的客户需求，确认每个软件需求的源头，跟踪能力联系链如图 6-9 所示。如果用使用实例的形式来描述客户需求，图 6-9 的上半部分就是用例和功能性需求之间的跟踪情况。

图 6-9 下半部分指出，由于开发过程中系统需求转变为软件需求、设计、编写等，因此通过定义单个需求和特定的产品元素之间的联系链可从需求向前追溯。这种联系链使你知道每个需求对应的产品部件，从而确保产品部件满足每个需求。另外，还可以从产品部件回溯到需求，使你知道每个部件

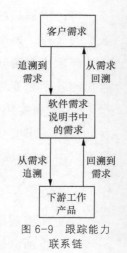

图 6-9 跟踪能力联系链

存在的原因。绝大多数项目不包括与用户需求直接相关的代码，但开发者要知道为什么写这一行代码。如果不能把设计元素、代码段或测试回溯到一个需求，你可能会得到一个"画蛇添足的"程序；若这些孤立的元素表明了一个正当的功能，则说明软件需求说明书漏掉了一项需求。

跟踪能力联系链记录了单个需求之间互连、依赖的关系。当某个需求变更（被删除或修改）后，这种信息能够确保正确地传递变更，并根据相应的任务做出正确的调整。

1. 需求跟踪动机

在某种程度上，需求跟踪提供了一个使产品与合同或说明保持一致的方法。更进一步，需求跟踪可以改善产品质量，降低维护成本，而且很容易实现重用。

需求跟踪是一个要求手工操作且劳动强度很大的任务，要求组织提供支持。随着系统开发的进行和维护的执行，要保持关联信息与实际一致。

下面是在项目中使用需求跟踪的一些好处。

- 审核可以确保包括所有需求。
- 使在增、删、改需求时变更影响分析可以确保不忽略每个受到影响的系统元素。
- 维护可靠的跟踪表，使维护时能正确、完整地实施变更，从而提高生产率。要是不能立刻为整个系统建立跟踪表，一次可以只建立一部分，再逐渐增加。从系统的一部分着手建立，先列出需求，然后填写跟踪表，再逐渐拓展。
- 再设计（重新建造）时，可以列出老系统中将要替换的功能，记录它们在新系统的需求和软件组件中的位置。
- 重复利用跟踪信息可以帮助你在新系统中对相同的功能利用旧系统的相关资源（如功能设计、相关需求、代码、测试等）。
- 降低风险，使部件互连关系文档化可减少由于一名关键成员离开项目带来的风险。
- 测试模块、需求、代码段之间的联系链可以在测试出错时指出最可能有问题的代码段。

以上所述许多是长期的收益，减少了整个生命周期中产品的费用，但同时要注意到由于收集和管理跟踪能力联系链的信息增加了开发成本。这个问题应该这样来看，把增加的费用当作一项投资，这笔投资可以使你发布令人满意同时更容易维护的产品。尽管很难计算，但这笔投资在每一次修改、扩展或代替产品时都会有所体现。虽然在开发工程中收集信息、定义跟踪能力联系链不难，但要在整个系统完成后再实施代价确实很大。

CMM 的第三层次要求具备需求跟踪能力。

软件产品工程活动的 10 个关键过程域中有关于需求跟踪的陈述——"在软件工作产品之间，维护需求跟踪的一致性"。

工作产品包括软件计划、过程描述、分配需求、软件需求、软件设计、代码、测试计划，以及测试过程。需求跟踪过程中还定义了一些关于一个组织如何处理需求跟踪的期望。

2．需求跟踪矩阵

表示需求和其他系统元素之间的联系链的普遍方式是使用需求跟踪矩阵（见表 6-5）。这个表说明了每个功能性需求向后连接一个特定的用例，向前连接一个或多个设计元素、代码（段）和测试实例。设计元素可以是模型中的对象，如数据流图、关系数据模型中的表单或对象类。

表 6-5　需求跟踪矩阵

用例	功能性需求	设计元素	代码	测试实例
UC-28	catalog.query.sort	class、catalog	catalog.sort()	search.7、search.8
UC-29	catalog.query..import	class、catalog	catalog..import()和 catalog.validate()	search.8、search.13、search.14

代码可以是类中的方法、源代码文件名、过程或函数，加上更多的列就可以关联到与其他工作产品，如在线帮助文档。

跟踪能力联系链可以定义各种系统元素类型间的一对一、一对多、多对多关系，允许在一个单元格中填入几个元素来实现这些特征。一些可能的分类如下。

- 一对一：一个代码模块应用一个设计元素。
- 一对多：多个测试实例验证一个功能性需求。
- 多对多：每个用例产生多个功能性需求，而一些功能性需求常拥有几个用例。

手工创建需求跟踪矩阵是一个应该养成的习惯，即使对小项目，这也很有效。一旦确立用例基准，就准备在矩阵中添加每个用例演化成的功能性需求。随着软件设计、构造、测试开发的进展，不断更新矩阵。例如，在实现某一功能性需求后，你可以更新它在矩阵中的设计元素和代码，将需求状态设置为"已完成"。

3．需求跟踪规程

在软件生命周期的各个阶段结束后，都需要进行需求跟踪。各个阶段都有可能发生需求变更，一旦发生变更，需求跟踪矩阵就需要更新。

需求跟踪规程如图 6-10 所示。

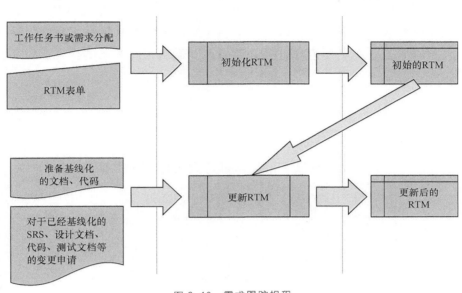

图 6-10   需求跟踪规程

- 项目经理负责需求跟踪。需求跟踪的目的是确保所有分配的需求均已实现，已验证，后续的工作产品与需求分配一致。
- 需求跟踪过程的主要活动是对 RTM 的维护。通过建立如下跟踪关系，达到需求跟踪的目的。
  - 分配给项目的需求→项目的软件需求规格→概要设计→详细设计→代码。
  - 项目的软件需求说明书→系统测试项→系统测试子项→系统测试用例。
  - 概要设计→集成测试项→集成测试子项→集成测试用例。
  - 详细设计→单元测试项→单元测试子项→单元测试用例。
- RTM 初次准备的时间是在 SRS 评审之前，项目经理必须维护分配需求和软件需求清单。确定 RTM 中需求分配与 SRS 的跟踪关系，并确定全套跟踪编号规则（包括需求、设计、测试用例、代码等）。
- 初始的 RTM 必须作为 SRS 评审的输入，以验证 SRS 与需求分配一致。在 SRS 评审后，RTM 和 SRS 一起进行基线化。
- 在后续的开发过程中，当完成相应的工作产品（系统测试、集成测试、单元测试的计划、方案、用例、HLD 说明书、LLD 说明书、代码）后，项目经理要确保 RTM 在工作产品评审前得到了及时更新，建立了前面所说的 4 种跟踪关系。更新后的 RTM 必须作为工作产品评审的输入，以验证工作产品与需求分配一致。在工作产品评审后，RTM 和相应的配置项一起进行基线化。

- 在完成测试执行之后，项目经理要确保测试用例及其执行状态的跟踪。
- 当相应的工作产品发生变更时，如果涉及需求跟踪关系的变化，需要及时更新 RTM。

4. 需求跟踪过程

1）开发过程的跟踪

开发过程的跟踪是为了保证所有的需求都得到满足，具体如图 6-11 所示。

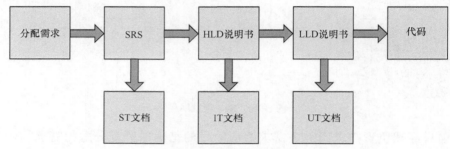

图 6-11　开发过程的跟踪

（1）原始需求或分配的需求确定后，就需要初始化 RTM，以备后续的跟踪。

（2）需求分析、定义活动结束后形成 SRS，在需求评审之前，更新需求 RTM，检查是不是所有的原始需求都被分析了，都能被 SRS 覆盖；如果不能全部覆盖，则应该更新 SRS，使原始需求能够 100%地被 SRS 覆盖。

（3）需求评审后，在 RTM 中，需求的状态应该变成已通过评审。

（4）在概要设计阶段，评审 HLD 说明书之前，使用 HLD 说明书跟踪 SRS，检查是不是所有的 SRS 都能被 HLD 说明书覆盖。在评审前，SRS 应该 100%地被 HLD 说明书覆盖。

（5）LLD 说明书评审后，需求的状态应该设置成"已设计"。

（6）在详细设计阶段，评审 LLD 说明书之前，使用 LLD 说明书跟踪 HLD 说明书，检查是不是所有的 HLD 说明书都能被 LLD 说明书覆盖。在评审前，HLD 说明书应该 100%地被 LLD 说明书覆盖。

（7）HLD 说明书评审后，对应需求的状态应该设置成"已详细设计"。

（8）编码结束后，要用代码跟踪 LLD 说明书，以防漏开发。对应的需求状态设置成"已实现"。

2）测试过程的跟踪

测试过程的跟踪是为了保证所有的需求都得到测试，具体如图 6-12 所示。

- 系统测试要覆盖软件需求说明书。
- 集成测试覆盖 HLD 说明书。
- 单元测试覆盖 LLD 说明书。

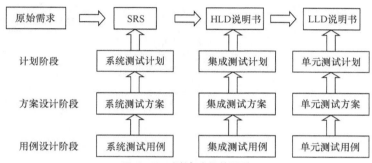

图 6-12　测试过程的跟踪

6.5　需求管理工具

表 6-6 是 3 个需求跟踪工具的对比。

表 6-6　3 个需求跟踪工具的对比

对比项	RequisitePro	CaliberRM	DOORS
项目的可扩展性	将需求数据存放在数据库中，而把与需求相关的上下文信息存放在 Word 文档中，用户使用 RequisitePro 时必须安装 Word	只支持单个项目的开发，即一个数据库只能支持一个项目的开发，因此无法支持对过去文件和信息的复用与共享	企业级的产品，一个 DOORS 数据库能够同时支持多个不同项目的开发，从而能够复用新的项目和共享过去的文件与信息。不同项目（文件）之间的追踪关系可以跨项目建立
对需求变更的管理	本身没有变更管理系统，只能依赖 Rational 的配置/变更管理工具集成 ClearQuest	本身没有变更管理系统，只能依赖配置管理工具的集成，但集成的功能比较弱，无法支持追踪关系	本身支持变更管理系统，即变更的提交、评审、应用，并因此可以给指定的用户分配不同的角色
对需求基线的管理	只能依赖 Rational 的配置/变更管理工具集成，但只能存储版本，无法比较需求差异		本身具备对需求的基线管理功能，可比较不同基线的需求差异，实现需求基线管理

续表

对比项	RequisitePro	CaliberRM	DOORS
多个需求项及追踪关系的显示	一次只能显示一个需求项,限制了用户同时阅读其他需求项,因此也不能在屏幕上一次显示相互连接的多个需求项和文件	一次只能显示一个需求项,因此大大限制了用户同时参考其他需求项	能够在屏幕上给用户一次显示一个文件中的多个或所有需求项和相互之间的追踪关系(支持横向和纵向的需求追踪),从而支持用户同时观看所有相互依赖的需求项
权限控制	无法对不同的用户、数据库结构中自上到下的每一个层次实现灵活有效的权限控制		具有灵活的权限控制,包括只读、修改、创建、删除、管理 5 种级别。权限控制可以针对每一个用户在每一个数据库、项目目录、文件、需求项、属性上实施等
可疑链接(需求变更)的通知	没有自动提示,必须通过跟踪关系矩阵来查找。当需求跟踪矩阵比较大时,非常费时费力	没有自动提示,必须通过矩阵来查找。当矩阵比较大时,非常费时费力	当链接的一方产生变更时,Doors 可以自动产生提示符,通知另一方,而不需要在链接的矩阵上查找
数据备份和恢复			DOORS 在恢复备份的数据时能够保证数据库中已有的文件不会被覆盖。当数据库中已有同名文件时,数据库系统会自动给被恢复的文件另外的名字。 由于 DOORS 把所有数据均存放在数据库中,因此数据的备份和恢复过程既简单又安全
与其他工具的集成	只能与自身的软件工具集成		作为独立的软件供应商,DOORS 不仅可与 Telelogic 自身的其他软件工具集成,还可与 Microsoft、IBM 等厂商的工具集成
异地需求管理	无异地使用模式		DOORS 为实现需求异地管理提供了灵活的方式,DOORS 强大的性能优势也保障了大型项目异地需求开发/管理的可能
文件的导入/导出		在从 Word 导入文件时,会丢失 Word 中的所有表格、图形与对象链接和嵌入(Object Linking and Embedding,OLE)控件,也就谈不上对它们进行编辑了	DOORS 在从 Word 导入文件时,会把 Word 文件中的表格、图形和 OLE 控件原封不动地导入,并可以在 DOORS 中对导入的表格和 OLE 控件(如 Visio 图形)进行编辑

第 7 章　通用测试用例编写

由设计的软件测试用例得到软件测试用例的内容，然后，按照软件测试用例的编写方法，落实到文档中，两者是形式和内容的关系。写得好的测试用例不仅方便自己和别人查看，而且有助于自己在设计的时候考虑得更周全，因此测试用例的编写和测试用例的设计一样，也是非常重要的。

7.1　通用测试用例的八要素

一个好的测试用例必须包含足够多的内容，这里将这些内容拆分成了 8 个要素。只要把这 8 个要素填写完整、准确，就会得到一个比较好的测试用例了。测试用例的案例如表 7-1 所示。

表 7-1　测试用例的案例

用例编号	N3310_IT_FILEITF_READFILE_004
测试项目	测试模块 A 提供的文件接口
测试标题	文件 B 正在被其他进程执行读/写操作，通过 A 模块的文件接口读取文件 B 中的数据
重要级别	高
预置条件	进程 XProcess 被创建并启动
测试输入	文件 B，存放在 F:\test\b.txt
操作步骤	① 进程 XProcess 开始对文件 B 进行读写。 ② 通过测试代码调用模块 A 的文件接口函数 ACallFileItf（CString szFile），szFile = F:\test\b.txt。 ③ 检查结果文件 F:\test\result.txt 中的内容是否正确
预期输出	F:\test\result.txt 文件中的内容是从 b.txt 中提取的，格式符合下面的要求，字段之间用制表符隔开。 姓名　性别　年龄 职业 张三　　男　　32　　自由职业者

从这个用例可以发现以下 8 个要素：

- 用例编号；
- 测试项目；
- 测试标题；
- 重要级别；
- 预置条件；
- 测试输入；
- 操作步骤；
- 预期输出。

其中测试用例的三大核心要素为测试标题、操作步骤和期望输出。下面分别来看一下这 8 个要素。

7.1.1　用例编号

1. 关于用例编号的规则

每个人都有名字，人名唯一地标识了一个人，如张三。这里读者可能会有一个疑问，全世界叫张三的人多了，那怎么能唯一标识呢？我们在张三前面再加上一些限制就可以了，如中国-上海市-××区-××路××号-×号楼-×××室-张三。

用例编号和人名一样，它能唯一地标识一个测试用例，这样我们在谈到这个测试用例的时候就好称呼了。如何能唯一地标识一个测试用例呢？按照上面的思路标识即可。

在不同阶段，测试用例的用例编号有着不同的规则。

- 对于系统测试用例，编号方式是产品编号-ST-系统测试项名-系统测试子项名-×××；
- 对于集成测试用例，编号方式是产品编号-IT-集成测试项名-集成测试子项名-×××；
- 对于单元测试用例，编号方式是产品编号-UT-单元测试项名-单元测试子项名-×××。

其中产品编号也称项目标识，每个公司都有若干不同的项目或者产品，需要用产品编号来进行区分。每个公司都有自己的一套定义产品编号的规则，并且每个现有产品的编号已经确定了，直接拿过来用即可。

产品编号后的 ST、IT、UT 分别对应系统测试阶段、集成测试阶段、单元测试阶段。实际工作中有些公司会将产品编号及测试阶段省略。

测试阶段后面紧跟的是测试项名，对应的是较大的测试点。测试项名后面紧跟的是测试子项名，对应的是较小的测试点。与之类似的是医院的体检，一般包含五官科检查、内科检查等，这些是较大的检查点。五官科检查又包含耳、鼻、口、眼等器官的检查，这些是较小的检查点。眼的检查又包含沙眼检查、视网膜检查等，这些是更小的检查点。测试项名和测试子项名如何确定，可参考下文的用例编号实例。

测试子项名的后面是具体用例的序号，该序号为数字，如 01、08 等。

无论是系统测试用例编号还是集成测试用例、单元测试用例编号，都满足从大到小，从整体到细节的特点。针对某个产品，有若干测试阶段；针对某个测试阶段，有若干测试项；针对某个测试项，有若干测试子项；针对某个测试子项，还有更小的测试子项；针对某个最小的测试子项，会有若干个测试用例，这些测试用例用序号来进行区分。

2. 用例编号实例

1）系统测试用例

（1）针对计算器中的加法功能进行测试，系统测试用例的编号是 CALC_ST_ADD_01。

（2）针对 Word 中打开文件的功能进行测试，系统测试用例的编号是 WORD_ST_FileMenu_OpenFile_08。

（3）针对 Word 中新建空白文件的功能进行测试，系统测试用例的编号是 WORD_ST_FileMenu_NewFile_BlankFile_01。

2）集成测试用例

有 3 个函数 ctrl、add 和 sub，其中 ctrl 函数会调用 add 函数和 sub 函数，集成测试用例如图 7-1 所示。

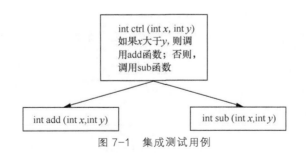

图 7-1 集成测试用例

针对 add 函数接口进行测试，集成测试用例的编号是 CALC_IT_AddInterface _01。注意，这里的 AddInterface 对应的是加法函数接口。

3）单元测试用例

针对图 7-1 中的 ctrl 函数进行测试，单元测试用例的编号是 CALC_UT_Ctrl _01。注意，这里的 Ctrl 对应的是 ctrl 函数。

用例编号中也可以出现中文。是否能出现中文和公司内部约定及编写测试用例的工具有关。

例如，单元测试用例的编号 WORD_ST_FileMenu _OpenFile_08 可以改为 WORD_ST_文件菜单_打开文件_08。

7.1.2　测试项目

1.　关于测试项目的规则

测试项目对应的就是用例编号中的测试子项名。关于测试项目的规则如下。

- 系统测试用例对应一个功能点（功能测试）、性能指标（性能测试）、界面中控件（GUI 测试）等。
- 集成测试用例对应集成后的模块功能或者内部接口。
- 单元测试用例对应函数名。

2.　测试项目实例

1）系统测试用例

（1）针对计算器中的加法功能进行测试，系统测试用例如表 7-2 所示。

表 7-2　系统测试用例（一）

用例编号	CALC_ST_ADD _01
测试项目	测试加法功能

（2）针对 Word 中打开文件的功能进行测试，系统测试用例如表 7-3 所示。

表 7-3　系统测试用例（二）

用例编号	WORD_ST_FileMenu _OpenFile_08
测试项目	测试打开文件的功能

（3）针对 Word 中新建空白文件的功能进行测试，系统测试用例如表 7-4 所示。

表 7-4　系统测试用例（三）

用例编号	WORD_ST_FileMenu _NewFile_BlankFile_01
测试项目	测试新建空白文件的功能

（4）针对 Word 中打开文件的时间进行性能测试，系统测试用例如表 7-5 所示。

表 7-5 系统测试用例（四）

用例编号	WORD_ST_打开文件的时间_01
测试项目	测试打开文件的时间

2）集成测试用例

有 3 个函数 ctrl、add 和 sub，其中 ctrl 函数会调用 add 函数和 sub 函数，如图 7-1 所示。

针对 add 函数的接口进行测试，集成测试用例如表 7-6 所示。

表 7-6 集成测试用例

用例编号	CALC_IT_AddInterface _01
测试项目	测试加法函数接口

3）单元测试用例

针对 ctrl 函数进行测试，单元测试用例如表 7-7 所示。

表 7-7 单元测试用例

用例编号	CALC_UT_Ctrl _01
测试项目	测试 ctrl 函数

7.1.3 测试标题

1. 关于测试标题的规则

测试标题考虑的是如何完成测试项目，或者从哪个角度来对测试项目进行测试，有的公司也把测试标题称为测试目的。

将测试项目和测试标题串在一起表示的是在"测试标题"下测试哪些项目。

2. 测试标题实例

1）系统测试用例

（1）针对计算器中的加法功能进行测试，系统测试用例如表 7-8 所示。

表 7-8 系统测试用例（一）

用例编号	CALC_ST_ADD_01
测试项目	测试加法功能
测试标题	两个合法数相加得到正确的和

（2）针对 Word 中打开文件的功能进行测试，系统测试用例如表 7-9 所示。

表 7-9　系统测试用例（二）

用例编号	WORD_ST_FileMenu_OpenFile_08
测试项目	测试打开文件的功能
测试标题	打开合法 DOC 文件

（3）针对 Word 中新建空白文件的功能进行测试，系统测试用例如表 7-10 所示。

表 7-10　系统测试用例（三）

用例编号	WORD_ST_FileMenu_NewFile_BlankFile_01
测试项目	测试新建空白文件的功能
测试标题	在内存充足时新建空白文件

（4）针对 Word 中打开文件的时间进行性能测试，系统测试用例如表 7-11 所示。

表 7-11　系统测试用例（四）

用例编号	WORD_ST_打开文件的时间_01
测试项目	测试打开文件的时间
测试标题	1MB 合法文件全是文字

（5）针对手机拨打紧急号码进行测试，系统测试用例如表 7-12～表 7-14 所示。

表 7-12　系统测试用例（五）

用例编号	N3310_ST_CALL_URGENTCALL_001
测试项目	测试手机在没有 SIM 卡的情况下可以拨打紧急号码
测试标题	无 SIM 卡时，在 NOKIA 的网络环境中拨打 119

表 7-13　系统测试用例（六）

用例编号	N3310_ST_CALL_URGENTCALL_002
测试项目	测试手机在没有 SIM 卡的情况下可以拨打紧急号码
测试标题	无 SIM 卡时，在 NORTEL 的网络环境中拨打 119

表 7-14　系统测试用例（七）

用例编号	N3310_ST_CALL_URGENTCALL_003
测试项目	测试手机在没有 SIM 卡的情况下可以拨打紧急号码
测试标题	无 SIM 卡时，在 ERICSSON 的网络环境中拨打 119

2）集成测试用例

（1）有 3 个函数 ctrl、add 和 sub，其中 ctrl 函数会调用 add 函数和 sub 函数，如图 7-1 所示。针对 add 函数的接口进行测试，集成测试用例如表 7-15 所示。

表 7-15　集成测试用例（一）

用例编号	CALC_IT_AddInterface _01
测试项目	测试 add 函数的接口
测试标题	若 x 大于 y，求和

（2）针对模块 A 提供的文件接口进行测试，集成测试用例如表 7-16～表 7-18 所示。

表 7-16　集成测试用例（二）

用例编号	N3310_IT_FILEITF_READFILE_001
测试项目	测试模块 A 提供的文件接口
测试标题	文件 B 中有数据，通过 A 的文件接口读取文件 B 中的数据

表 7-17　集成测试用例（三）

用例编号	N3310_IT_FILEITF_READFILE_002
测试项目	测试模块 A 提供的文件接口
测试标题	文件 B 为空文件，通过 A 的文件接口读取文件 B 中的数据

表 7-18　集成测试用例（四）

用例编号	N3310_IT_FILEITF_READFILE_003
测试项目	测试模块 A 提供的文件接口
测试标题	文件 B 正在被其他进程执行写操作，通过 A 的文件接口读取文件 B 中的数据

3）单元测试用例

（1）针对 ctrl 函数进行测试，如表 7-19 所示。

表 7-19　单元测试用例（一）

用例编号	CALC_UT_Ctrl _01
测试项目	测试 ctrl 函数
测试标题	若 x 等于 y，调用减法函数

（2）针对 ReadFile 函数进行测试，如表 7-20～表 7-22 所示。

表 7-20　单元测试用例（二）

用例编号	N3310_UT_FILEITF_READFILE_001
测试项目	测试函数 int ReadFile(char *pszFileName)
测试标题	函数 ReadFile 中的参数 pszFileName 为无效空指针

表 7-21　单元测试用例（三）

用例编号	N3310_UT_FILEITF_READFILE_002
测试项目	测试函数 int ReadFile(char *pszFileName)
测试标题	函数 ReadFile 中的参数 pszFileName 指向的文件不存在

表 7-22　单元测试用例（四）

用例编号	N3310_UT_FILEITF_READFILE_003
测试项目	测试函数 int ReadFile(char *pszFileName)
测试标题	函数 ReadFile 中的参数 pszFileName 指向的文件存在，并且文件有效

7.1.4　重要级别

1．重要级别规则

用例的重要级别一般分成 3 个级别——高、中、低，企业会根据自己的实际情况进行划分。通常来说，高级别对应保证系统基本功能、核心业务、重要特性、实际使用频率比较高的用例，中级别对应重要程度介于高和低之间的测试用例，低级别对应实际使用频率不高、对系统业务功能影响不大的模块或功能的测试用例。

用例的重要级别和对应的需求的重要级别有关，需求的重要级别一般也分成高、中、低。划分需求的重要级别有利于进行迭代开发，把不同的需求按先后来实现。以手机为例，3 个级别的需求如下。

- 高级别需求：通话、短信（没有这些功能就不是手机了）。
- 中级别需求：播放音乐、拍照（没有这些功能就会影响手机的销售）。
- 低级别需求：计步、公交卡充值（没有这些功能不会有什么影响）。

用例的重要级别还和该用例的测试目的有关，针对正常情况的测试用例的重要级别比针对异常情况的测试用例的重要级别要高。

基于以上两点就能比较方便地确定用例的重要级别了。例如，针对通话功能，正常情况的测试用例的重要级别就是高，异常情况的测试用例的重要级别就是中；针对拍照功能，正常情况的测试用例的重要级别就是中，异常情况的测试用例的重要级别就是低；GUI 测试中测试用例的重要级别一般是低。

2. 重要级别实例

1）系统测试用例

（1）针对计算器中的加法功能进行测试，系统测试用例如表 7-23 所示。

表 7-23　系统测试用例（一）

用例编号	CALC_ST_ADD_01
测试项目	测试加法功能
测试标题	两个合法数相加得到正确的和
重要级别	高

（2）针对 Word 中打开文件的功能进行测试，系统测试用例如表 7-24 所示。

表 7-24　系统测试用例（二）

用例编号	WORD_ST_FileMenu_OpenFile_08
测试项目	测试打开文件的功能
测试标题	打开合法 DOC 文件
重要级别	高

（3）针对 Word 中新建空白文件的功能进行测试，系统测试用例如表 7-25 所示。

表 7-25　系统测试用例（三）

用例编号	WORD_ST_FileMenu_NewFile_BlankFile_01
测试项目	测试新建空白文件的功能
测试标题	在内存充足时新建空白文件
重要级别	高

（4）针对 Word 中打开文件的时间进行性能测试，系统测试用例如表 7-26 所示。

表 7-26　系统测试用例（四）

用例编号	WORD_ST_打开文件时间_01
测试项目	测试打开文件时间
测试标题	1MB 合法文件全是文字
重要级别	中

（5）针对手机拨打紧急号码进行测试，系统测试用例如表 7-27～表 7-29 所示。

表 7-27　系统测试用例（五）

用例编号	N3310_ST_CALL_URGENTCALL_001
测试项目	测试手机在没有 SIM 卡的情况下可以拨打紧急号码
测试标题	当无 SIM 卡时，在 NOKIA 的网络环境中拨打 119
重要级别	高

表 7-28　系统测试用例（六）

用例编号	N3310_ST_CALL_URGENTCALL_002
测试项目	测试手机在没有 SIM 卡的情况下可以拨打紧急号码
测试标题	当无 SIM 卡时，在 NORTEL 的网络环境中拨打 119
重要级别	高

表 7-29　系统测试用例（七）

用例编号	N3310_ST_CALL_URGENTCALL_003
测试项目	测试手机在没有 SIM 卡的情况下可以拨打紧急号码
测试标题	当无 SIM 卡时，在 ERICSSON 的网络环境中拨打 119
重要级别	高

2）集成测试用例

（1）针对 add 函数的接口进行测试，集成测试用例如表 7-30 所示。

表 7-30　集成测试用例（一）

用例编号	CALC_IT_AddInterface _01
测试项目	测试 add 函数的接口
测试标题	若 x 大于 y，求和
重要级别	高

（2）针对模块 A 提供的文件接口进行测试，集成测试用例如表 7-31～表 7-33 所示。

表 7-31　集成测试用例（二）

用例编号	N3310_IT_FILEITF_READFILE_001
测试项目	测试模块 A 提供的文件接口
测试标题	文件 B 中有数据，通过 A 的文件接口读取文件 B 中的数据
重要级别	高

表 7-32　集成测试用例（三）

用例编号	N3310_IT_FILEITF_READFILE_002
测试项目	测试模块 A 提供的文件接口
测试标题	文件 B 为空文件，通过 A 的文件接口读取文件 B 中的数据
重要级别	中

表 7-33　集成测试用例（四）

用例编号	N3310_IT_FILEITF_READFILE_003
测试项目	测试模块 A 提供的文件接口
测试标题	文件 B 正在被其他进程执行写操作，通过 A 的文件接口读取文件 B 中的数据
重要级别	中

3）单元测试用例

（1）针对 ctrl 函数进行测试，单元测试用例如表 7-34 所示。

表 7-34　单元测试用例（一）

用例编号	CALC_UT_Ctrl _01
测试项目	测试 ctrl 函数
测试标题	若 x 等于 y，调用 sub 函数
重要级别	高

（2）针对 ReadFile 函数进行测试，单元测试用例如表 7-35～表 7-37 所示。

表 7-35　单元测试用例（二）

用例编号	N3310_UT_FILEITF_READFILE_001
测试项目	测试函数 int ReadFile(char *pszFileName)
测试标题	函数 ReadFile 中的参数 pszFileName 为无效空指针
重要级别	中

表 7-36　单元测试用例（三）

用例编号	N3310_UT_FILEITF_READFILE_002
测试项目	测试函数 int ReadFile(char *pszFileName)
测试标题	函数 ReadFile 中的参数 pszFileName 指向的文件不存在
重要级别	中

表 7-37　单元测试用例（四）

用例编号	N3310_UT_FILEITF_READFILE_003
测试项目	测试函数 int ReadFile(char *pszFileName)
测试标题	函数 ReadFile 中的参数 pszFileName 指向的文件存在，并且文件有效
重要级别	高

7.1.5　预置条件

1. 预置条件规则

测试用例在执行时需要满足一些前提条件，否则测试用例是无法执行的，这些前提条件就是预置条件。例如，对 Google 搜索进行测试，如果数据库中没有合适的数据，对搜索的测试是无法进行下去的。

设置预置条件通常分成两种情况。

- 设置测试的环境，如上面 Google 搜索的例子。另外，如果测试 Word 打开文件的功能，需要提前准备打开的文件，这就是预置条件。
- 指定先要运行的其他用例。有些系统的操作会比较复杂，如果都从最开始的操作开始，会导致用例写起来比较麻烦，这样可以在预置条件中设定要先运行的测试用例，后面的用例只需要写后续的操作就可以了。例如，要对自动取款机进行测试，有针对输入账户信息的测试，有针对输入取款金额的测试，后者的预置条件就可以写成输入正确账户信息的测试用例。

注意，关于预置条件的设置，不同公司会有自己的规定，如有的公司是不允许第二种情况出现的。

2. 预置条件实例

1）系统测试用例

（1）针对 Word 中打开文件的功能进行测试，系统测试用例如表 7-38 所示。

表 7-38　系统测试用例（一）

用例编号	WORD_ST_FileMenu _OpenFile_08
测试项目	测试打开文件的功能
测试标题	打开合法 DOC 文件
重要级别	高
预置条件	新建 WORD_ST_FileMenu_OpenFile_08.doc 文件，其中只有"软件测试"4 个字

（2）针对 Google 单关键词搜索功能进行测试，系统测试用例如表 7-39 所示。

表 7-39 系统测试用例（二）

用例编号	GOOGLE_ST_SingleSearch_02
测试项目	测试 Google 单关键词搜索功能
测试标题	只有部分匹配的记录
重要级别	高
预置条件	数据库中只有包含"软件"的记录和包含"测试"的记录，但没有包含"软件测试"的记录

（3）针对自动取款机的取款功能进行测试，系统测试用例如表 7-40 和表 7-41 所示。

表 7-40 系统测试用例（三）

用例编号	ATM_ST_Account_01
测试项目	测试 ATM 的账户识别功能
测试标题	输入正确的账户信息
重要级别	高
预置条件	无

表 7-41 系统测试用例（四）

用例编号	ATM_ST_GetMoney_01
测试项目	测试 ATM 的取款功能
测试标题	取款金额不是 50 的倍数
重要级别	高
预置条件	ATM_ST_Account_01

（4）针对手机基本通话的呼出功能进行测试，系统测试用例如表 7-42 所示。

表 7-42 系统测试用例（五）

用例编号	MBF_ST_Call_01
测试项目	基本通话的呼出功能
测试标题	测试呼叫对方的各种操作
重要级别	高
预置条件	手机带 SIM 卡，开机并且处于待机状态，耳机、网络信号正常

2）集成测试用例

集成测试用例如表 7-43 所示。

表 7-43　集成测试用例

用例编号	N3310_IT_FILEITF_READFILE_004
测试项目	测试模块 A 提供的文件接口
测试标题	文件 B 正在被其他进程执行读/写操作，通过 A 的文件接口读取文件 B 中的数据
重要级别	高
预置条件	进程 XProcess 被创建并启动

3）单元测试用例

单元测试用例如表 7-44 所示。

表 7-44　单元测试用例

用例编号	N3310_UT_FILEITF_READFILE_003
测试项目	测试函数 int ReadFile(char *pszFileName)
测试标题	函数 ReadFile 中的参数 pszFileName 指向的文件存在，并且文件有效
重要级别	高
预置条件	新建 test.c

3．预置条件的作用

预置条件的一个作用就是减少测试用例中不必要的步骤，让测试用例更简洁。例如，在测试手机基本通话功能时，测试的预置条件是手机带 SIM 卡，开机并且处于待机状态，耳机、网络信号正常。有了预置条件，在测试用例中就不需要再详写这些步骤了。

7.1.6　测试输入

1．关于测试输入的规则

测试输入指用例执行过程中需要加工的外部信息。根据软件测试用例的具体情况，有手工输入、文件、数据库记录等。

2．关于测试输入的实例

1）系统测试用例

（1）针对 Word 中打开文件的功能进行测试，系统测试用例如表 7-45 所示。

表 7-45 系统测试用例（一）

用例编号	WORD_ST_FileMenu_OpenFile_08
测试项目	测试打开文件的功能
测试标题	打开合法 DOC 文件
重要级别	高
预置条件	新建 WORD_ST_FileMenu_OpenFile_08.doc 文件，其中只有"软件测试"4 个字
测试输入	WORD_ST_FileMenu_OpenFile_08.doc

（2）针对 Google 单关键词搜索功能进行测试，系统测试用例如表 7-46 所示。

表 7-46 系统测试用例（二）

用例编号	GOOGLE_ST_SingleSearch_02
测试项目	测试 Google 单关键词搜索功能
测试标题	只有部分匹配的记录
重要级别	高
预置条件	数据库中只有包含"软件"的记录和包含"测试"的记录，但没有包含"软件测试"的记录
测试输入	参数——软件测试

2）集成测试用例

集成测试用例如表 7-47 所示。

表 7-47 集成测试用例

用例编号	N3310_IT_FILEITF_READFILE_004
测试项目	测试模块 A 提供的文件接口
测试标题	文件 B 正在被其他进程执行读/写操作，通过 A 的文件接口读取文件 B 中的数据
重要级别	高
预置条件	进程 XProcess 被创建并启动
测试输入	文件 B，即 F:\test\b.txt

3）单元测试用例

单元测试用例如表 7-48 所示。

表 7-48 单元测试用例

用例编号	N3310_UT_FILEITF_READFILE_002
测试项目	测试函数 int ReadFile(char *pszFileName)

续表

测试标题	函数 ReadFile 中的参数 pszFileName 指向的文件不存在
重要级别	中
预置条件	无
测试输入	pszFileName = NULL

7.1.7　操作步骤

1. 关于操作步骤的规则

执行当前测试用例要经过的操作步骤需要明确地给出每一个步骤的描述，测试用例执行人员可以根据操作步骤执行测试用例。

2. 关于操作步骤的实例

1）系统测试用例

（1）针对 Word 中打开文件的功能进行测试，系统测试用例如表 7-49 所示。

表 7-49　系统测试用例（一）

用例编号	WORD_ST_FileMenu_OpenFile_08
测试项目	测试打开文件的功能
测试标题	打开合法 DOC 文件
重要级别	高
预置条件	新建 WORD_ST_FileMenu_OpenFile_08.doc 文件，其中只有"软件测试"4 个字
测试输入	WORD_ST_FileMenu_OpenFile_08.doc
操作步骤	① 单击 word 文件菜单中"打开"子菜单。 ② 选择 WORD_ST_FileMenu_OpenFile_08.doc，单击"打开"按钮

（2）针对 Google 单关键词搜索功能进行测试，系统测试用例如表 7-50 所示。

表 7-50　系统测试用例（二）

用例编号	GOOGLE_ST_SingleSearch_02
测试项目	测试 Google 单关键词搜索功能
测试标题	只有部分匹配的记录
重要级别	高
预置条件	数据库中只有包含"软件"的记录和包含"测试"的记录，但没有包含"软件测试"的记录

测试输入	参数——软件测试
操作步骤	① 在搜索框中输入"软件测试"。 ② 单击"搜索"按钮

（3）针对自动取款机的取款功能进行测试，系统测试用例如表 7-51 所示。

表 7-51　系统测试用例（三）

用例编号	ATM_ST_GetMoney_01
测试项目	测试 ATM 的取款功能
测试标题	取款金额不是 50 的倍数
重要级别	高
预置条件	ATM_ST_Account_01
测试输入	参数——101
操作步骤	① 单击"取款"按钮。 ② 输入 101，单击"确定"按钮

（4）针对手机基本通话的呼出功能进行测试，系统测试用例如表 7-52 所示。

表 7-52　系统测试用例（四）

用例编号	MBF_ST_Call_01
测试项目	基本通话的呼出功能
测试标题	测试呼叫对方的各种操作
重要级别	高
预置条件	手机带 SIM 卡，开机并且处于待机状态，耳机、网络信号正常
测试输入	号码
操作步骤	① 直接按数字键拨出一个存在的电话，听呼叫音和查看呼叫界面。直接按数字键拨出一个存在的总机号，再拨分机号码，听呼叫音和查看呼叫界面。 ② 随意拨一个不存在的号码（不要以"#"结束），查看结果。 ③ 随意拨出一个手机允许最大位的号码（不要以"#"结束），查看结果。 ④ 编辑一个存在的电话号码，在其前面任加几位数字，呼出，查看结果。 ⑤ 从电话簿中呼叫一个号码。 ⑥ 从已拨电话中选一个电话进行直接呼叫和编辑呼叫。 ⑦ 从未接电话记录中选择一个号码进行直接呼叫和编辑呼叫。 ⑧ 拨出一个对方占线的号码，查看结果。 ⑨ 拨出一个对方不在服务区的号码，查看结果。 ⑩ 拨出一个对方已关机的号码，查看结果

2）集成测试用例

集成测试用例如表 7-53 所示。

表 7-53　集成测试用例

用例编号	N3310_IT_FILEITF_READFILE_004
测试项目	测试模块 A 提供的文件接口
测试标题	文件 B 正在被其他进程执行读/写操作，通过 A 的文件接口读取文件 B 中的数据
重要级别	高
预置条件	创建并启动进程 XProcess
测试输入	文件 B，即 F:\test\b.txt
操作步骤	① 进程 XProcess 开始对文件 B 进行读写。 ② 通过测试代码调用模块 A 的文件接口函数，输入 szFile = F:\test\ b.txt

3）单元测试用例

单元测试用例如表 7-54 所示。

表 7-54　单元测试用例

用例编号	N3310_UT_FILEITF_READFILE_003
测试项目	测试函数 int ReadFile(char *pszFileName)
测试标题	函数 ReadFile 中的参数 pszFileName 指向的文件存在，并且文件有效
重要级别	高
预置条件	新建 test.c
测试输入	pszFileName = test.c
操作步骤	通过测试代码调用 ReadFile 函数，输入 pszFileName=test.c

7.1.8　预期输出

1. 预期输出规则

预期输出是测试用例中非常重要的部分。要判断被测对象是否工作正常，需要使用预期输出。一旦预期输出写得不准确或者不全，整个测试用例的作用将会大打折扣。

在编写预期输出时，可以从以下 3 个方面来进行考虑。

- 界面显示：在操作步骤执行完后，可以在界面上看到相应的内容。例如，注册功能的测试中，输入注册信息，单击"注册"按钮，会在界面上看到注册成功的提示信息。

- 数据库的变化：在操作步骤执行完后，数据库中的记录会发生相应的变化。例如，删除功能的测试中，单击"删除"按钮后，数据库中该记录会被删除。

- 相关信息的变化：在操作步骤执行完后，一些和被测对象相关的信息会发生变化。例如，注销功能的测试中，单击"注销"按钮后，以前能访问的页面将无法再访问。

2. 预期输出实例

针对论坛的注册功能进行测试，系统测试用例如表 7-55 所示。

表 7-55 系统测试用例（一）

用例编号	DISCUZ_ST_Register_02
测试项目	测试注册功能
测试标题	用户名长度不够
重要级别	中
预置条件	无
测试输入	<ul><li>参数 1，表示用户名——51test。</li><li>参数 2，表示密码——51testing。</li><li>参数 3，表示重复的密码——51testing。</li><li>参数 4，表示邮件地址——admin@51testing.com</li></ul>
操作步骤	① 进入注册页面。 ② 顺序输入以上 4 个参数，单击"注册"按钮
预期输出	① 界面提示注册失败。 ② 数据库中查找不到 51test 用户。 ③ 无法访问只有用户才能查看的页面

针对论坛的帖子删除功能进行测试，系统测试用例如表 7-56 所示。

表 7-56 系统测试用例（二）

用例编号	DISCUZ_ST_DeletePost_06
测试项目	测试删帖功能
测试标题	删除多个帖子

续表

重要级别	高
预置条件	登录成功且该用户有删帖权限
测试输入	无
操作步骤	① 进入删帖页面。 ② 选择两个帖子，单击"删除"按钮并确认
预期输出	① 界面提示删除成功。 ② 数据库中找不到这两个帖子。 ③ 无法访问这两个帖子对应的链接，提示帖子已删除

针对论坛的注销功能进行测试，系统测试用例如表 7-57 所示。

表 7-57　系统测试用例（三）

用例编号	DISCUZ_ST_LogOut_03
测试项目	测试注销功能
测试标题	编辑帖子并上传了附件时注销
重要级别	高
预置条件	登录成功
测试输入	无
操作步骤	① 编辑帖子，并上传一个附件文件。 ② 单击"注销"按钮
预期输出	① 界面提示注销成功。 ② 数据库的 session 表中该用户的状态发生变化。 ③ 无法访问只有用户才能查看的页面

集成测试用例如表 7-58 所示。

表 7-58　集成测试用例

用例编号	N3310_IT_FILEITF_READFILE_004
测试项目	测试模块 A 提供的文件接口
测试标题	文件 B 正在被其他进程执行读/写操作，通过 A 的文件接口读取文件 B 中的数据
重要级别	高
预置条件	创建并启动进程 XProcess
测试输入	文件 B，F:\test\b.txt
操作步骤	① 进程 XProcess 开始对文件 B 进行读写。 ② 通过测试代码调用模块 A 的文件接口函数，输入 szFile = F:\test\ b.txt
预期输出	提示文件被占用，读取失败

单元测试用例如表 7-59 所示。

表 7-59 单元测试用例

用例编号	N3310_UT_FILEITF_READFILE_003
测试项目	测试函数 int ReadFile(char *pszFileName)
测试标题	函数 ReadFile 中的参数 pszFileName 指向的文件存在，并且文件有效
重要级别	高
预置条件	新建 test.c
测试输入	pszFileName = test.c
操作步骤	通过测试代码调用 ReadFile 函数，输入 pszFileName=test.c
预期输出	返回文件的字符数 35

7.2 与测试用例相关的问题

问题 1：是否每个测试用例都要写得很详细？

答：编写测试用例的目的有两个。一是帮助用例设计人员将用例考虑得更周全，二是给执行测试用例的人看。因此，测试用例是写得详细还是写得简略和测试用例由谁来执行有很大关系。如果测试用例由用例设计人员自己来执行，那么可以写得比较简略，如只写测试编号、测试标题、重要级别；如果测试用例由同一组内的测试人员进行交叉执行，那么测试用例就要写得稍微详细一些；如果测试用例由不认识的人来执行，如现在不少大的外企会把测试用例的执行外包出去，那么测试用例就需要写得非常详细。

问题 2：测试用例的编号为什么很讲究？

答：要弄清这个问题，需要知道测试用例编号的用处。测试用例编号会在缺陷报告单和测试报告单中出现，用例编号如果写得比较规范，通过这个编号即可知道该测试用例的基本用途，这样将会大大方便别人查看缺陷报告单及测试报告单。

问题 3：测试用例的重要级别有什么用？

答：测试用例的重要级别会影响测试用例的执行顺序。测试的时间通常是非常紧迫的，很有可能出现测试用例来不及执行的情况，这样就需要优先执行比较重要的测试用例，重要性低的用例可以放到后面执行，甚至暂时不执行。

问题 4：除了通用测试用例的八要素之处，就没有其他内容可写了吗？

答：这 8 个要素只是测试用例中非常重要的部分，不同的公司对测试用例的要求是各不相同的，如有的公司还要求写明用例设计人员、用例设计时间等信息。进入公司后，一方面，要按照公司的测试用例模板写好测试用例；另一方面，也要知道模板中每一项到底有什么用处，如果可能，可以对不重要的项进行适当裁减。

问题 5：什么样的测试用例是好的测试用例？

答：覆盖程度高，描述足够清晰，明确表明了测试的目的并且易于维护，同时满足能用最少的测试用例来发现最多的缺陷，这样的测试用例就是好的测试用例。

第8章 缺陷管理

缺陷管理是整个软件研发中非常重要的环节，测试工程师和开发工程师较多的沟通和协作体现在这里。测试工程师需要提交高质量的缺陷报告，而开发工程师则需要快速定位和修复缺陷。

8.1 基本概念和缺陷报告单

本节介绍几个容易混淆的概念以及缺陷报告单的作用。

8.1.1 缺陷、故障与失效

1. 缺陷、故障与失效的相互关系

本节介绍 3 个基本概念——缺陷、故障、失效的相互关系。

- 缺陷（defect）是存在于软件之中的偏差，可被激活，以静态形式存在于软件内部，相当于 Bug。
- 故障（fault）表示软件运行中出现的状态，可引起意外情况，若不加处理，可产生失效，是一个动态行为。
- 失效（failure）表示软件运行时产生的外部异常行为，表现为与用户需求不一致，功能失常，用户无法使用所需要的功能。

缺陷、故障、失效看起来有点类似，那么到底有什么关系呢？下面具体阐述一下。

首先来看缺陷。任何的软件即使在发布之后也依然存在缺陷，包括像 Windows、Office 这种大规模的软件，或者是投入了大量人力开发的软件，产品发布出去后还会出现 Bug，这些 Bug 肯定在用户使用时会被激活吗？Bug 被激活后所表现出来的是什么呢？是故障吗？不一定，因为有一些 Bug 隐藏得比较深，用户在使用的过程中不可能触发这些 Bug，所以这些 Bug 一直隐藏在软件内部，没有被激活。也就是说，即使在

软件内部有 Bug，软件也可以安全地运行，除非这个 Bug 在极端的条件下被激活了，表现为故障。

故障一定会导致失效吗？也不一定。当开发人员在设计软件的时候，更多地考虑了软件在使用期间可能出现的故障，以及针对这些故障采取的一些预防措施。比如，数据库会出现数据丢失的问题，为了避免这种失效的出现，开发人员在做设计的时候，会采取数据库实时备份的方式。也就是说，在本地有一个数据库，在异地也有一个数据库，异地的数据库会实现实时的备份，当本地数据库出现异常时，异地的数据库还可以正常工作，结果并没有导致失效。

因此，缺陷不一定会导致故障，故障不一定能导致失效，但是故障如果没有处理好也会导致失效。

2. 例子

用一个比较容易理解的例子来说明，比如，某航天飞船飞上了太空，飞船不仅有硬件，还有大量的软件存在，如果一个控制器里面的软件出现了问题并表现为故障，飞船是不是就失去控制了呢？不是的，开发人员会准备多个控制器，比如，5 个控制器，一个控制器出现了问题，可以让这个控制器停止工作，自动启用第二个控制器。如果第二个控制器也出现了问题，第三个控制器又会自动启用。而 5 个控制器同时都出现问题的概率是非常非常小的，所以航天飞船几乎不会出现失效情况。

如前所述，软件的内部会存在缺陷，但是缺陷不一定转化为故障，即便转化为故障，故障也不一定转化为失效。这个前提是什么呢？就是开发人员或者设计人员在设计这个软件的时候，考虑各种可能出现的故障，避免转化为失效。

8.1.2　缺陷报告单

测试工程师在测试过程中发现了软件缺陷，需要向开发工程师提交缺陷报告单，开发工程师会根据缺陷报告单中的描述来复现缺陷，进行缺陷定位和修复。所以缺陷报告单的质量会直接影响缺陷的定位和修复。

缺陷报告单还可以用于缺陷数据的度量分析，用于整个软件质量的评估。根据缺陷数据，可以确定软件什么时候能够发布，什么时候能够交付给客户。比如，从缺陷度量的数据来看，最后一轮测试中，在每千行代码我们只发现了 0.05 个缺陷，这就意味着软件的质量已经非常高了，里面遗留的缺陷非常少了，这个时候就可以发布产品。

8.2　管理软件缺陷的基本流程

开发人员看到提交的缺陷并修复后，测试人员进行验证。简单的 Bug 跟踪流程如图 8-1 所示。测试人员提交 Bug 给测试经理，Bug 的状态为 New，测试经理会对该 Bug 做判断。如果发现是重复的，则将该 Bug 丢弃，将 Bug 状态改为 Abandon；否则，将该 Bug 转给开发经理，Bug 状态改为 Open。开发经理看到 Bug 后，需要判断是否需要延迟处理。如果需要，则将 Bug 状态改为 Postpone，等时间到了再分配给开发人员；如果不需要延迟，则将 Bug 分配给某个开发人员，将 Bug 状态改为 Assign。开发人员针对分配的 Bug 进行定位和修复，如果修复了，将 Bug 转给测试人员进行回归测试，将 Bug 状态改为 Fixed。测试人员通过回归测试来验证 Bug 的修复情况。如果确认已修复，关闭该 Bug，将 Bug 状态改为 Closed；如果发现没有修复，将该 Bug 转给相应开发人员，并将 Bug 状态改为 Reopen。

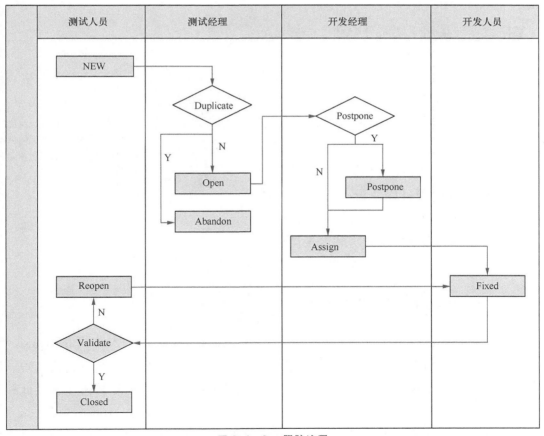

图 8-1　Bug 跟踪流程

通过这样一个完整的流程，以 Bug 为驱动，对软件的缺陷记录、提交、修改、验证就可以有一个很好的管理过程。这一点对于软件质量要求高、流程要求规范的企业而言是很重要的。

8.3　缺陷管理的目的

缺陷管理能让缺陷的处理流程化，并且产生的缺陷数据还可用于软件质量等相关的分析。

8.3.1　缺陷跟踪

缺陷管理的首要目的是保证缺陷得到有效的跟踪和解决。测试人员获取最新的 Bug 版本，并提交给开发人员修改，最后再交给测试人员进行回归测试。一个 Bug 从提交到最后的解决都得到了有效的跟踪，在每一个环节都有一个责任人与之对应。

8.3.2　缺陷分析

缺陷数据还可用于缺陷分析和产品度量。以图 8-2 为例，可以看到单元测试、集成测试、系统测试这 3 个阶段发现的 Bug 数，会发现绝大部分 Bug 是在系统测试阶段发现的，因此很有可能在单元测试或者集成测试阶段漏掉了不少 Bug。

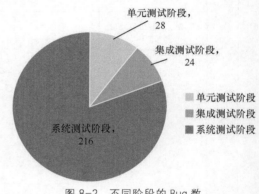

图 8-2　不同阶段的 Bug 数

需要对现有单元测试流程或者集成测试流程做检查，看是否可以对现有流程进行优化或者加强对单元测试或集成测试的监控。

所以通过对缺陷数据的分析和度量，可以更好地评价软件质量、发现流程中出现的问题从而更好地保证软件质量。

8.4　软件缺陷管理工具

整个缺陷管理流程可以借助一些工具来实施。商用工具包括 ALM 和 ClearQuest 等。ALM 是 HP 的测试管理工具，除了缺陷管理功能之外，ALM 还包含测试用例管理、测试版本管理、测试执行管理等。ClearQuest 是 IBM 的缺陷管理和变更管理工具。此外还有一些免费开源工具，如 Bugzilla、Mantis、Jira 等。

应该如何选择缺陷管理工具呢？如果公司的资金比较雄厚，建议使用商用工具；如果公司规模非常小，建议使用开源工具。如果使用商用工具，厂家会提供一系列的技术支持，以及定制的工具，并且有后续的升级服务。开源工具最大的好处就是免费，可用性相对来说要弱一些。所以需要根据公司的具体特点来选择合适的缺陷管理工具。

8.5　软件缺陷跟踪流程中的相关角色

在缺陷跟踪流程中，有开发人员、测试人员、测试经理、开发经理、CCB 和配置管理员等角色，其中 CCB 是指变更控制委员会（Change Contrl Board）。

测试人员提交缺陷并进行缺陷的回归测试，开发人员进行缺陷的定位和修复。测试经理负责缺陷的审核以及和开发团队的沟通协调，开发经理负责缺陷的接收与分配以及和测试团队的沟通协调。在测试人员和开发人员针对缺陷存在不一致意见时，比如测试人员认为是缺陷，而开发人员不认为是缺陷，CCB 进行最终的确认和裁决。开发人员在修改代码时需要配置管理员授予权限，测试人员在进行回归测试时为了获取软件版本也需要配置管理员的协助。

8.6　软件缺陷的相关属性

测试人员在提交缺陷的时候，需要把缺陷的相关信息以及各个属性都描述清楚。软件缺陷的相关属性包括缺陷发现人、缺陷发现时间、缺陷所属版本、缺陷修改日期、缺陷状态、缺陷严重程度、缺陷优先级等。

1．缺陷发现人

在提交缺陷的时候，测试人员一般是缺陷的发现人。通过该属性字段，可以统计出每个测试人员在某个时间范围内发现的缺陷数，从而能够更好地评估每个测试人员的工作能力和工作成果。

2．缺陷发现时间

缺陷发现时间是指测试人员发现缺陷的时间（不是缺陷提交的时间），是一个统计的计数点。通过该属性字段，可以绘制出随时间变化的缺陷总数以及新发现的缺陷数。通过变化趋势就能对软件质量以及后续缺陷数做一些预测。

3．缺陷所属版本

软件缺陷一定是针对某个特定版本的，开发人员对缺陷进行定位也需要在相应版本上进行，因此这个属性字段是很重要的。另外，借助于该属性字段，也可以统计不同版本的缺陷数量情况，从而能更好地识别不同版本的软件质量。

4. 缺陷修改日期

开发人员定位、修复缺陷后，会设置缺陷修改日期。通过该字段，能识别出开发人员的修复速度，这个指标可以用来衡量开发人员的工作能力和工作成果。

5. 缺陷状态

常见的缺陷状态如表 8-1 所示。

表 8-1　常见的缺陷状态

状态	说明
New	缺陷的初始状态
Open	开发人员开始修改缺陷
Fixed	开发人员已修改缺陷
Closed	回归测试通过
Reopen	回归测试失败
Postpone	推迟修改
Rejected	开发人员认为不是程序问题，拒绝缺陷
Duplicate	与已经提交的缺陷重复
Abandon	被拒绝和重复的缺陷，测试人员确认后的确不是问题，将缺陷置为此状态

测试人员提交缺陷后，这个缺陷就处于 New 状态。如果开发人员接受该缺陷，那么就把这个缺陷的状态更改为 Open。开发人员定位、修复该缺陷后会把状态更改为 Fixed，然后提交给测试人员。测试人员进行回归测试。回归测试通过之后，测试人员把缺陷改为 Closed 状态。

New→Open→Fixed→Closed 是一种比较理想的缺陷状态管理流程。也就是说，测试人员提交问题，开发人员接受和修改问题，然后测试人员进行回归测试，解决问题。但是一般我们在缺陷跟踪流程当中不全是按正常流程进行的，还有一些异常的流程，比如，回归测试失败之后也要有相应的状态，这个状态就是 Reopen。开发人员修改缺陷后把状态更改为 Fixed，提交给测试人员，如果测试人员的回归测试失败，就把状态改为 Reopen，然后由开发人员继续修改，修改完之后又设置为 Fixed 状态，再由测试人员进行回归测试。当然，还有其他的状态，比如，Postpone 表示推迟修改，测试人员把问题提交给开发人员，开发人员也接受这个问题，但暂时无法修改，那可以把问题设置为 Postpone 状态。

测试人员把缺陷提交给开发人员，如果开发人员认为这个缺陷是不存在的，就可以把这个缺陷设置为 Rejected 状态。此外，还有 Duplicate 状态，表示与已提交的缺陷重复。比如测试人员 A 提交缺陷给开发人员，开发人员接受并修改，这个时候如果测试人员 B 也提交了一个同样的缺陷，那么 B 提交的缺陷就要设置为 Duplicate 状态，也就是重复的状态。

6. 缺陷严重程度

缺陷严重程度是指软件缺陷对软件质量的破坏程度，即此软件缺陷的存在将对软件的功能和性能产生怎样的影响。

一般来说，缺陷严重程度分为 4 个等级——致命、严重、一般、提示。什么样的缺陷算致命缺陷呢？例如，软件的意外退出，甚至操作系统崩溃，造成数据丢失。这种缺陷是非常严重的，这会导致用户无法使用软件，把这类缺陷定义为致命缺陷。

严重缺陷表示由于单个功能失效导致多个相关功能均失效。比如，在客户关系管理系统中，用户要登录成功后，才能使用里面的其他功能，但是由于登录功能有缺陷，导致用户无法登录，那这个就属于严重问题，因为它导致用户无法使用其他功能。

一般缺陷表示单个功能失效不会导致其他功能失效。例如，对于客户管理管理系统，用户可以正常登录，但是使用打印功能时失效，打印功能的失效不会影响其他功能，那么这个就是一般缺陷。

提示缺陷一般指软件界面的细微缺陷，例如，某个控件没有对齐，某个标点符号丢失等。提示问题不会影响整个软件的使用，所以它的级别是最低的。

注意，不是软件的细微缺陷都是提示缺陷。举一个简单的例子，当用户要删除内容时，会有一个提示"你确定要删除数据吗？"，下面有"删除"按钮和"取消"按钮。如果用户需要继续删除，就单击"删除"按钮；如果取消，就单击"取消"按钮。如果由于开发人员的疏忽，把"取消"按钮写成"删除"按钮，"删除"按钮写成"取消"按钮，就会导致用户误操作。这个界面中文字的错误并不属于提示缺陷，至少是一个一般缺陷。如果它导致重要数据的丢失，它甚至是一个致命的缺陷。所以在区分缺陷严重程度的时候，需要考虑它造成的后果，不能仅仅根据开发人员修改缺陷的难度，因为一般提示缺陷修改起来比较容易。

对缺陷严重程度进行准确和客观的判断是一个优秀测试工程师应备的技能，传统的判断方法虽然简单但是难免受到测试工程师主观的影响。三维故障定级法可以有效地避免该问题。

三维故障定级法从严重程度（Severity，S）、故障发生概率（Occurrence，O）和用户识别为故障的概率（Detection，D）这 3 个维度进行评分。具体如下。

* 严重程度（S）是指故障造成的影响程度，并要考虑引起用户的不满程度。

- 故障发生概率（O）是指用户遇到该故障的概率。
- 用户识别为故障的概率（D）是指用户确定该故障为故障的概率。

从 3 个维度进行乘法计算缺陷等级 R。

$$R=SOD$$

三维故障定级法从严重程度、故障发生概率和用户识别为故障的概率这 3 个维度进行评分，根据得分的高低分为 A、B、C 三级。具体如表 8-2 所示。

表 8-2　三维故障定级法中的缺陷等级

缺陷等级	要求
A	R 介于 $80\sim125$ 或 $S=5$ （R 最小为 $4\times4\times5$）
B	R 介于 $45\sim79$ （R 最小为 $5\times3\times3$）
C	R 介于 $4\sim44$ （R 最小为 $1\times2\times2$）

严重程度分为 5 级，评分分别对应 $1\sim5$ 这 5 个整数，具体如表 8-3 所示。

表 8-3　严重程度的评分标准

严重程度	描述	评分
Critical	严重的	5
Major	主要的	4
Minor	次要的	3
Low	低	2
None	无影响	1

故障发生概率分为 4 级，评分分别对应 $2\sim5$ 这 4 个整数，具体如表 8-4 所示。

表 8-4　故障发生概率的评分标准

故障发生概率	描述	评分
Inevitable	必然的	5
Common	经常的	4
Infrequent	不经常的	3
Occasional	偶尔的	2

用户识别为故障的概率分为 4 级，评分分别对应 2～5 这 4 个整数，具体如表 8-5 所示。

表 8-5　用户识别为故障的概率的评分标准

用户识别为故障的概率	描述	评分
Obvious	明显的	5
High	高	4
Moderate	中	3
Low	低	2

例如，在测试时发现一个缺陷的严重程度是严重的，用户发现故障的概率是经常的，用户识别为故障的概率为中，对应表中的评分分别是 5、4、3，那么最终缺陷的等级 $R=5×4×3=60$。60 介于 45～79，所以该缺陷最终属于 B 类缺陷。

三维故障定级法的优点如下。

- 从用户的角度考虑，定级更客观。
- 从三个维度分析故障，更全面。
- 实现了故障量化，更准确直观，有利于引导开发人员在处理时确定故障的优先级。

三维故障定级法的缺点如下。

- 需要不断细化。
- 操作比较复杂，时间比较长。

改进方法如下。

- 设置 Bug 管理人员岗位来审核故障。
- 故障定级遵从就近原则。

7. 缺陷优先级

测试人员把缺陷提交给开发人员后，开发人员需要考虑哪些缺陷优先处理，给每个缺陷设置优先级。通常可选的优先级包括高、中、低。

缺陷优先级与缺陷严重程序并不是一一对应关系，并不是说致命或者严重的缺陷对应的优先级就一定高。开发人员会考虑工作量、技术难度等来综合评估优先级。对于影响测试执行进度的缺陷，测试人员可以要求开发人员优先处理。

8.7　缺陷状态迁移矩阵

缺陷状态是缺陷属性中非常重要的一个。常见的缺陷状态包括 New、Open、Fixed、Closed、Reopen、Postpone、Rejected、Duplicate 和 Abandon 等，这些状态之间是可以进行迁移的。缺陷状态迁移矩阵如表 8-6 所示。

表 8-6　缺陷状态迁移矩阵

	New	Open	Fixed	Closed	Reopen	Postpone	Rejected	Duplicate	Abandon
New									
Open	Open					Open			
Fixed		Fixed			Fixed				
Closed			Closed						
Reopen			Reopen	Reopen			Reopen	Reopen	Reopen
Postpone	Postpone								
Rejected	Rejected								
Duplicate	Duplicate								
Abandon	Abandon						Abandon	Abandon	

缺陷状态迁移矩阵中，最上面和最左边都是缺陷状态，最上面是开始的状态，最左边是终止的状态。从这个矩阵中可以看到 New 的状态可以迁移到 Open、Postpone、Rejected、Duplicate、Abandon 这 5 种状态，但是绝对不能迁移到 Fixed 和 Closed 状态。同样的道理，每一种状态都有它迁移的规则。

8.8　填写高质量的缺陷报告单

一个优秀的测试人员不仅要发现别人发现不了的缺陷，还可以用自己的语言非常清楚地把缺陷描述出来，让开发人员能够更快地定位缺陷。

缺陷报告单的内容如表 8-7 所示。一个完整的缺陷报告单包含 3 个方面的内容，分别是简单描述、详细描述和相关附件。

表 8-7　缺陷报告单

缺陷项目	注意事项
简单描述	用一句话提纲挈领地描述清楚问题
详细描述	（1）描述问题的基本环境，包括操作系统、硬件环境、网络环境、被测试软件的运行环境。 （2）用简明扼要的语言描述清楚软件出现异常的时候测试人员的操作步骤及使用的数据。 （3）如果从 GUI 上可以反映出软件的异常，采用截屏的方式截取界面，粘贴在问题单中。 （4）提供被测试软件运行时的相关日志文件。 （5）测试人员根据上述信息可以对问题简单分析。 （6）填写被测试软件的版本。 （7）填写缺陷的状态、严重程度。 （8）填写提交日期、提交人。
相关附件	GUI 的截屏图片，被测试软件运行时的相关日志文件

8.8.1 简单描述

简单描述就是用一句话提纲挈领地描述清楚问题，让开发人员看到后，就知道里面的内容大概是什么样子的。简单描述一般不会超过 20 个汉字，可以采用做什么操作出现错误的模式来进行描述。

8.8.2 详细描述

详细描述的第一点是描述基本的环境，包括操作系统、硬件环境、网络环境、被测软件的运行环境。一些缺陷只在特定环境中才会出现，比如一款软件在 Windows 7 中可以运行，但是在 Windows 10 中就不能运行。软件测试和硬件环境也是密切相关的。比如，如果软件要求 CPU 的内存空间为 1.6GB，那么使用一个只有 1GB 内存空间的 CPU 上去做性能测试显然是不合适的。另外，还有网络环境，若有些软件需要上网，网络环境要描述清楚。比如测试 QQ 在手机上的应用，它提供文字聊天、视频聊天、语音聊天等功能。在测试语音聊天的时候，就要确认当时的测试环境是什么样的，在 Wi-Fi 环境进行测试是没有问题的，但是在信号很差的移动网络里面，可能 QQ 的语音聊天功能就很差。在提交缺陷报告单时，如果没描述清楚我们是在信号很差的移动网络里面进行的测试，那开发人员在 Wi-Fi 环境里面就无法重现缺陷，这就会加大测试人员和开发人员之间的沟通成本。

第二点就是要用简明扼要的语言描述清楚软件出现异常的时候测试人员的操作步骤及使用的数据。测试人员需要描述第 1 步做什么，第 2 步做什么，第 3 步做什么，第 4 步出现了什么问题。如果测试人员在描述的时候漏掉了两个步骤，那么开发人员就无法让问题重现。

第三点是从 GUI 上反映软件的异常，采用截屏的方式截取界面，作为附件粘贴在缺陷报告单中。

第四点是提供被测试软件运行时的相关日志文件。日志文件主要包括两类。一类是被测软件的运行日志，另一类是操作日志。什么是运行日志呢？操作系统就有很多运行日志，例如，系统中某个程序突然异常关闭了，操作系统就把它记录下来，在某年某月某时某个程序异常关闭，这就是运行日志。开发人员可以沿着运行日志定位、寻找某个异常点，比如，某个程序、进程异常退出或者线程终止了，可以根据运行日志来寻找蛛丝马迹，找到问题所在。除了运行日志之外，还需要把操作日志作为附件提交给开发人员。什么是操作日志呢？例如，一个客户管理系统里面有一些用户，并不是任何人都可以访问操作这软件的，只有授权的人才有权限。授权的人有相应的用户名和密码。用自己的用户名和密码进入系统做的任何操作都会被记录下来。将来如果有数据丢失，可以根据这个日志来查询，确定这个数据是由于用户使用不当删掉了，还是由于软件运行过程中出现了 Bug 误删了数据。

第五点是给出该缺陷的简单分析。这一点是可选项，测试人员可以把自己的分析结果列出来供开发人员参考，帮助开发人员尽快定位和修复缺陷。如果测试人员经常对发现的缺陷进行分析，其测试水平也会提高得比较快。建议测试人员多看开发人员如何修改和定位缺陷，只有了解了这些缺陷背后的信息，测试人员才能举一反三，才能提交高质量的缺陷报告单。

最后三点与缺陷的一些属性字段有关，可以根据需要来进行填写，前面介绍缺陷相关属性时已经提到了。

8.8.3　相关附件

相关附件包含截屏、录像、日志文件等。如果使用的测试数据比较大或者本身就是一些文件，也可以放在相关附件中。

8.8.4　优秀的缺陷报告单

一个优秀的缺陷报告单的例子如表 8-8 所示。这个缺陷报告单针对的被测对象是类似于 WPS 的字处理软件。

表 8-8　优秀的缺陷报告单

简单描述	Arial、Wingdings 和 Symbol 字体会破坏新文件
详细描述	软件测试环境为 Windows 2000 SP4。 （1）启动 WordEdit 编辑器，然后创建新文件。 （2）输入 4 行文本，重复输入 "The quick fox jumps over the lazy brown dog"。 （3）选中所有 4 行文本，然后选择 "字体" 下拉菜单，并选择 Arial。 （4）所有文本被转换成控制字符、十进制数字和其他随机二进制数据。 （5）重复 3 次，结果都一样。
相关附件	● 附件 1：变换格式之前的文档。 ● 附件 2：变换格式之后的文档
初步分析	（1）粗略估计是格式问题，保存文件，关闭 WordEdit 并重新打开文件，但是数据仍然被破坏。 （2）在改变字体前保存文件防止错误。 （3）对于现存文件，错误不再发生。 （4）只在 Windows 2000 下发生，而不出现在 Solaris 系统、macOS 和其他 Windows 系统中

首先看一下简单描述——Arial、Wingdings 和 Symbol 字体会破坏新文件。如果清楚被测软件是一款字处理软件，那么在选择这 3 种字体的时候心中就有数了。

再看一下详细描述。软件测试环境为 Windows 2000 SP4。启动 WordEdit 编辑器，然后创建新文件。WordEdit 就是被测软件。接下来输入 4 行文本。步骤描述得很清楚，先对测试环境进行描述，然后描述每个动作。重复输入"The quick fox jumps over the lazy brown dog"，选中 4 行文本，然后选择"字体"下拉菜单，并选择字体 Arial。下一步，所有文本被转换成控制字符、十进制数字和其他随机二进制数据。描述非常清楚，原来都是好好的文本，修改了字体后，就变成了控制字符、十进制数字和其他随机二进制数据。很显然，这就是一个缺陷。接下来重复操作 3 次，结果都一样。这一点非常重要，很多测试人员发现缺陷后，匆忙就提交了缺陷报告单而没经过多次验证，也许第一次发现缺陷的时候是由于误操作导致的，因此就需要再验证一下。如果多次验证都能够重现，那么一定是软件的问题。

测试人员除了给出缺陷的简单描述和缺陷出现的环境及操作步骤之外，还提供了相关的附件。附件 1 是变换格式之前的文档，附件 2 是变换格式之后的文档。对比这两个文档就能直观看到缺陷报告单所描述的问题了。

测试人员还对缺陷进行了一个初步的分析，记录了自己做过的一些尝试，这些信息对于开发人员快速定位和修复缺陷很有用。

8.8.5　糟糕的缺陷报告单

接下来看两个比较糟糕的缺陷报告单，其中一个写得太简单，另一个写得太冗余。

过于简单的例子如图 8-3 所示。

简单描述	WordEdit处理Arial字体有问题
详细描述	（1）软件测试环境为Windows 2000 SP4。 （2）打开WordEdit。 （3）输入一些文本。 （4）选择Arial。 （5）文本被破坏
初步分析	N/A

图 8-3　过于简单的缺陷报告单

上面是一个含糊、不完整的缺陷报告单。简要描述里面有一句话。详细描述有 5 句话。

对照前面比较优秀的缺陷报告单会发现，这个缺陷报告单是非常含糊的。开发人员拿到这样一个缺陷报告单，很难去重现这个问题。第 3 步的操作非常含糊，没有指出输入一些什么样的文本，这些文本有多少行。第 5 步没有指出文本被破坏到什么样子。

过于冗余的例子如图 8-4 所示。

简要描述	我在Solaris系统、Windows 98系统和macOS上运行WordEdit，当使用某些字体时，好像会破坏一些数据
详细描述	（1）在Windows 98系统上打开WordEdit，然后编辑两个现有文件。这些文件包含一些字体的混合。 （2）文件正常打印。 （3）可以正常创建并打印一张图表，但是有些内容不是很清楚。 （4）创建一个新文件。 （5）输入大量随机文本。 （6）选中一些行。然后，从字体菜单中选择Arial。 （7）改变字体的文本被破坏了。 （8）重复3次，每次结果都一样。 （9）我在Solaris系统上重复步骤（1）～（6），没有发现任何问题。 （10）我在mac OS上重复步骤（1）～（6），没有发现任何问题
缺陷原因分析	我尝试选择其他字体，但是只有Arial字体出现这个错误。但是，其他没有测试的字体仍然有可能出错

图 8-4　过于冗余的缺陷报告单

首先来看简要描述——我在 Solaris 系统、Windows 98 系统和 macOS 上运行 WordEdit，当使用某些字体时，好像会破坏一些数据。这个描述包含了一些模糊词语，如"某些字体""好像""一些"等。

详细描述中包含了 10 步，步骤数偏多。步骤的描述偏口语化，有点冗长。步骤中使用了模糊词语，比如"一些""有些内容"等。

8.8.6　缺陷报告单的写作要点

缺陷报告单的写作要点如下。

第一是再现。前面那个报告单虽然比较冗余，但是有一点比较好，再现了 3 次错误。尽量再现故障 3 次，如果问题是间断的，就要报告问题发生的频率。

第二是初步定位。通过使用不同操作系统、不同浏览器、不同的测试数据来收集更多的缺陷信息，尽量将缺陷与某些因素关联起来，比如，使用 IE 浏览器有问题，但使用 Google 浏览器没有问题。

第三是推广。确定系统其他部分是否可能出现类似错误。开发人员在开发软件的过程中，经常使用复制和粘贴的方式。在这种复制、粘贴的过程中，错误代码会被连续使用，一个地方出现问题，所有地方可能都会出现问题。当测试人员发现一个缺陷之后，如果熟悉系统和代码，那么就可以推而广之，可以预料到在其他地方也会出现同样的错误，这样就可以把缺陷推广开了，这也是测试人员的工作。

第四是压缩。精简任何不必要的信息，特别是冗余的测试步骤。只写与缺陷的产生紧密相关的步骤，不需要从运行软件开始写测试步骤。

第五是去除歧义。使用清晰的语言，尤其要避免使用那些有多个不同或者相反含义的词汇。比如，可能、也许、大概、差不多、一些、多个等。

第六是中立。测试人员在表达、描述缺陷的时候一定要采用中立的立场。客观地表达自己的意思，对错误及其特征进行陈述（也就是针对事，不针对人），避免夸张、幽默或讽刺。

第七是评审。评审主要针对新员工，也就是刚刚入行的软件测试工程师。他们在提交缺陷的时候往往不知道尺度是什么样的，也不知道发现的问题到底是不是缺陷，因此可以请一个有经验的同行过来看一下，根据同行的分析，确认这个是不是缺陷。如果是，就可以提交缺陷。

以上就是在写缺陷报告单的时候需要注意的要点。这些要点如果能自己总结并且在工作中应用，那就能提交高质量的缺陷报告单了。

第 9 章　测试覆盖率

在开展软件测试工作时，会提到的一个问题就是如何保证测试的充分性，而度量测试的充分性可以借助测试覆盖率。

9.1　覆盖率

覆盖率是用来度量测试完整性的一个指标。现在越来越多的测试工具能够支持覆盖率测试，但是它们本身并不包含测试技术，只是测试技术有效性的一个度量。

覆盖率按照测试方法大体上可以划分为三大类，即白盒覆盖率（white box coverage）、灰盒覆盖率（gray box coverage）和黑盒覆盖率（black box coverage）。

假设我们要对项的覆盖情况进行计算，那么覆盖率可以通过一个公式来表示。

$$覆盖率 = （至少执行一次的项数/总项数）\times 100\%$$

覆盖率对软件测试有着非常重要的作用。通过覆盖率，我们可以知道测试是否充分，测试的缺点是哪些方面，进而指导我们设计能够增大覆盖率的测试用例，有效提高测试质量。但是测试用例设计也不能一味追求覆盖率，因为测试成本随覆盖率的增加而增加。

9.2　白盒覆盖率

实际工作中使用次数最多的覆盖率是白盒覆盖率。可以通过各种白盒覆盖率来度量单元测试的充分性。

9.2.1　逻辑覆盖率

白盒测试是基于程序结构的逻辑驱动测试，其原则如下。

- 保证一个模块中的所有独立路径至少覆盖一次。
- 对所有逻辑值均要测试 True 和 Flase。
- 在上下边界及可操作范围内运行所有循环。
- 检查内部数据结构，以确保其有效性。

通过对程序逻辑结构的遍历实现程序的逻辑覆盖。白盒覆盖率中使用次数最多的覆盖率就是逻辑覆盖率（logical coverage），也称代码覆盖率（code coverage）或结构化覆盖率（structural coverage）。从覆盖源程序语句的详尽程度分析，逻辑覆盖率包括语句覆盖率（Statement Coverage，SC），判定覆盖率（Decision Coverage，DC），条件覆盖率（Condition Coverage，CC），判定条件覆盖率（Decision Condition Coverage，DCC），条件组合覆盖率（Condition Combination Coverage，CCC），以及路径覆盖率（Path Coverage，PC）。

1. 语句覆盖率

语句覆盖率的含义是选择足够多的测试数据，使被测程序中的每条语句至少执行一次。计算语句覆盖率的公式如下。

语句覆盖率=（至少执行一次的语句数量/可执行的语句总数）×100%

在测试时，首先设计若干个测试用例，然后运行被测程序，使程序中的每个可执行语句至少执行一次。所谓"若干个"，自然是越少越好。

图 9-1 所示为一个被测程序段的流程图。

针对这个例子，设计了两个测试用例。

- 测试用例 1：$A = 2$，$B = 0$，$X = 3$。
- 测试用例 2：$A = 2$，$B = 1$，$X = 3$。

应用语句覆盖率的概念，对上面两个测试用例进行分析。

- 测试用例 1：能达到100%的语句覆盖率。
- 测试用例 2：不能达到100%的语句覆盖率。

从程序中的每条语句都得到执行这一点看，通过语句覆盖率能够全面地检验每一条语句，但是语句覆盖率不能反映程序的执行逻辑，这是其最严重的缺点。

假如这一段程序中用于判定的逻辑运算有问

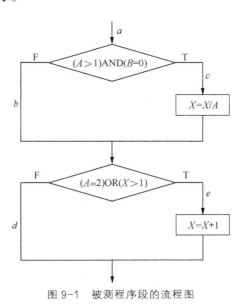

图 9-1　被测程序段的流程图

题，如果第一个判定运算符 "&&" 误写成了运算符 "||"，或第二个运算符 "||" 误写成了运算符 "&&"，那么使用上述的测试用例仍然可以达到 100%的语句覆盖率，但上述的逻辑错误无法发现。

即使语句覆盖率达到了 100%，也会有发现不了的缺陷，因此一般认为语句覆盖是很弱的逻辑覆盖率。

2. 判定覆盖率

比语句覆盖率稍强的覆盖率标准是判定覆盖率。判定覆盖率的含义是设计足够的测试用例，使得程序中每个判定的每个分支至少执行一次，或者使得程序中的每个 "真" 分支和 "假" 分支至少执行一次，因此也称分支覆盖率（branch coverage）。计算判定覆盖率的公式如下。

$$判定覆盖率 =（执行的判定分支数量/判定分支的总数）×100\%$$

对于图 9-1 的例子，设计一组测试用例。

- 测试用例 1：$A = 2$，$B = 0$，$X = 3$，覆盖路径 $a{\rightarrow}c{\rightarrow}e$。
- 测试用例 2：$A = 1$，$B = 0$，$X = 1$，覆盖路径 $a{\rightarrow}b{\rightarrow}d$。

这组测试用例覆盖了所有的分支，能达到 100%的判定覆盖率。

判定覆盖率的缺点是很明显的，当在分支中使用复杂的条件时，判定覆盖率就显得不足了。如果上例中第二个判断的条件 $X>1$ 误写成了 $X<1$，那么利用上面一组测试用例，仍能达到 100%的判定覆盖率，但是不能保证查出在判断的条件中存在的错误。

即使判定覆盖率达到了 100%，也会有缺陷发现不了，所以覆盖率只是我们度量的手段。

3. 条件覆盖率

条件覆盖率的含义是在测试时，运行被测程序后，所有判断语句中每个条件的可能取值（真值和假值）出现过的比例。计算条件覆盖率的公式如下。

$$条件覆盖率=（条件操作数至少被判断一次的数量/条件操作数的总数）×100\%$$

设计若干测试用例，执行被测程序以后，要使每个判断中每个条件的可能取值至少满足一次。

在图 9-1 的例子中，分析两个判断中条件的各种取值，如表 9-1 所示。

在该例中，使用 3 个测试用例就可以达到 100%的条件覆盖率，如表 9-2 所示。

表 9-1　条件取值

条件	取值	标记
$A>1$	真	T_1
	假	F_1
$B=0$	真	T_2
	假	F_2
$A=2$	真	T_3
	假	F_3
$X>1$	真	T_4
	假	F_4

表 9-2　满足条件覆盖率和判定覆盖率的测试用例

测试用例	A　B　X	所走路径	覆盖条件
测试用例 1	2　0　3	$a{\to}c{\to}e$	T_1、T_2、T_3、T_4
测试用例 2	1　0　1	$a{\to}b{\to}d$	F_1、T_2、F_3、F_4
测试用例 3	2　1　1	$a{\to}b{\to}e$	T_1、F_2、T_3、F_4

应用判定覆盖率的概念，从上面这组测试用例中我们发现，其判定覆盖率也能达到 100%。然而，是否满足条件覆盖率就一定满足判定覆盖率呢？看另外一组测试用例，如表 9-3 所示。

表 9-3　只满足条件覆盖率的测试用例

测试用例	A　B　X	所走路径	覆盖条件
测试用例 1	1　0　3	$a{\to}b{\to}e$	F_1、T_2、F_3、T_4
测试用例 2	2　1　1	$a{\to}b{\to}e$	T_1、F_2、T_3、F_4

该组测试用例能达到 100%的条件覆盖率，但是判定覆盖率只有 50%，覆盖了条件的测试用例不一定覆盖了分支。为了解决这一问题，需要兼顾条件和分支，采用判定条件覆盖率。

4. 判定条件覆盖率

判定条件覆盖率也称分支条件覆盖率（Branch Condition Coverage，BCC），它的含义是在测试时，运行被测程序后，所有判断语句中每个条件的所有可能值（为真为假）和每个判断本身的判定结果（为真为假）出现次数的比例。计算判定条件覆盖率的公式如下。

判定条件覆盖率=［条件操作数值和判定结果至少被判断一次的数量/
（条件操作数值总数+判定结果总数）］×100%

从上式看出，判定条件覆盖率实际上就是判定覆盖率和条件覆盖率的组合。

5. 条件组合覆盖率

条件组合覆盖率的含义是在测试时，运行被测程序后，所有语句中原子条件所有可能的取值结果组合出现次数的比例。计算条件组合覆盖率的公式如下。

条件组合覆盖率=（至少执行一次的条件组合/总的可能的条件组合数）×100%

设计若干测试用例，执行被测程序以后，使得每个判定中条件的各种可能组合都至少出现一次。

在图 9-1 的例子中，两个判定各包含两个条件，这 4 个条件在两个判定中可能有 8 种组合，具体如表 9-4 所示。

表 9-4　条件组合

组合编号	条件取值	标记
①	$A>1$, $B=0$	T_1、T_2
②	$A>1$, $B≠0$	T_1、F_2
③	$A≤1$, $B=0$	F_1、T_2
④	$A≤1$, $B≠0$	F_1、F_2
⑤	$A=2$, $X>1$	T_3、T_4
⑥	$A=2$, $X≤1$	T_3、F_4
⑦	$A≠2$, $X>1$	F_3、T_4
⑧	$A≠2$, $X≤1$	F_3、F_4

4 条测试用例就可以满足 100%的判定条件覆盖率，如表 9-5 所示。

表 9-5　满足判定条件覆盖率的测试用例

测试用例	A　B　X	覆盖的组合号	所走路径	覆盖条件
测试用例 1	2　0　3	①　⑤	$a→c→e$	T_1、T_2、T_3、T_4
测试用例 2	2　1　1	②　⑥	$a→b→e$	T_1、F_2、T_3、F_4
测试用例 3	1　0　3	③　⑦	$a→b→e$	F_1、T_2、F_3、T_4
测试用例 4	1　1　1	④　⑧	$a→b→d$	F_1、F_2、F_3、F_4

从路径角度看仅覆盖了 3 条路径，漏掉了路径 $a→c→d$。因此，判定条件覆盖率还不是最完整的覆盖率，无法满足对程序的完整测试，还需考虑路径覆盖率。

6. 路径覆盖率

路径覆盖率的含义是在测试时，运行被测程序后，程序中所有可能的路径执行过的比例。计算路径覆盖率的公式如下。

$$路径覆盖率=（至少执行一次的路径数/总的路径数）×100\%$$

设计足够多的测试用例，要求覆盖程序中所有可能的路径。

在前面讨论的多种覆盖准则中，有的虽提到了所走路径，但尚未涉及路径覆盖率，而路径全面覆盖在软件测试中是一个重要问题，因为程序要取得正确的结果，就必须消除遇到的各种障碍，沿着特定的路径顺利执行。如果程序中的每一条路径都得到了验证，才能说程序受到了全面检验。

从图 9-1 的例子来看，如果要全面覆盖路径，可以使用一组测试用例，如表 9-6 所示。

表 9-6　全面覆盖路径的测试用例

测试用例	A	B	X	覆盖的路径
测试用例 1	2	0	3	$a{\to}c{\to}e$
测试用例 2	1	0	1	$a{\to}b{\to}d$
测试用例 3	2	1	1	$a{\to}b{\to}e$
测试用例 4	3	0	1	$a{\to}c{\to}d$

这一组测试用例也达到了 100% 的条件覆盖率（条件取值分别是 T_1、T_2、T_3、T_4，F_1、T_2、F_3、F_4，T_1、F_2、T_3、F_4，T_1、T_2、F_3、F_4）。

尽管路径覆盖率是比判定条件覆盖率更强的一个覆盖率，但是路径覆盖率并不能包含判定条件覆盖率，如表 9-7 中的测试用例。

表 9-7　只满足路径覆盖率的测试用例

测试用例	A	B	X	覆盖的路径
测试用例 1	2	0	3	$a{\to}c{\to}e$
测试用例 2	1	0	1	$a{\to}b{\to}d$
测试用例 3	1	0	3	$a{\to}b{\to}e$
测试用例 4	3	0	1	$a{\to}c{\to}d$

对于这组测试用例，路径覆盖率也达到了 100%，但显然没有达到 100% 的条件覆盖率（F_2：$B{\neq}0$ 没有取到）。

这里所用的程序段非常简短，也只有 4 条路径。但在实际问题中，一个不太复杂的程序的路径数都是一个庞大的数字，要在测试中覆盖这样多的路径是无法实现的。基于此，提出了基本路径覆盖率的概念。

基本路径的概念来源于基本路径测试方法。相对于路径覆盖率，基本路径覆盖率的分母不是所有可能的路径，而是基本路径。

　　基本路径测试是在程序控制流图（为了更加突出控制流的结构，对程序流程图进行简化后的图。）的基础上，通过分析控制构造的圈复杂度（cyclomatic complexity），导出基本可执行路径集合，从而设计测试用例的方法。设计出的测试用例要保证在测试中程序的每一个可执行语句至少执行一次。

　　基本路径测试的主要步骤如下。

（1）根据测试对象的源程序得到控制流图。

（2）计算控制流图的圈复杂度。

（3）选择基本路径。

（4）为每条基本路径创建一个测试用例。

（5）执行测试用例。

在控制流图（control flow graph）中只有两种图形符号。

- 　　节点：用带标号的圆圈表示，一个或多个语句、一个矩形处理框序列和一个菱形判断框（假如不包含复合条件）都可以映射到一个节点。

- 　　控制流线：用带箭头的弧或线表示，称为边或两节点的连接。控制流线代表程序的控制流，类似于流程图中带箭头的线，控制流线通常有名字。

图 9-2 所示为复合条件分解后的程序流程图。

按以下步骤实现基本路径测试。

首先，绘制控制流图。对应的控制流图如图 9-3 所示。

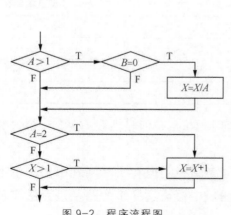

图 9-2　程序流程图

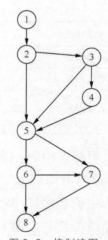

图 9-3　控制流图

　　然后，计算圈复杂度。圈复杂度是一种软件度量（测度），通过该值计算程序中基本中独立路径数目，圈复杂度为确保所有语句至少执行一次的测试数量的上界。

有以下 3 种方法可以计算圈复杂度。

- 控制流图中区域的数量对应于圈复杂度。
- 给定控制流图 G 的圈复杂度定义为 $V(G)=E-N+2$，E 是控制流图中边的数量，N 是控制流图中节点的数量。
- 给定控制流图 G 的圈复杂度定义为 $V(G)=P+1$，P 是控制流图 G 中判定节点的数量。

因此可以算得圈复杂度 $V(G)=11-8+2=5$。

接下来，选择基本路径。

- 路径 1（1→2→5→6→8）。
- 路径 2（1→2→3→5→6→8）。
- 路径 3（1→2→3→4→5→6→8）。
- 路径 4（1→2→5→7→8）。
- 路径 5（1→2→5→6→7→8）。

后面创建用例的时候需要考虑的就是上面 5 条基本路径的覆盖率。

即使对于路径数很有限的程序已经全面覆盖了路径，也不能保证被测程序的正确性。例如，图 9-1 的例子中，假如($A=2$) OR($X>1$)错写成($A=2$) AND($X\geqslant1$)，表 9-6 中的 4 个用例仍然能全面覆盖路径，但无法测试出该错误。

综上所述，虽然结构化覆盖率可以作为测试完整性的一个度量，但是即使达到了 100%的结构化覆盖率，也无法保证程序的正确性，这个严酷的事实对于测试人员似乎是一个严重的打击。但要记住，测试的目的并非要证明程序的正确性，而是要尽可能找出程序中的错误。为了发现所有的错误，确实并不存在一种十全十美的测试方法。要"撒下几网就把湖中的鱼全都捕上来"是不现实的，软件测试是有局限性的。

9.2.2 其他覆盖率

在实际使用中，还存在很多种白盒覆盖率的例子。本节将讨论一些经常出现在一些测试工具中的覆盖率。

1. 指令块覆盖率

指令块覆盖率（Instruction Blocks Coverage，IBC）是语句覆盖率的一个变体，两者唯一的区别是计算方式不同。在这里指令块表示函数内部的一个序列语句，在这一个序列语句中不存在控制语句（这会引起分支）。计算指令块覆盖率的公式如下。

指令块覆盖率=（至少执行一次的指令块数量/系统中指令块的总数）×100%

下面我们来看一个有 4 个指令块、15 条语句的控制流图，如图 9-4 所示。

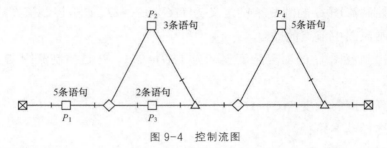

图 9-4　控制流图

假定在一次测试过程中，在第一个控制点 P_1 处执行了 3 条语句的分支，在第二个控制点 P_2 处执行了空语句分支，那么其指令块覆盖率是（2 / 4）×100% = 50 %，其语句覆盖率是（5+3）/ 15×100%≈53.33%。

2. 判定路径覆盖率

判定路径覆盖率（Decision-to-Decision Paths Coverage，DDPC）是判定覆盖率的一个变体。这里的判定指的是一个序列语句，其起始位置是函数入口或一个判定（如 if、while、switch 等）的开始，结束位置是下一个判定的开始，具体如图 9-5 所示。

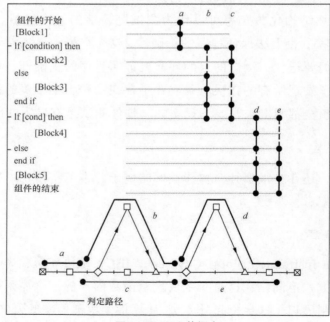

图 9-5　DDPC 的概念

通过计算哪些判定路径已经执行过，哪些没有执行过，我们就可以得到判定路径覆盖率。其计算公式如下。

判定路径覆盖率=（至少被执行一次的判定路径数量/系统中判定路径的总数）×100%

9.3 灰盒覆盖率

函数覆盖率和接口覆盖率可以归为灰盒覆盖率的范畴。

9.3.1 函数覆盖率

很多测试工具（如 TrueCoverage、PureCoverage 等）提供了函数覆盖率的概念。函数覆盖率是针对系统或子系统的测试的，它表示在该测试中有哪些函数测试了，其被测试的频率有多大，这些函数在系统所有函数中占的比例有多大。计算函数覆盖率的公式如下。

函数覆盖率=（至少执行一次的函数数量/系统中函数的总数）×100%

9.3.2 接口覆盖率

接口覆盖率（interface coverage）也称入口点覆盖（entry-point coverage），要求通过设计一定的用例使得系统的每个接口被测试到。其计算公式如下。

接口覆盖率=（至少执行一次的接口数量/系统中接口的总数）×100%

9.4 黑盒覆盖率

在实际测试中，与黑盒相关的覆盖率比较少，主要是功能覆盖率（function coverage）。

功能覆盖率中最常见的是需求覆盖率，其含义是通过设计一定的测试用例，要求每个需求点都被测试。计算需求覆盖率的公式如下。

需求覆盖率=（被验证的需求数量/总的需求数量）×100%

由于黑盒测试把被测系统理解为一个黑盒，测试时，输入测试数据，然后判定输出结果是否与期望结果一致。根据这个可以得到输入数据的覆盖情况，即通过设计一定的用例，要求每种情况都被测试。功能测试覆盖方面的自动化工具比较少。

第 10 章 单 元 测 试

单元测试（unit testing）通常由开发人员完成，少部分公司中由测试人员完成。要实施单元测试，需要搭建单元测试环境，并能根据详细设计说明书来编写驱动和桩。

10.1 什么是单元测试

不同的测试阶段（单元测试、集成测试、系统测试、验收测试）能测试的点是有区别的，单元测试更多的是发现代码逻辑上的错误。

10.1.1 单元测试的概念

单元测试是对软件基本组成单元进行的测试，如函数（function 或 procedure）或一个类的方法（method）。这里的单元就是软件设计的最小单位。软件系统的结构如图 10-1 所示。在软件系统中，单元具有一些基本属性，如明确的功能、规格定义、与其他部分的接口定义等，可清晰地与同一程序的其他单元划分开来。

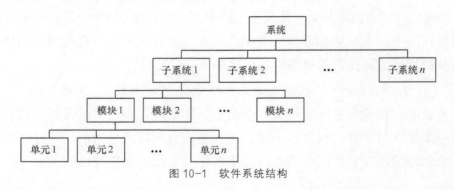

图 10-1 软件系统结构

在传统的结构化编程语言（如 C）中，要进行测试的基本单元一般是函数或子过程；在 Java 这样的面向对象的语言中，要进行测试的基本单元是类或类的方法。

这里的基本单元不一定是指一个具体的函数或一个类的方法，在具体实现时，也可能对应的是多个程序文件中的多个方法。例如，如果某个方法 A 只被方法 B 调用，并且方法 A 和方法 B 的代码在一定的范围之内，则可以考虑把 A 和 B 合并作为一个单元进行测试，但这些原则必须在单元测试计划或单元测试方案中明确说明。在纯 Java 语言的代码中，一般认为一个方法就是一个单元，这主要是为了避免开发人员和测试人员陷入不必要的单元争论当中，同时也可以避免歧义。

10.1.2　单元测试的目的

单元测试用于发现各模块内部可能存在的各种错误。单元测试主要基于白盒测试。

软件产品不仅包含代码，还包括各种文档。因此，单元测试应该从 3 个角度来考虑。

- 针对文档的测试。
- 针对代码的测试。
- 针对文档和代码是否一致的测试。

在单元测试阶段，对应的文档是详细设计说明书，对应的代码就是单元代码，因此单元测试的目的主要有 3 方面。

- 验证单元代码和详细设计说明书的一致性。
- 跟踪详细设计说明书中设计的实现，发现详细设计说明书中存在的错误。因为测试分析和测试用例设计需要依据详细设计说明书来进行，这个过程实际上是对详细设计说明书的重新检视，在这个过程中会发现以前评审中没有发现的问题。
- 发现在编码过程中引入的错误。

例如，设计一个方法 abs(x)，对 x 求绝对值，如图 10-2 所示。

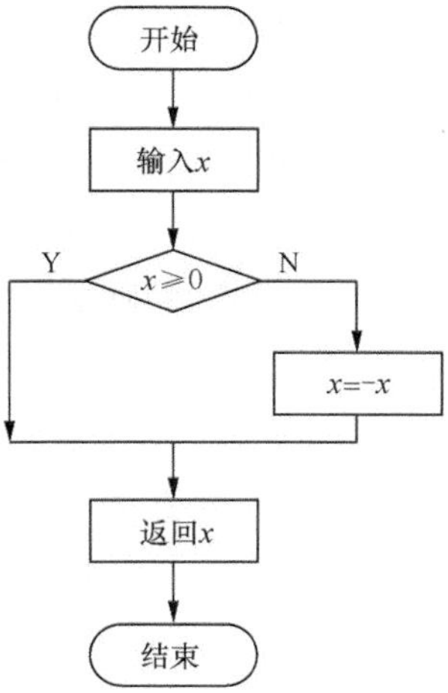

代码如下。

```
public int abs(int x)
{
    if(x>=0)
        return x;
    else
        return -x;
}
```

图 10-2　abs(x)的流程图

如果把 $x \geq 0$ 写成了 $x \leq 0$，就出现了与设计不相符的错误。

10.1.3　单元的常见错误

单元的常见错误一般出现在 5 个方面，如图 10-3 所示，因此这 5 个方面是单元测试应该关注的重点。

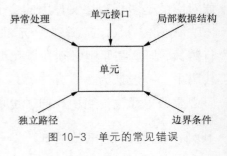

图 10-3　单元的常见错误

1．单元接口

单元接口是容易被忽略的地方，如果数据不能正确地输入和输出，就谈不上进行其他测试。因此，首先需要检查单元接口是否出现以下错误。

（1）被测单元的输入/输出参数在个数、属性、顺序上和详细设计说明书中的描述不一致。

① 个数错误。例如，方法定义了 3 个参数，但是在调用时函数调用传递了两个参数。定义方法的代码如下。

```
public void addGoods(String name, int price, int num)
{
}
```

调用方法的代码如下。

```
addGoods("iphoneX", 6888);
```

函数调用中传送了两个参数。

② 属性错误，例如，标准函数 $\sin(x)$ 中 x 是弧度，要注意转换，计算 47° 的正弦值应写成 $\sin(PI*47/180)$。

③ 顺序错误。例如，定义方法时 3 个参数的顺序是 name、price、num，调用时写成了 price、name、num。

定义方法的代码如下。

```
public void addGoods(String name, int price, int num)
{
}
```

调用方法的代码如下。

```
addGoods(6888, "iphoneX", 10);
```

函数调用中传送了 3 个参数，但顺序错了。

（2）若修改了只做输入用的形参，可能会导致数据的错误修改。

例如，以下代码中修改了形参 sum 的值。

```
public void sumData(int num, int data[], int sum)
{
    int i;
    for (i = 0; i < num; i++)
    {
        sum += data[i];
    }
}
```

若改为如下代码，则更好。

```
public void sumData(int num, int data[], int sum)
{
    int i;
    int sumTemp = 0;
    for (i = 0; i < num; i++)
    {
        sumTemp += data[i];
    }
    sum=sumTemp;
}
```

这样可以防止返回的 sum 值在执行过程中被其他方法引用，导致数据不一致。

（3）若约束条件通过形参传送，就会导致方法间的耦合性增大。

耦合是指两个实体相互依赖对方的一个量度，分为以下几种。

- 非直接耦合：两个模块之间没有直接关系，它们之间的联系完全是通过主模块的控制和调用来实现的。

- 数据耦合：当一个模块访问另一个模块时，彼此之间是通过简单的数据参数（不是控制参数、公共数据结构或外部变量）来交换输入/输出信息的。

- 标记耦合：一组模块通过参数表传递记录的信息。这个记录是某个数据结构的子结构，而不是简单变量。

- 控制耦合：一个模块通过传送开关、标志、名字等控制信息明显地控制选择另一模块的功能。

- 外部耦合：一组模块都访问同一个全局变量，而不是同一个全局数据结构，而且不通过参数表传递该全局变量的信息。

197

- 公共耦合：当一组模块访问同一个公共数据环境时它们之间的耦合。公共的数据环境可以是全局数据结构共享的通信区、内存的公共覆盖区等。

- 内容耦合：如果发生下列情形，两个模块之间就发生了内容耦合。

    - 一个模块直接访问另一个模块的内部数据。

    - 一个模块不通过正常入口转到另一模块内部。

    - 两个模块有一部分程序代码重叠（只可能出现在汇编语言中）。

    - 一个模块有多个入口。

不把约束条件作为形参传递的目的是防止方法间的控制耦合。调度方法是指根据输入的消息类型或控制命令来启动相应的功能实体（方法或过程），而本身并不完成具体功能。控制参数是指改变方法功能、行为的参数，即方法要根据此参数来决定具体怎样工作。非调度方法的控制参数增加了方法间的控制耦合。

例如，如下方法的构造不太合理。

```
public final char INTEGER_ADD = 'y';
public int add_sub(int a, int b, char addSubFlg)
{
    if (addSubFlg == INTEGER_ADD)
    {
        return (a + b);
    } else
    {
        return (a -b);
    }
}
```

要避免把多种功能糅合在一起，代码越复杂，出现错误的可能性就越大。上述方法分为如下两个方法之后更清晰。

```
public int add( int a, int b )
{
    return (a + b);
}
public int sub( int a, int b )
{
    return (a-b);
}
```

以上是编码规则中的可选规则。

一个方法完成一个具体的功能。一般来说，一个方法中的代码最好不要超过 600 行，越少越好，一般介于 100～300 行。有证据表明，一个方法中的代码如果超过 500 行，就会有和其他方法相同或相近的代码，这样可以再写另一个方法。另外，一个方法一般完成一个特定的功能，禁止在一个方法中做许多件不同的事。方法的功能越单一越好，这不仅有利于提高方法的易读性，还有利于代码的维护和重用。

2.　局部数据结构

单元的局部数据结构是最常见的错误来源之一。在单元工作的过程中，必须测试单元内部的数据能否完整，确保内部数据的内容、形式及相互关系不发生错误。

对于局部数据结构，应该在单元测试中注意以下几类错误。

（1）使用不正确或不一致的数据类型。

- 不正确的数据类型。例如，char a 中，由于 char 是无符号字符数据类型，占 2 字节（Unicode 码），范围是 0～65535，因此 a 永远不为负，如果用 a 小于 0 作为循环结束条件，肯定会进入死循环。

- 不一致的数据类型。例如，以下两个单元之间需要传递一个学生对象（包括姓名、身高、年龄），结果两个单元对学生对象的属性定义不一致，导致错误。

```
public class Student
{
    String name;
    int height;
    int age;
}

public class Student
{
    String name;
    float height;
    int age;
}
```

（2）使用尚未赋值或尚未初始化的变量。例如，在以下代码中，变量 age 未初始化，编译无法通过，会报错。

```
int age;
System.out.println(age);
```

（3）使用错误的初始值或错误的默认值。例如，以下代码无法正确编译，会报错。

```
int a=2147483648;
```

因为在 Java 中，int 的取值范围为 -2 147 483 648～2 147 483 647，占用 4 字节。

（4）变量名拼写错误或书写错误，如 addMember 写成 addMenber 等。

（5）使用不一致的数据类型。例如，以下代码会导致 *b* 的精度降低。

```
int a;
float b;
a=b;
```

3.　独立路径

对基本执行路径和循环进行测试会发现大量的错误。通过设计的测试用例查找由于错误的计算、不正确的比较或不正常的控制流而导致的错误。

常见的错误如下。

（1）运算的优先级次序不正确或误解了运算的优先次序。例如，+、-的优先级高于 >> 和 <<，因此 a = b + c >> 2 相当于 a = (b + c)/4，而不是 a = b + c/4（使用括号，有利于阅读，也不易出错）。

很多运算符拥有相同的优先级，一起使用的时候要注意它们的执行顺序。单目运算符、赋值运算符和 "？:" 的执行顺序是从右到左，其余运算符的执行顺序是从左到右。

（2）运算方式错误。例如，把 a=b++（先给 a 赋值再递增 b）误写为 a=++b（b 先加 1 再给 a 赋值）。

（3）对不同数据类型进行比较。例如，以下代码容易进入死循环。

```
char x = '1';
int y = 0;
while (x > y) {}
```

（4）关系表达式中使用了不正确的变量和比较符。例如，将 if(a==1) 写成 if(a=1)（有一种防止误写的办法，写成 1==a）。再如，将 && 写成 &，在 if(a>0&&b>0) 中，若 a>0 不成立，则不再判断 b>0；若写作 if(a>0&b>0)，则 a>0 和 b>0 都要进行判断。

（5）"差 1 错"，即不正确地多循环或少循环一次。

例如，整型数组 A[100] 表示数组的实际长度是 100，可以存储 100 个整数，数组的下标从 0 开始，这 100 个元素的表示方式是 A[0]，A[1]，…，A[99]，而下面这个循环中，获取数组中的元素是 A[0]，A[1]，…，A[100]，超出了数组下标的最大值，这称为数组下标越界。

```
int A[100];
int sum=0;
…
for(i=0;i<=100;i++)
    sum+=A[i];
```

（6）使用了错误的或不可能的循环终止条件，如 while(|a|<0)。

（7）当遇到发散的迭代时不能终止循环。

① 可能一直递归下去，找不到返回的路径。例如，以下代码会一直直接递归。

```
public int func (int n)
{
    int i;
    …
    func(n-1);
    …
}
```

② 递归嵌套的层次太深，每嵌套调用一次都要消耗堆栈资源，可能会导致递归还未到回归点时，堆栈资源已被耗光。例如，以下代码会一直间接递归。

```
public int funcA (int n)
{
    funcB();
    …
}
public int funcB()
{   int m;
    funcA(m);
    …
}
```

4. 异常处理

比较完善的单元设计要求能预见异常的条件，并设置适当的异常处理，以便在程序异常时能调整异常程序，保证其逻辑上的正确性。异常处理模块经常出现的错误或缺陷如下。

（1）异常的描述难以理解。例如，对于常见的用户登录界面，输入用户名和密码即可完成登录，若用户名和密码错误，错误提示为"Error code00001"。

（2）异常的描述不足以定位错误和确定异常的原因，如"登录失败"。

（3）显示的错误与实际的错误不符。例如，用户名错误，结果却提示"密码错误"。

（4）对错误条件的处理不正确。例如，提示"密码错误"，但单击"确定"按钮后仍能登录成功。

（5）在对错误进行处理之前，错误条件已经引起系统的干预等。严重的错误会导致操作系统的干预。例如，实现购买商品的单元没有进行事务及异常管理，在生成订购关系时异常，导致用户扣款却没有生成送货订单。

5．边界条件

边界上出现错误是常见的，因此应当认真、仔细地测试边界处单元是否能够正常工作。不仅要注意一些可能与边界有关的数据类型，如数值、字符等，还要注意这些边界的首个值、最后一个值、最大值、最小值等。

在第 n 次循环中取最大值或最小值时容易发生错误。例如：

```
int sum = 0;
int[] a = new int[] { 1, 2, 3, 4, 5, 6, 7, 8, 9, 0 };
for (int i = 1; i <= 10; i++)
{
    sum = sum + a[i];
}
```

特别要注意数据流与控制流中刚好等于、大于、小于确定的边界值时出现错误的可能性。

10.1.4　单元测试和集成测试、系统测试的区别

单元测试和集成测试、系统测试的区别如下。

（1）测试方法不同。

① 单元测试属于白盒测试。

② 集成测试属于灰盒测试。

③ 系统测试属于黑盒测试。

（2）考察范围不同。

① 单元测试主要测试单元内部的数据结构、逻辑控制、异常处理等。

② 集成测试主要测试模块之间的接口和接口数据的传递关系，以及模块组合后的整体功能。

③系统测试主要测试整个系统相对于需求的符合度。

（3）评估基准不同。

① 单元测试的评估基准主要是逻辑覆盖率。

② 集成测试的评估基准主要是接口覆盖率。

③ 系统测试的评估基准主要是测试用例对需求说明书的覆盖率。

10.2 如何进行单元测试

为了实施单元测试，需要编写驱动（driver）单元和桩（stub）单元。

10.2.1 单元测试环境

在进行单元测试时，由于单元本身不是一个独立的程序，一个完整的可运行的软件系统并没有构成，因此需要设置一些辅助测试单元。辅助测试单元有两种，分别是驱动单元和桩单元，如图 10-4 所示。

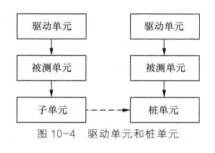

图 10-4　驱动单元和桩单元

- **驱动单元**：用来模拟被测单元的上层单元，相当于被测方法的主程序，如 main 方法。驱动单元接收测试数据,将相关数据传送给被测单元，启动被测单元，最后输出实测结果。当被测单元能完成相关功能时，也可以不要驱动单元。

- **桩单元**：用来代替被测单元工作过程中调用的子单元。

驱动单元和桩单元都会造成额外的开销，虽然在单元测试中必须编写驱动单元和桩单元，但并不需要作为最终的产品提供给用户。

构造单元的测试环境的主要工作有以下几个。

（1）构造最小运行调度系统，即驱动单元，用于模拟被测单元的上一级单元。

（2）模拟实现单元接口，即单元方法需调用的其他方法接口，即桩单元。

（3）模拟生成测试数据或状态，为单元的运行准备动态环境。

被测单元、驱动单元和桩单元共同构成了图 10-5 所示的单元测试环境。

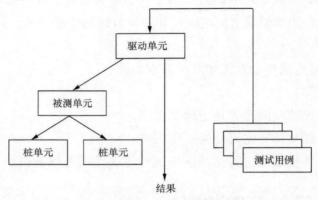

图 10-5　单元测试环境

1．驱动单元

驱动单元主要完成以下工作。

（1）接收测试数据，包含测试用例的输入和预期输出。

（2）把测试用例的输入传送给要测试的单元，驱动被测单元执行。

（3）将被测单元的实际输出和预期输出进行比较，得到测试结果。

（4）将测试结果输出到指定位置。

单元的输出不一定是返回值。例如，如果单元的实现是为了改变某些全局变量，从而影响软件的其他部分，那么在验证期望结果时需要验证全局变量是否和期望值一致。如果单元实现的功能是向其他单元发送消息，那么在进行单元测试时需要在驱动单元中创建方法，用来接收被测单元发送的消息。单元输出的也可能是文件。单元输出的参数可能是一个或者多个。

如果被测方法为顶层方法，本身已经完成了相应的功能，则不需要设计驱动单元。

在以下代码中，测试方法 add(x,y)。

```
/* 测试用例 CAL_ST_SRS001_001: 输入 x=1，y=1，预期输出 x+y=2 */
/* 驱动方法 */
public void driver()
{
    int sum=0;
    //将测试数据传送给被测方法
```

```
        sum=add(1, 1);
        //将被测方法的执行结果和输入的期望结果进行比较，输出测试结果
        if(2==sum)
            System.out.println("test case CAL_ST_SRS001_001 ok!");
        else
            System.out.println("test case CAL_ST_SRS001_001 fail!");
    }
    /* 被测方法 */
    public int add(int x, int y)
    {
        return x+y;
    }
}
```

在以下代码中，测试方法 abs(x)。

```
/* 测试用例 1：输入 x=1，预期输出 1 */
/* 测试用例 2：输入 x=-1，预期输出 1 */
/* 驱动方法 */
public void driver()
{
    int a = 0;
    // 将测试用例 1 传送给被测方法
    a = abs(1);
    if (1 == a)
        System.out.println("test case001 ok!");
    else
        System.out.println("test case001 fail!");
    // 将测试用例 2 传送给被测方法
    a = abs(-1);
    if (1 == a)
        System.out.println("test case002 ok!");
    else
        System.out.println("test case002 fail!");
}
/* 被测方法 */
public int abs(int x)
{
    if (x < 0) {
        return 0 -x;
    }
    return x;
}
```

2. 桩单元

桩单元的功能是从测试角度模拟被测单元所调用的其他单元。桩单元需要针对不同的输入返回不同的期望值，模拟不同的功能。其类型为自定义方法、系统方法。

桩单元模拟的单元可能是自定义方法。这些自定义方法或者尚未编写完成，为了测试被测单元，需要构造桩单元来代替它们；或者存在错误，会影响测试结果，给分析被测单元造成困难，因此需要构造正确无误的桩单元来达到隔离的目的。

例如，方法 methodA(x,y) 的流程图如图 10-6 所示。

methodA 调用了方法 add(x,y)，测试 methodA 时为了排除 add(x,y) 引入的错误，需要构造一个毫无错误的桩方法来代替被调用的 add(x,y) 方法。

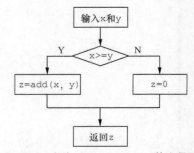

图 10-6　方法 methodA(x,y) 的流程图

```
/* 被测方法 methodA */
public int methodA(int x, int y)
{
    int z = 0;
    if (x >= y)
        // 用桩方法代替调用的 add(x,y)
        z = stubAdd(x, y);
    else
        z = 0;
    return z;
}
/* 模拟 add() 方法的桩方法 */
public int stubAdd(int a, int b) {
    if ((a == 1) && (b == 1))
        return 2;
    if ((a == 2) && (b == -1))
        return 1;
    if ((a == 3) && (b == 0))
        return 3;
    // ...
    return 0;
}
```

例如，方法 methodB(x) 的流程图如图 10-7 所示。

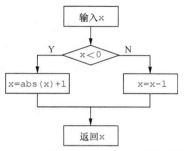

图 10-7　方法 methodB (x) 的流程图

```
/* 测试用例 1: 输入 x=1, 预期输出 0 */
/* 测试用例 2: 输入 x=-1, 预期输出 2 */
/* 驱动方法 */
public void driver()
{
    int a = 0;
    a = methodA(1);
    if (0 == a)
        System.out.println("test case001 ok!");
    else
        System.out.println("test case001 fail!");
    a = methodA(-1);
    if (2 == a)
        System.out.println("test case002 ok!");
    else
        System.out.println("test case002 fail!");
}
/* 被测方法 FuncB */
public int methodA(int x)
{
    if (x < 0)
        x = stubAbs(x) + 1;
    else
        x = x -1;
    return x;
}
/* 模拟 abs(x) 方法的桩方法 */
public int stubAbs(int x)
{
    if (x == 1)
        return 1;
    if (x == -1)
        return 1;
    return 999;
}
```

另外，桩单元也可以用来代替被调用的系统方法。如果被测方法为底层方法，则不需要设计桩单元。

10.2.2　单元测试的策略

一般的单元测试策略有 3 种，分别是孤立的单元测试（isolation unit testing）策略、自顶向下的单元测试（top down unit testing）策略和自底向上的单元测试（bottom up unit testing）策略。需要注意的是，在集成测试中也有自顶向下和自底向上的测试策略，这些在第 11 章中会介绍，而单元测试策略与集成测试策略的不同在于测试的对象不同。下面对 3 种单元测试策略分别进行讲述。

1. 孤立的单元测试策略

- **实现方法**：不考虑每个模块与其他模块之间的关系，为每个模块设计桩模块和驱动模块。对每个模块进行独立的单元测试，如图 10-8（a）～（g）所示。
- **优点**：简单、容易操作，可以达到高的结构覆盖率，属于纯粹的单元测试。
- **缺点**：实现桩方法和驱动方法的工作量很大，效率低。

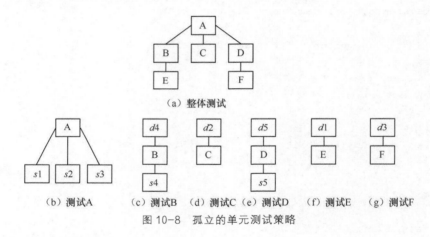

图 10-8　孤立的单元测试策略

例如，有如下 3 个方法。

- 方法 A：方法 int ctr(int x,int y)，对应的伪代码如下。

```
if (x 不小于 y) result=add(x, y);
else result=sub(x,y);
return result;
```

- 方法 B：方法 int add(int x,int y)，返回 x 和 y 的和。
- 方法 C：方法 int sub(int x,int y)，返回 x 和 y 的差。

接下来，采用孤立的测试策略对 3 个方法进行测试。

为了测试方法 A，构造驱动方法 adriveCtr()，构造桩方法 stubAdd() 和 stubSub()，分别代替被调用的 B 和 C。

```java
/* 驱动方法 */
public void adriveCtr()
{
    int result = 0;
    result = ctr(3,2);
    if (result == 5)
        System.out.println("test + case ok");
    else
        System.out.println("test + case fail");
    result = ctr(3,4);
    if (result == -1)
        System.out.println("test -case ok");
    else
        System.out.println("test -case fail");
}
/* 被测方法 */
public int ctr(int x,int y)
{
    if (x >= y)
        return (stubAdd(x,y));
    else
        return (stubSub(x,y));
}
/* 桩方法 */
public int stubAdd(int x,int y)
{
    if (x == 3 && y == 2)
        return 5;
    if (x == 3 && y == 4)
        return 7;
    return 9999;
}
/* 桩方法 */
public int stubSub(int x,int y)
{
    if (x == 3 && y == 4)
        return -1;
    if (x == 3 && y == 2)
        return 1;
    return 9999;
}
```

为了测试方法 B，构造驱动方法 bdriveAdd()。因为 B 没有调用其他单元，所以不需要桩方法。

```
/*驱动方法*/
public void bdriveAdd()
{
    int result = add(3,2);
    if (result == 5)
        System.out.println("Test case of B is ok");
    else
        System.out.println("Test case of B is fail");
}
/*被测方法*/
public int add(int x,int y)
{
    return x + y;
}
```

为了测试方法 C，构造驱动方法 cdriveSub()。因为 C 没有调用其他单元，所以不需要桩方法。

```
/* 驱动方法 */
public void cdriveSub()
{
    int result = sub(3,4);
    if (result == -1)
        System.out.println("Test case of C is ok");
    else
        System.out.println("Test case of C is fail");
}
/* 被测方法 */
public int sub(int x,int y) {
    return x -y;
}
```

2. 自顶向下的单元测试策略

● **实现方法**：首先对最顶层的单元进行测试，把顶层所调用的单元设计成桩模块，然后对第二层进行测试，使用上面已测试的单元作为驱动模块，以此类推，直到测试完所有模块，如图 10-9（a）～（f）所示。

- **优点**：可以降低开发驱动方法的工作量，测试效率较高。
- **缺点**：随着被测单元一个一个地加入，测试过程将变得越来越复杂，并且开发和维护的成本将增加。

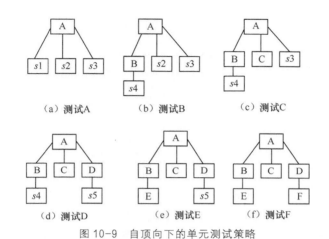

图 10-9　自顶向下的单元测试策略

接下来，对上述案例中的 A、B、C 方法采用自顶向下的单元策略测试。

为了测试方法 A，使用驱动方法和桩方法，同孤立的单元测试策略。

为了测试方法 B，使用已测试的方法 A 作为驱动方法，通过执行 A 方法调用 B 方法，用桩方法 stubSub() 代替被调用的 C 方法。

```
/* 驱动方法 */
public void driverAdd()
{
    ctr(3,2);
}
public void ctr(int x,int y)
{
    int result = 0;
    if (x >= y)
    {
        result = add(x,y);
        if (result == 5)
            System.out.println("test + case ok");
        else
            System.out.println("test + case fail");
```

```
    } else
        stubSub(x,y);
}


/* 桩方法 */
public int stubSub(int x,int y)
{
    if (x == 3 && y == 2)
        return 1;
    return 0;
}
/* 被测方法 */
public int add(int x,int y)
{
    return x + y;
}
```

为了测试方法 C, 使用已测试的方法 A 作为驱动方法, 通过执行 A 方法调用 C 方法, 直接使用 B 方法。

```
/* 驱动方法 */
public void driverSub()
{
    ctr(3,4);
}


public void ctr(int x,int y)
{
    int result = 0;
    if (x >= y)
    {
        add(x,y);
    } else
    {
        result = sub(x,y);
        if (result == -1)
            System.out.println("test -case ok");
        else
            System.out.println("test -case fail");
    }
```

```
}
/* 被测方法 */
public int sub(int x,int y)
{
    return x -y;
}
public int add(int x,int y)
{
    return x + y;
}
```

3. 自底向上的单元测试策略

- **实现方法**：先对模块调用层次图上最低层的模块进行单元测试，把模拟调用该模块的模块设计为驱动模块，然后对上面一层做单元测试，用下面已测试过的模块作为桩模块，以此类推，直到测试完所有模块，如图 10-10（a）～（f）所示。

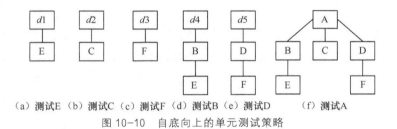

（a）测试E （b）测试C （c）测试F （d）测试B （e）测试D　（f）测试A

图 10-10　自底向上的单元测试策略

- **优点**：可以降低开发桩方法的工作量，测试效率较高。
- **缺点**：不是纯粹的单元测试，底层方法的测试质量对上层方法的测试将产生很大的影响。

接下来，对上例中的 A、B、C 方法采用自底向上的单元策略测试。

为了测试方法 A，构造驱动方法，同孤立的单元测试策略，直接调用 B、C（作为桩单元），无须另外开发。

为了测试方法 B，构造驱动方法，同孤立的单元测试策略。

为了测试方法 C，构造驱动方法，同孤立的单元测试策略。

综上所述，自顶向下和自底向上的单元测试策略综合了集成的概念，随着单元测试的进行，可以看到系统初步集成的概貌，但是覆盖率会越来越难以保证，并且在每个单元测试之前必须保证相关单元的正确性。孤立的测试策略比较独立，覆盖率容易保证，并且可以并行进行，但工作量最大，一般采用混合方法比较好。

10.2.3　单元测试过程

要做好单元测试，仅仅掌握单元测试的方法是不够的，还需要规范的单元测试过程。单元测试过程分为计划、设计、实现、执行这 4 个阶段。各阶段的主要活动如下。

- 单元测试计划阶段：完成单元测试计划。在单元测试计划阶段，不仅应当考虑整个单元测试过程的时间表、工作量、任务的划分情况、人员和资源的安排情况、需要的测试工具和测试方法、单元测试结束的标准及验收的标准等，还应当考虑可能存在的风险，以及针对这些风险的具体处理办法，并输出"单元测试计划"文档，作为整个单元测试过程的指导。
- 单元测试设计阶段：完成单元测试方案。在单元测试设计阶段，需要具体考虑对哪些单元进行测试，被测单元之间的关系及同其他模块中单元的关系，具体测试的策略采用哪一种，如何进行单元测试用例的设计，如何进行单元测试代码的设计，采用何种工具等，并输出"单元测试方案"文档，用来指导具体的单元测试操作。
- 单元测试实现阶段：完成单元测试用例、单元测试规程、单元测试脚本及数据文件。在单元测试实现阶段，需要完成单元测试用例的设计、脚本的编写，测试驱动模块的编写，测试桩模块的编写工作，输出"单元测试用例"文档、相关测试代码。
- 单元测试执行阶段：执行单元测试用例，修改发现的问题并进行回归测试，提交单元测试报告。单元测试执行阶段的主要工作是搭建单元测试环境，执行测试脚本，记录测试结果。如果发现错误，开发人员需要负责错误的修改，同时进行回归测试，在该阶段结束时需要提交"单元测试报告"文档。

单元测试过程可根据实际情况进行适当裁减。单元测试过程的 4 个阶段与软件开发阶段的关系如图 10-11 所示。

1.　单元测试计划阶段

- **入口准则**：详细设计已经完成，并且成立了详细设计基线。
- **输入**：软件测试计划、详细设计说明书。
- **输出**：单元测试计划。
- **出口准则**：单元测试计划已评审并通过。

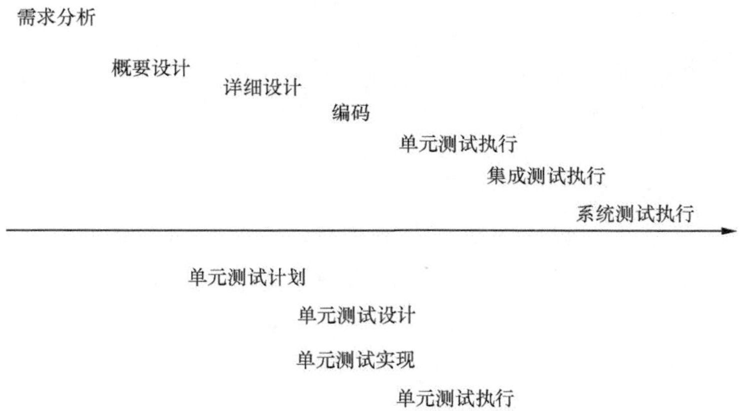

需求分析

　　概要设计

　　　　详细设计

　　　　　　编码

　　　　　　　单元测试执行

　　　　　　　　　集成测试执行

　　　　　　　　　　　　系统测试执行

　　　单元测试计划

　　　　　单元测试设计

　　　　　单元测试实现

　　　　　　　单元测试执行

图 10-11　单元测试过程的 4 个阶段与软件开发阶段的关系

2. 单元测试设计阶段

- **入口准则**：单元测试计划已评审并通过。
- **输入**：单元测试计划、详细设计说明书。
- **输出**：单元测试方案。
- **出口准则**：单元测试方案已评审并通过。

3. 单元测试实现阶段

- **入口准则**：单元测试方案已评审并通过。
- **输入**：单元测试计划、单元测试方案、详细设计说明书。
- **输出**：单元测试用例、单元测试规程。
- **出口准则**：单元测试用例、单元测试规程已评审并通过。

4. 单元测试执行阶段

- **入口准则**：单元测试用例、单元测试规程、单元测试脚本、单元测试数据文件已评审并通过，代码经过静态评审。
- **输入**：单元测试计划、单元测试方案、单元测试用例、单元测试规程。
- **输出**：单元测试报告、缺陷报告。
- **出口准则**：单元测试报告已评审并通过。

为了保证单元测试中工作产品的准确性，需要对测试代码和脚本进行走读或检视，对测试文档进行评审。这些工作产品应该纳入配置管理，对于工作产品的修改要走配置变更流程，并及时发布其配置状态，这样可以保持单元测试中工作产品的一致性和可回溯性。

10.3　单元测试的原则

单元测试的原则如下。

- 对全新的代码或修改过的代码进行单元测试。
- 单元测试根据单元测试计划和方案进行，排除测试的随意性。
- 必须保证单元测试计划、单元测试方案、单元测试用例等经过评审。
- 当测试用例的执行结果与预期结果不一致时，单元测试的执行人员要如实记录实际的测试结果。
- 只有达到测试计划中的结束标准时，单元测试才能结束。
- 被测试单元需达到一定的代码覆盖率要求。

单元测试是软件开发过程中非常重要的质量保证手段，加强单元测试对提高软件质量具有非常重要的意义。而做好单元测试不是只要掌握单元测试方法就可以了，这需要从组织结构、流程和技能 3 个方面来保证。

10.3.1　从组织结构上保证测试人员参与单元测试

目前无论是工业界还是学术界都认为单元测试应该由开发人员开展，这是因为从单元测试的过程看，单元测试普遍采用白盒测试方法，离不开深入了解被测对象的代码，同时还需要构造驱动模块、桩函数，因此开展单元测试需要大量的开发知识。从人员的知识结构、对代码的熟悉程度考虑，开发人员具有一定的优势。

单元测试由开发人员进行能带来一些特别的收益。在实践中，若由开发人员进行单元测试，一般推荐采用交叉测试方法，如由被测单元的调用方进行该单元的测试，即尽量避免对自己的代码进行单元测试。这种交叉测试一方面可以避免测试受开发思路影响太大，局限于原来的思路，不容易发现开发过程中出现的问题；另一方面可以达到技术备份或充分交流的目的，这对组织非常有利。即使不采用交叉测试方法，而安排单元的开发者自行开展单元测试，也是有很大的优越性的，其优点是快速，且能更好地"预防错误"。在人员紧张的情况下，这种自行测试的安排也是不错的选择。

从经验值来看，单元测试的投入和编码的投入基本上是 1∶1，如果由专职测试队伍来进行单元测试，维持这样庞大的单一任务队伍显然是不合适的。

以上介绍的是由开发人员进行单元测试的优点，其中主要是从单元测试的效率角度来考虑的。但是从单元测试效果的角度考虑，必须从组织结构上保证测试人员参与单元测试，原因如下。

首先，从目前企业的普遍现状来看，测试人员的质量意识要高于开发人员，测试人员参与单元测试能够提高测试质量。

其次，对被测系统越了解，测试可能越深入。测试人员参与单元测试，将使测试人员能够从代码级熟悉被测系统，这对测试人员后期的集成测试和系统测试活动非常有帮助，会大幅度提升集成测试和系统测试的质量。

测试人员以何种方式参与单元测试，应该结合软件组织的实际情况来定。如果软件组织中的测试资源充分，测试人员相对于开发人员的比例较高，那么可以由测试人员独立承担部分重要模块的单元测试工作；如果测试资源不足，测试人员相对于开发人员的比例较低，那么可以由测试人员进行单元测试计划、单元测试设计的工作，而单元测试的实现和执行由开发人员来完成；如果测试资源非常缺乏，连单元测试计划、单元测试设计都无法承担，那么测试人员至少应该参与相关单元测试文档、单元测试报告的评审，保证单元测试的质量。

10.3.2　加强单元测试流程的规范性

1.　定义单元测试过程

软件质量的提高需要规范的流程，对软件开发过程进行管理也需要依据规范的过程定义。过程定义包含阶段的划分、阶段的入口/出口准则、阶段的输入/输出、角色和职责、模板和查检表等。将单元测试划分为几个阶段便于对单元测试过程进行控制，体现软件测试的可控性。要提高单元测试的质量，首先要确定规范的单元测试过程，开发组、测试组、配置管理组、软件质量保证组等可以依据单元测试过程的定义开展各自的工作，共同保证单元测试的质量。

单元测试过程的定义需要参照企业的实际情况，如阶段可以划分为 4 个阶段——计划、设计、实现、执行。

具体定义单元测试过程时，可以对过程进行一定的裁减，如可以裁减为设计和执行两个阶段，将"单元测试方案"和"单元测试用例"合并。

2.　单元测试中的工作产品必须纳入配置管理

单元测试中的工作产品指单元测试完成后应交付的测试文档、测试代码及测试工具等，一般包括但不限于如下工作产品，可以根据实际情况进行适当裁减。

- 单元测试计划。
- 单元测试方案。

- 单元测试用例。
- 单元测试规程。
- 单元测试日报。
- 单元测试问题单。
- 单元测试报告。
- 单元测试输入及输出数据。
- 单元测试工具。
- 单元测试代码及设计文档。

为了保证单元测试中工作产品的准确性，需要对测试代码和脚本进行走读或检视，对测试文档进行评审。这些工作产品应该纳入配置管理，对于工作产品的修改要走配置变更流程，并及时发布其配置状态，这样可以保持单元测试中工作产品的一致性和可回溯性。

3. 必须制定覆盖率指标与质量目标来指导和验收单元测试

对于单元测试，必须制定一定的覆盖率指标和质量目标，来指导单元测试的设计和执行，同时作为单元测试验收的标准。在设计用例时，可针对要达到的覆盖率指标来考虑设计方案；而在执行测试时，可以依据覆盖率分析工具分析测试是否达到了覆盖率指标，如果没达到，需要分析哪些部分没有覆盖到，从而补充用例来达到覆盖率指标。而单元测试质量目标的制定需要符合软件企业的实际过程能力，这依赖于软件企业以前单元测试过程中度量数据的积累，不能凭空制造出来。有了以前度量数据的积累，完全可以了解当前组织的单元测试能力，如单元测试中每千行代码发现的缺陷数是多少。如果单元测试统计结果没有达到这个质量目标，说明单元测试过程中某些方面存在一些问题，需要对过程进行审查，找出原因，进行改进。

这些指标确定下来后，一定要严格推行。一些测试人员会找出各种理由来证明覆盖率指标达不到等，这需要质量保证人员根据实际情况分析指标是否合理。实际上，有一个相对简单的标准比没有标准要好得多，通过推行硬性指标，在单元测试中发现的问题数目比没有标准前至少增加了两倍。

表 10-1 所示为印度 Sasken 公司的质量目标。

表 10-1 印度 Sasken 公司的质量目标

阶段	组织目标	目标上限	目标下限
概要设计	50 个主要缺陷/100 页	55 个主要缺陷/100 页	45 个主要缺陷/100 页
详细设计	40 个主要缺陷/100 页	44 个主要缺陷/100 页	36 个主要缺陷/100 页

续表

阶段	组织目标	目标上限	目标下限
单元测试计划	25 个主要缺陷/100 页	27.5 个主要缺陷/100 页	22.5 个主要缺陷/100 页
代码走读	20 个主要缺陷/KLOC	22 个主要缺陷/KLOC	18 个主要缺陷/KLOC
单元测试	15 个主要缺陷/KLOC	16.5 个主要缺陷/KLOC	13.5 个主要缺陷/KLOC
集成测试	6 个主要缺陷/KLOC	6.6 个主要缺陷/KLOC	5.4 个主要缺陷/KLOC

4. 加强详细设计文档的评审

详细设计是单元测试的主要输入,详细设计文档的质量将直接影响单元测试的质量,所以一定要加强详细设计文档的评审,特别是要写相关测试方案和进行测试用例设计的人员一定要从写测试用例的角度看详细设计文档是否符合要求,否则后期进行单元测试设计时会发现无法依据详细设计文档进行单元测试设计。软件组织可以将详细设计文档评审的要点以检查表的形式固化下来,这样在评审详细设计文档时可以依据检查表逐项检查,既提高了评审效率,也能保证评审效果。评审流程需要确定如果不满足检查表中 $n\%$ 以上的条件,被评审的详细设计文档就不能通过,需要重新设计。

通常详细设计文档有两种形式,一种是流程图的形式,另一种是伪代码的形式。用流程图表达的优点是直观,利于设计单元测试用例;缺点是描述性比较差,文档写作麻烦,不利于文档的变更和修改。采用伪代码的方式可能正好相反,优点是文档变更、修改简单,可以方便地在任何地方增加文字说明,而且翻译成代码更加便捷;缺点是不直观,不利于进行单元测试用例设计。

详细设计和单元测试设计一定要分离。如果单元测试由测试人员承担,这一点不会有什么问题;如果单元测试由开发人员承担,那么实际操作中可以让项目组内做相同或者相近任务的成员相互交换,根据一方的详细设计文档设计另一方的单元测试。这样在单元测试开始之前的详细设计文档评审阶段就要考虑到后面的分工,安排相关的单元测试设计人员参与相关详细设计文档的评审。

如果代码没有经过评审后的详细设计文档,建议不进行单元测试,而用代码审查替代单元测试。

在编码的过程中,开发人员可能会发现详细设计中的问题,并对代码进行修改,这种修改应该回溯到详细设计文档,并对详细设计文档进行相应的修改,否则到单元测试执行时,会发现代码和详细设计文档根本对不上,无法执行。详细设计的修改要受控制,要走变更控制流程,它的变更也要经过评审。因为单元测试是详细设计的下游活动,如果详细设计随意更改，那么单元测试文档很难和详细设计保持一致，这样单元测试也就失去了依据和意义。只有把详细设计也纳入配置管理，才能保证单元测试和详细设计的一致性。

10.3.3 提高单元测试人员的技能

1. 加强对单元测试人员的技能培训

单元测试的质量很大程度上取决于进行单元测试的人员的技术水平。如果测试人员不具备单元测试的知识，那么应该对测试人员进行相关的培训。如果一个没有做过单元测试的人不经过培训，初次是很难做好单元测试的。单元测试在详细设计阶段结束后开始，但是单元测试的相关培训应该尽早准备和计划。培训可以分两个阶段，每个阶段的内容类似。第一阶段是写单元测试方案前，培训对象为测试方案的编写者和详细设计的编写者，这样可以在设计时多考虑可测试性，培训的内容为单元测试的基本概念、单元测试的分析方法、单元测试用例的写作、单元测试标准的明确。第二阶段为单元测试执行前，对象为测试执行者，培训内容为具体单元测试的执行，包括驱动方法、桩方法的构造，覆盖率测试工具（TrueCoverage、Logiscope 等）的使用，利用测试框架、CppUnit、JUnit 等自动进行测试。培训过程中最好穿插实例，以增强理解。

通过以上的系统培训，可以统一单元测试方法，明确单元测试的标准，掌握单元测试基本技能，为后期单元测试的顺利开展扫清障碍。

2. 必须引入辅助工具

单元测试非常需要工具的帮助，特别是覆盖率工具不能缺少，否则用例执行后无法判断测试质量，如语句覆盖率、路径覆盖率等情况，也就无法对被测对象进行进一步的分析。应用较广的覆盖率分析工具有 Logiscope、TrueCoverage、PureCoverage 等，它们的功能有强有弱，可以根据实际情况采用。

为了提高单元测试的效率，特别是提高进行回归测试时效率，需要在单元测试中引入自动化。目前常用的方法是采用工具命令语言（Tool Command Language，TCL）编写扩展指令，构造自己的单元测试自动化；也可以直接采用开源的自动化测试框架，如 CppUnit、JUnit 等。

此外，在单元测试之前，还需要利用代码检查工具对被测代码进行检查，排除代码中的语法错误，确保进行单元测试的代码已经满足了基本的质量要求，保证单元测试能够顺利进行，提高单元测试执行效率。

3. 单元测试人员应加强对被测软件的全面了解

除了要发现编码中引入的错误和发现代码与详细设计不一致的地方之外，单元测试还要保证详细设计的质量。因为测试分析和测试用例设计需要依据详细设计来进行，这个过程实际上是对详细设计的重新检视，在这个过程中会发现以前评审中没有发现的问题。

无论是在单元测试的设计活动中还是在单元测试的执行过程中，都需要测试人员了解软件的需求和概要，加强对被测软件的全面了解；如果对被测对象了解不深，只能依据被测单元的流程而测试流程，至于该流程是否正确就无法保证了。

测试人员要注重与开发人员的交流，这样能对被测单元有更深的了解。同时，出于进度的原因，包括详细设计说明书在内的文档往往来不及更新，所以最新、最正确的想法往往存在于开发人员的脑袋里，及时与他们交流才会获得最新的信息，减少将来更新用例的工作量。

10.4 单元测试工具

可用于单元测试的常见工具如下。

- **代码静态分析工具**：主要进行静态结构分析与质量度量，如 Logiscope（瑞典 Telelogic 公司开发），McCabe QA（用于复杂度分析和基本路径分析，美国 McCabe & Association 公司开发），CodeTest（AMC 公司开发）等。
- **代码检查工具**：有 PC-LINT、CodeChk、Logiscope 等，代码检查属于在语法规则之上的一种加强检查，相当于更严格的编译器。
- **测试脚本工具**：有 TCL、Python、Perl 等。
- **覆盖率检测工具**：有 Logiscope、PureCoverage、TrueCoverage、McCabe Test、CodeTest 等。
- **内存检测工具**：有 Purify（用于检查内存泄露，Rational 公司开发），BoundsCheck（用于内存越界检查，Compuware 公司开发），以及 CodeTest 等。
- **专为单元测试设计的工具**：有 RTRT（Rational 公司开发）、Cantata、AdaTest 等。

第 11 章　集 成 测 试

现在比较热门的接口测试本质上就是集成测试，只不过是跨系统的集成。集成测试重点检查的是接口的正确性。

11.1　什么是集成测试

集成测试也称组装测试、联合测试、子系统测试或部件测试。在单元测试的基础上，将所有模块按照概要设计要求（如根据结构）组装成子系统或系统之后，才能进行集成测试。也就是说，在集成测试之前，单元测试已经完成，并且集成测试所使用的对象应当是已经经过单元测试的单元。如果不经过单元测试，那么集成测试的效果将受到影响，并且成本会更高。如前所述，单元测试和集成测试所关注的范围是不同的，因此它们在发现的问题集合上包含了不相交的区域，不能使用单元测试来替代集成测试，反之也一样。

11.1.1　集成测试与系统测试的区别

系统测试所测试的对象是整个系统及与系统交互的硬件和软件平台。系统测试主要从用户的角度对系统做功能性的验证，同时还对系统进行一些非功能性的验证，包括性能测试、压力测试、容量测试、安全性测试、恢复性测试等。系统测试的依据是用户的需求说明书和行业中已形成的标准。

集成测试所测试的对象是模块间的接口，其目的是找出在模块接口（包括整体体系结构）上的问题。集成测试的依据是系统的高层设计（构架设计）。

11.1.2　集成测试关注的重点

实践表明，一些模块虽然能够单独工作，但并不能保证模块连接之后也能正常工作。

程序在某些局部反映不出来的问题，在全局上很可能暴露出来，影响功能的实现。因此，集成测试应当考虑以下问题。

- 在把各个模块连接起来时，穿越模块接口的数据是否会丢失？
- 各个子功能组合起来，能否达到预期要求的父功能？
- 一个模块的功能是否会对另一个模块的功能产生不利的影响？
- 全局数据结构是否有问题？会不会被异常修改？
- 单个模块的误差积累起来是否会放大，从而达到不可接受的程度？

因此，单元测试后，有必要进行集成测试，发现并排除在模块连接中可能发生的上述问题，最终构成满足要求的软件子系统或系统。

11.1.3 集成测试和开发的关系

集成测试与软件开发的概要设计阶段相对应，软件概要设计中关于整个系统的体系结构是集成测试的输入基础。体系结构是把一个大的系统分成可以管理的和可实现的组件或子系统的结构。Booch 认为集成是面向对象开发中最关键的活动。其实即使在结构化设计中，集成也是同样重要的。

集成测试与构架设计之间具有相互的依赖性，如果构架的设计不明确，集成测试的设计将无法很好地完成。同样，集成测试可以用来发现构架设计中的错误、遗漏和二义性问题，包括前期的验证活动和后期的确认测试中的问题。

11.1.4 集成测试的层次

产品的开发过程是一个分层设计和逐步细化的过程，从最初的产品逐步细化到最小的单元。该层次大致可以通过图 11-1～图 11-3 表示出来。

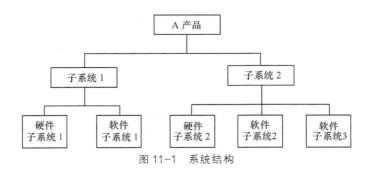

图 11-1 系统结构

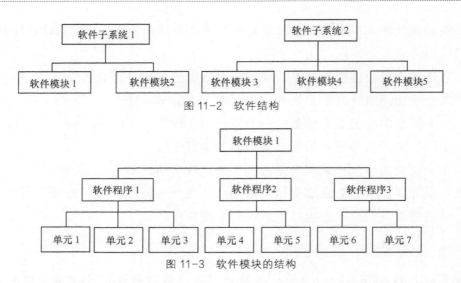

图 11-2　软件结构

图 11-3　软件模块的结构

　　一般单元级测试针对该体系结构最底层的叶子节点，而系统测试是产品级的测试，而当中各层测试都需要通过集成测试来完成。由于集成的力度不同，一般可以把集成测试划分成 3 个级别。

- 模块内集成测试。
- 子系统内集成测试。
- 子系统间集成测试。

11.2　集成测试的策略

　　集成测试的策略就是在分析测试对象的基础上，描述软件模块集成（组装）的方法。集成测试的基本策略比较多，分类比较杂，Mayer 分析、比较了大爆炸集成（big bang integration）、自顶向下的集成（top-down integration）、自底向上的集成（bottom-up integration）和三明治集成（sandwich integration）的异同。Beizer 提出了基干集成（backbone integration）。Jacoboson 提出了关于面向对象系统中集成的策略。

11.2.1　大爆炸集成

　　大爆炸集成的目的是在最短的时间内把系统组装出来，并且通过最少的测试来验证整个系统。

　　大爆炸集成属于非增值式集成（non-incremental integration）方法，也称一次性组装或整体拼装。大爆炸集成把所有系统组件一次性集合到被测系统中，不考虑组件之间的相互依赖性或者可能存在的风险。应用一个系统范围内的测试包来证明系统最低限度的可操作性。

在大爆炸集成中，首先对每个模块分别进行单元测试，然后把所有单元组装在一起进行测试，最终得到要求的软件系统。图 11-4（a）表示一个系统结构，其单元测试和组装顺序分别如图 11-4（b）和（c）所示。

（a）系统结构　　　　　（b）单元测试　　　　　（c）组装顺序

图 11-4　一次性组装

在图 11-4 中，模块 $d1$、$d2$、$d3$、$d4$、$d5$ 是对各个模块做单元测试时建立的驱动模块，$s1$、$s2$、$s3$、$s4$、$s5$ 是为单元测试而建立的桩模块。

大爆炸集成的优点如下。

- 在有利的情况下，可以迅速完成集成测试，并且只要极少数的驱动和桩模块设计（如果需要）。
- 需要的测试用例是最少的。
- 该方法比较简单。
- 多个测试人员可以并行工作，对人力、物力资源的利用率较高。

大爆炸集成的缺点如下。

- 这种一次性组装方式试图使用辅助模块，在模块单元测试的基础上，将所测模块连接起来进行测试。但是由于模块间接口、全局数据结构等方面的问题，因此试运行一次就成功的可能性并不很大。
- 在发现错误的时候，定位和修改问题都比较困难。
- 即使被测系统能够一次性集成，许多接口错误也很容易躲过集成测试而进入系统测试内。

我们一般不推荐单独使用大爆炸集成方法。

大爆炸集成的使用范围如下。

- 维护型项目（或功能增强型项目），其以前的产品已经很稳定，并且新增的项目中只增加或修改了少数几个组件。
- 被测系统比较小，并且它的每个组件都经过了充分的单元测试。

- 产品使用了严格的净室软件工程过程，并且每个开发阶段的工作产品质量和单元测试质量都相当高。

11.2.2 自顶向下的集成

自顶向下的集成的目的是从顶层控制开始，采用同设计顺序一样的思路对被测系统进行测试，以验证系统的接口稳定性。

自顶向下的集成采用了和设计一样的顺序对系统进行测试，它在第一时间对系统的控制接口进行了验证。假定你正使用一个迭代式或增量式的方法开发一个系统，该系统中控制结构的模型与树一样，其中顶层的组件负责控制，采用自顶向下的集成方法首先测试顶层的组件，然后逐步测试底层的组件。自顶向下的集成可以采用深度优先（depth-first）策略和广度优先（breadth-first）策略。

这里使用图 11-4（a）所示模型来描述该方法的具体策略。

（1）以主模块为所测模块兼驱动模块，所有属于主模块的下属模块用桩模块替换，对主模块进行测试。

（2）采用深度优先（见图 11-5）或广度优先（见图 11-6）策略，用实际模块替换相应桩模块，再用桩模块代替它们的直接下属模块，与已测试的模块或子系统组装成新的子系统。

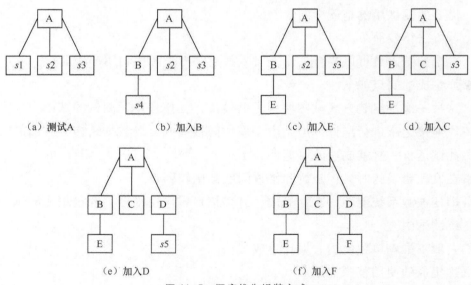

图 11-5 深度优先组装方式

（3）进行回归测试（重新执行以前做过的全部测试或部分测试），排除组装过程中引起错误的可能性。

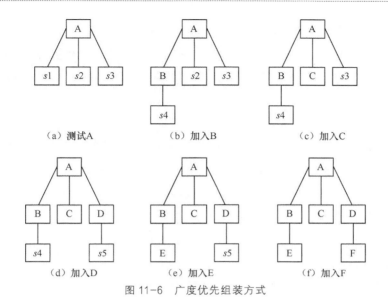

图 11-6　广度优先组装方式

（4）判断是否所有的模块都已组装到系统中。如果已组装到系统中，则结束测试；否则，执行步骤（2）。

图 11-5 和图 11-6 中，s1、s2、s3、s4、s5 代表桩模块，集成顺序为自左到右、由上到下。

自顶向下的集成的优点如下。

- 在测试过程中较早地验证了主要的控制点和判断点。在一个功能划分合理的程序模块结构中，判断常常出现在较高的层次里，因而较早就能遇到。如果主要有控制问题，尽早发现这类问题能够减少以后的返工，所以这是十分必要的。
- 如果选用深度优先组装方式，可以首先实现和验证一个软件完整的功能，可先对逻辑输入分支进行组装和测试，检查并避免潜藏的错误和缺陷，验证其功能的正确性，为以后对主要分支的组装和测试提供了保证。
- 不仅功能可行性较早得到证实，还能够给开发者和用户带来成功的信心。
- 最多只需要一个驱动模块（顶层组件的驱动器），减少了驱动器开发的费用。特定组件的驱动器一般使用难以编码的测试用例，并且与组件的接口高度耦合，这种设置限制了驱动器和测试包的复用。而采用自顶向下的策略，最多只需要维护一个顶层模块的驱动器，尽管也会遇到不可复用的问题，但维护工作量将小很多。
- 由于和设计顺序的一致性，因此可以和设计并行进行。如果目标环境可能存在改变，该方法可以比较灵活地适应。

- 支持故障隔离。例如，假设 A 模块的测试正确执行，但是加入 B 模块后，测试执行失败，那么可以确定，要么 B 模块有问题，要么 A 模块和 B 模块的接口有错误。

自顶向下的集成的缺点如下。

- 桩的开发和维护成本较高。因为在每个测试中都必须提供桩，并且随着测试配置中使用的桩的数目增加，所以维护桩的成本将急剧上升。
- 底层组件中一个无法预计的需求可能会导致许多顶层组件的修改，这破坏了先前构造的部分测试包。
- 推迟了底层组件行为的验证，同时为了能够有效地进行测试，需要控制模块具有比较高的可测试性。
- 随着底层模块的不断增加，整个系统越来越复杂，导致底层模块的测试不充分，尤其是那些重用的模块。

自顶向下的集成方法适用于大部分采用结构化编程方法的软件产品，且产品的结构相对比较简单。一般对于大型复杂的项目往往会综合采用多种集成测试方法。对于具有如下属性的产品，可以优先考虑自顶向下的集成测试策略。

- 控制结构比较清晰和稳定。
- 高层接口变化比较小。
- 底层接口未定义或经常可能被修改。
- 控制模块具有较大的技术风险，需要尽早验证。
- 希望能够尽早看到产品的系统功能行为。

另外，在极限编程（extreme programming）中使用探索式开发风格时，也可以采用自顶向下的集成测试策略。

11.2.3 自底向上的集成

自底向上的集成的目的是从具有最小依赖性的底层组件开始，按照依赖关系树的结构，逐层向上集成，以检测整个系统的稳定性。

自底向上的集成中，从程序模块结构中最底层的模块开始组装和测试。因为模块是自底向上进行组装的，对于一个给定层次的模块，它的子模块（包括子模块的所有下属模块）已经组装并测试完成，所以不再需要桩模块。在模块的测试过程中，需要从子模块得到的信息可以通过直接运行子模块得到。

　　自底向上的集成的步骤如下。

　　（1）从模块依赖关系树中的底层叶子模块开始，可以把两个或多个叶子模块合并到一起进行测试，或者把只有一个子节点的父模块与其子模块结合在一起进行测试。

　　（2）使用驱动模块对步骤（1）中选定的模块（或模块组）进行测试。

　　（3）用实际模块代替驱动模块，与已测试的直属子模块组装成一个更大的模块组进行测试。

　　（4）重复上面的行为，直到系统的顶层模块加入已测系统中。

　　以图 11-4（a）所示模型为例，该集成测试策略如图 11-7（a）～（f）所示。

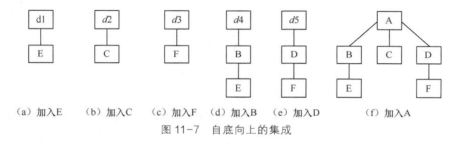

（a）加入E　　（b）加入C　　（c）加入F　（d）加入B　（e）加入D　　　　（f）加入A

图 11-7　自底向上的集成

　　图 11-7 中，d1、d2、d3、d4、d5 代表驱动模块，集成顺序为由左到右。

　　自底向上的集成的优点如下。

- 允许对底层模块行为的早期验证。可以在任何一个叶子节点已经就绪的情况下进行集成测试。
- 在工作的最初可能会并行进行集成，在这一点上比使用自顶向下的集成效率高。
- 由于驱动模块是额外编写的，而不是实际模块，因此对实际被测模块的可测试性要求比自顶向下的集成策略要小得多。
- 减少了开发桩模块的工作量，毕竟在集成测试中，开发桩模块的工作量远比开发驱动模块的工作量大得多。但是为了模拟一些中断或异常，可能还需要设计一定的桩模块。
- 支持故障隔离。

　　自底向上的集成的优点如下。

- 驱动模块的开发工作量庞大（可以通过对已测试组件的复用来降低该成本）。
- 对高层的验证推迟到了最后，设计上的错误不能及时发现，尤其对于那些控制结构在整个体系中非常关键的产品。
- 随着集成到了顶层，整个系统将变得越来越复杂，并且对于底层的一些异常将很难覆盖，而使用桩将简单得多。

自底向上的集成适用于大部分采用结构化编程方法的软件产品中，且产品的结构相对比较简单。一般对于大型复杂的项目往往会综合采用多种集成测试方法。对于具有如下属性的产品，可以优先考虑自底向上的集成测试策略。

- 采用契约式开发（design by contract）。
- 底层接口比较稳定。
- 高层接口变化比较频繁。
- 底层模块较早完成。

11.2.4　三明治集成

三明治集成的目的是综合自顶向下的集成测试策略和自底向上的集成测试策略的优点。

三明治集成有时也称混合式集成。由于自顶向下的集成测试策略和自底向上的集成测试策略都有各自的缺点，因此自然而然地想到综合这两者优点的混合测试策略。三明治集成就是这样一种方法，它把系统划分成 3 层，即顶层、中间层和目标层，中间层为目标层。测试时，对目标层上面的一层使用自顶向下的集成测试策略，对目标层下面的一层使用自底向上的集成测试策略，最后测试在目标层汇合。

使用图 11-4（a）所示模型，其中目标层为 B、C、D。目标层上面一层是 A，下面一层是 E、F。使用三明治集成的具体步骤如下。

（1）对目标层上面的一层使用自顶向下的集成测试策略，因此测试 A，使用桩代替 B、C、D。

（2）对目标层下面的一层使用自底向上的集成测试策略，因此测试 E、F，使用驱动代替 B、D。

（3）把目标层下面的一层与目标层集成，因此测试（B，E）、（D，F），使用驱动代替 A。

（4）把 3 层集成到一起，因此测试（A，B，C，D，E，F）。

三明治集成的步骤如图 11-8 所示。

注意，我们在进行三明治集成时，需要尽可能减少驱动和桩模块的数量。例如，在上面的例子中，我们把目标层下面一层与目标层先集成，而不是把目标层上面一层与目标层先集成，这是因为这样可以减少桩模块的设计。

三明治集成的优点如下。

综合了自顶向下和自底向上的两种集成测试策略的优点。

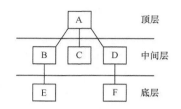

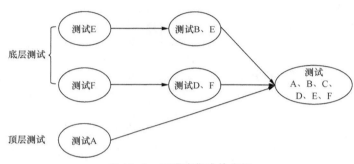

图 11-8　三明治集成的步骤

三明治集成的缺点如下。

- 中间层在集成前测试不充分。

- 三明治集成的使用范围是大部分软件开发项目。

11.2.5　修改过的三明治集成

修改过的三明治集成旨在弥补三明治集成不能充分测试中间层的缺点，尽可能提高测试的并行性。

修改过的三明治集成的具体步骤如下。

（1）并行测试目标层及其上面一层、下面一层。其中对目标层上面一层使用自顶向下的集成测试策略，对目标层下面一层使用自底向上的集成测试策略，对目标层使用独立测试策略（需要驱动和桩）。

（2）并行测试目标层与目标层上面一层的集成以及目标层与目标层下面一层的集成。

修改过的三明治集成的步骤如图 11-9 所示。

修改过的三明治集成的优点如下。

- 具有三明治集成的所有优点，且能对中间层尽早进行比较充分的测试。

- 并行度比较高。

修改过的三明治集成的缺点如下。

中间层如果选取不恰当，则可能会有比较大的驱动模块和桩模块的设计工作量。

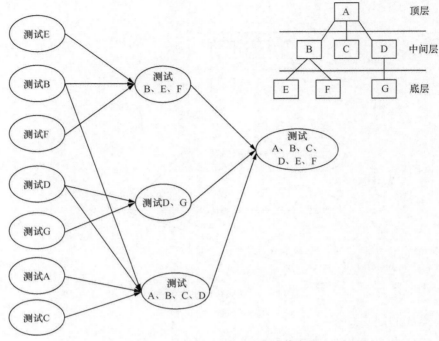

图 11-9　修改过的三明治集成的步骤

修改过的三明治集成的使用范围是大多数软件开发项目。

11.2.6　基干集成

基干集成是由 Beizer 提出来的。基干集成的目的是结合自顶向下、自底向上和大爆炸集成的元素，以验证紧密耦合的子系统间的互操作性。

很多系统（尤其是嵌入式系统）一般可以划分成两个部分——内核部分（基干部分）和外围应用部分，这两部分经常会由不同的项目组并行开发。

基干集成具有如下特点。

- 内核部分提供了系统基本的功能和服务。
- 外围应用以内核为基础，不能脱离内核而独自使用。
- 内核具有很高的耦合性，并且相当复杂，试图设置其桩模块将会相当困难且成本很高。
- 高层控制层可以使用较高层或中间层作为桩来进行测试。
- 中间层由一些模块组构成，这些模块组内具有较高的耦合性，而模块组之间的耦合较松散。

基干集成测试策略首先应识别应用的控制组件部分、基干部分和应用子系统部分。测试的顺序是基于这个分析结果的。集干集成测试的步骤大致如下。

（1）对基干中的每个模块进行单独的、充分的测试，必要时使用驱动器和桩模块。

（2）对基干中所有的模块进行大爆炸集成，形成基干子系统，并使用一个驱动模块检查经过大爆炸集成的基干。

（3）对应用的控制子系统进行自顶向下的集成。

（4）把基干和控制子系统进行集成，重新构造控制子系统。

（5）对各应用子系统采用自底向上的集成测试策略。

（6）集成基干子系统、控制子系统和各应用子系统，形成整个系统。

基干集成具有三明治集成的优点，更适合于大型复杂项目的集成。

基干集成的缺点如下。

● 必须对系统的结构和相互依存性进行仔细的分析。

● 必须开发桩模块和驱动模块，并且由于被测系统的复杂性导致这些模块开发工作量加大，可以通过复用技术在一定程度上降低成本。

● 由于局部采用了大爆炸集成的测试策略，因此有些接口可能测试得不完整。

基干集成策略比较适合大型复杂项目。一般来说，对于具有如下特点的项目，可以优先考虑基干基成策略。

● 具有多层协议的嵌入式系统开发。

● 操作系统产品。

11.2.7　分层集成

分层集成的目的是通过增量式集成的方法验证一个具有层次体系结构的应用系统的稳定性和互操作性。

分层模型在通信系统中是很常见的，分层集成就是针对这个模型使用的一种集成测试策略。系统的层次划分可以通过逻辑的或物理的手段进行。在逻辑上，一般根据功能把系统划分成不同层次的子系统，子系统内部具有较高的耦合性，子系统间具有线性层次关系；在物理上，可以根据单板将其划分为不同的硬件子系统，各硬件子系统之间具有线性层次关系。如果各层之间有拓扑网络关系，则不适合使用该集成方法。

分层集成的具体步骤大致如下。

（1）划分系统的层次。

（2）确定每个层内部的集成测试策略，该策略可以使用大爆炸集成、自顶向下的集成、自底向上的集成和三明治集成中的任何一种。一般对于第 1 层和第 2 层采用自顶向下的集成测试策略，对于第 3 层采用自底向上的集成测试策略，对于第 4 层主要进行单独测试。

（3）确定层之间的集成测试策略，该策略可以使用大爆炸集成、自顶向下的集成、自底向上的集成和三明治集成中的任何一种。

图 11-10 和图 11-11 分别给出了层内的集成与层之间的集成，层之间采用了自顶向下的集成测试策略。

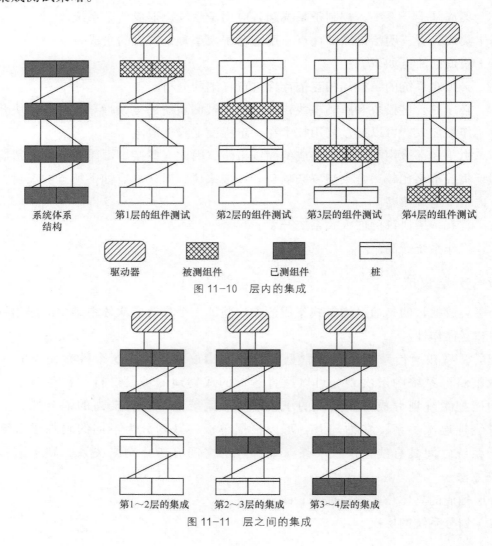

图 11-10　层内的集成

图 11-11　层之间的集成

分层集成的优缺点与其使用的层间集成测试策略类似。

分层集成的使用范围是有明显线性层次关系的产品系统。

11.2.8   基于功能的集成

基于功能的集成（function-based integration）的目的是采用增值的方法，尽早地验证系统关键功能。

在开发过程中，如果能尽早看到系统的主要功能已实现，这对整个团队的士气是一个极大的鼓舞。基于功能的集成是指从功能角度出发，按照功能的关键程度对模块的集成顺序进行组织。

基于功能的集成的大致步骤如下。

（1）确定功能的优先级别。

（2）分析优先级最高的功能路径，把该路径上的所有模块集成到一起，必要时使用驱动模块和桩模块。

（3）增加一个关键功能，继续步骤（2），直到所有模块都集成到被测系统中。

注意，为了提高集成的有效性，在执行步骤（2）时，会优先考虑关键功能的正常路径（尽可能覆盖最少模块集），然后逐步考虑该功能的异常路径，并增加相应的异常处理模块。对于步骤（3），一般在选择下一个关键功能时，需要看该功能的增加会不会引起新模块的加入，如果不会引起新模块的加入，那么可以考虑选择再下一个关键功能，因为这里的测试要覆盖所有的模块，而不是覆盖全部的功能或覆盖全部的路径。

基于功能的集成的优点如下。

- 可以尽快地看到关键功能的实现，并验证关键功能的正确性。
- 由于该方法在验证某个功能时，可能会同时加入多个模块，因此在进度上比自底向上、自顶向下或三明治集成要快。
- 对于接口的覆盖，使用的测试用例比较少。
- 可以减少驱动模块的开发，原因与自顶向下的集成策略类似。

基于功能的集成的缺点如下。

- 对于复杂系统，功能之间的相互关联性可能是错综复杂并难以分析的。
- 对有些接口的测试不充分，会遗漏许多接口错误。
- 一些初始的集成需要使用桩模块。

- 可能会有大量的冗余测试。

基于功能的集成的使用范围如下。

- 关键功能具有较大风险的产品。
- 技术探索型的项目，其功能的实现远比质量更关键。
- 对于功能实现没有把握的产品。

11.2.9　高频集成

高频集成（high-frequency integration）的目的是频繁将新代码加入一个已经稳定的基线中，以免集成故障难以发现，同时控制可能出现的基线偏差。

快速迭代式开发或增量式开发可能会导致功能的遗漏或冲突。高频集成的起始点可能是一个功能最少的集成包，随着新代码的迅速开发并加入系统中，需要验证扩大后的系统是否稳定，并且功能是否正确，如果这些问题遗留到最后再检查，其成本可能是巨大的。高频集成采用这个策略。使用高频集成需要具备以下条件。

- 可以获得一个稳定的增量，并且已完成的某子系统已被验证没有问题。
- 增加的大部分有意义的功能可以在一个固定的频率间隔内获得，如通过每日创建来获得。
- 测试包和代码并行开发，并且始终维护的是最新的版本。
- 必须使用自动化工具，如采用 GUI 的捕获/回放工具。
- 必须使用配置管理工具，否则版本的增量将无法控制。

高频集成有 3 个主要的步骤，具体如下。

（1）开发人员完成要提供的代码的增量部分，同时测试人员完成相关的测试包，具体包括以下方面。

① 编写或修改代码。

② 编写或修改对相应代码的测试包。

③ 对新增或修改过的代码进行代码走读、检视和评审。

④ 对测试包进行代码走读、检视和评审。

⑤ 对修改或新增的组件进行静态分析（如 PC-LINT 检查等，一般通过工具来完成）。

⑥ 对代码进行构建。

⑦ 在新的版本上运行测试包，包括使用内存检测工具、性能检测工具进行跟踪

检查。

⑧ 当组件通过所有测试时，将已修改过的测试包提交到集成测试部门。

（2）集成测试人员将开发人员修改或增加的组件集中起来，形成一个新的集成体，并且在上面运行集成后的测试包。集成测试人员的具体工作如下。

① 在规定期限内，负责集成的人员终止接受任何增量，并形成一个新系统的基线。

② 构建代码，并在上面运行测试包。这个测试将包括冒烟测试、新开发功能的测试。如果时间允许，应尽可能多地运行测试。

（3）评价结果。注意，在构建过程中，纠正错误是项目中优先级最高的。

在高频集成中，必须切实有效地解决下列问题。

- 谁维护现有的集成测试包？
- 创建的周期是多长？
- 谁进行构建工作？谁做集成测试？在什么情况下进行？
- 当创建失败或测试没有通过时，后续采取什么措施？系统将退回哪个版本？问题定位和纠正的任务分配给哪个人或哪个组织？
- 如何进行自动化？

高频集成的优点如下。

- 开发、维护源代码和测试包具有同等的重要性，这对有效防止错误非常有帮助。
- 严重错误、遗漏和不正确的假设经常能较早地发现。
- 当错误产生时，它最可能存在于新增加或修改的代码中，这对调试非常有利。
- 整个开发组集中生产一个可运转的系统，而不是用于实际工作的一个系统。这有助于开发人员能够尽早看到一个可运行的系统，并提高士气。
- 不必一定要有桩代码，这可以避免编写和维护容易损坏的测试代码。
- 开发和集成可以并行进行。

高频集成的缺点如下。

- 测试包可能会过于简单，并因此难以发现重要的问题。
- 在刚开始的几个周期可能不易于平稳地进行集成。
- 如果没有对高频集成建立适当的标准，大量成功的集成可能导致不应有的可信度，这往往会使风险增加。

高频集成的使用范围是采用迭代（或增量）过程模型开发的产品。

11.2.10　基于进度的集成

基于进度的集成（schedule-based integration）的目的是尽可能早地进行集成测试，提高开发与集成的并行性，有效地加快进度。

进度压力是每个软件开发项目都会遇到的问题，为了加快进度，很多项目往往牺牲了部分质量，并且加班加点地工作。基于进度的集成在进度和质量两者之间寻找了一个均衡点。该集成的一个基本策略就是对最早获得的代码立即进行集成，必要时开发桩模块和驱动模块，在最大限度上保持与开发的并行性，从而缩短项目集成的时间。

基于进度的集成的步骤此处省略。

基于进度的集成的优点如下。

- 具有比较高的并行度。
- 能够有效加快项目开发的进度。

基于进度的集成的缺点如下。

- 可能最早获得的模块之间缺乏整体关联性，只能进行独立的集成，导致许多接口必须等到后期才能验证，但此时系统可能已经很复杂，往往无法发现有效的接口问题。
- 桩模块和驱动模块的设计工作量可能会变得很庞大。
- 出于进度的原因，模块可能很不稳定且会不断变动，导致测试的重复。

基于进度的集成的使用范围是进度优先级高于质量的项目。

11.2.11　基于风险的集成

基于风险的集成（risk-based integration）的目的是在第一时间内验证高危模块间的接口，从而保证系统的稳定性。

基于风险的集成基于这样一个假设，即系统中风险最高的模块间的集成往往是错误集中的地方，因此尽早地验证这些接口有助于加快系统的稳定，从而增加对系统的信心。该方法与基于功能的集成有一定的相通之处，二者可以结合使用。

基于风险的集成的步骤此处省略。

基于风险的集成的优点是最具有风险的模块最早进行验证，有助于系统的快速稳定。

基于风险的集成的缺点是需要对各组件的风险有一个清晰的分析。

基于风险的集成的使用范围是其中有些模块具有较大风险的项目。

11.2.12　基于事件（消息）的集成

基于事件（消息）的集成（event-based/message integration）的目的是从验证消息路径的正确性出发，逐渐地把系统集成到一起，从而验证系统的稳定性。

许多基于状态机的系统（如嵌入式系统、面向对象系统）依靠状态变迁，内部模块间的接口主要是通过消息来实现的。因此，验证消息路径的正确性对于这类系统非常重要，基于事件（消息）的集成就是针对这个特点而设计的一种策略。

基于事件（消息）的集成的步骤如下。

（1）从系统的外部看，分析系统中可能输入的消息集。

（2）选取一条消息，分析其穿越的模块。

（3）集成这些模块，进行消息接口测试。

（4）选取下一条消息，重复步骤（2）和步骤（3），直到所有模块都集成到系统中。

注意，消息的选取可以从以下 3 个角度考虑。

- 消息的重要性。尽早验证重要的消息路径。
- 消息路径的长度。为了能有效验证接口的完整性和正确性，尽可能选取路径较短的消息。
- 新消息的选择是否能够使新的模块加入系统中。

上面提到的模块包括类和进程。

基于事件（消息）的集成的优点类似于基于功能的集成。

基于事件（消息）的集成的缺点类似于基于功能的集成。

基于事件（消息）的集成的使用范围包括面向对象系统和基于有限状态机的嵌入式系统。

11.2.13　基于使用的集成

基于使用的集成（use-based integration）的目的是针对面向对象系统，通过类之间的使用关系来集成系统，从而验证系统的稳定性。

在一个面向对象系统中存在一些独立的类和一些相互耦合的类。基于使用的集成从分析类之间的依赖关系出发，从依赖关系最小的类开始集成，逐步扩大到有依赖关系的类，最后集成到整个系统中。通过该集成方法，可以验证类之间接口的正确性。基于使用的集成方法可以和分层集成或其他集成策略结合使用。

基于使用的集成的步骤如下。

（1）划分类之间的耦合关系。

（2）测试独立的类。

（3）测试使用一些服务器类。

（4）逐步增加具有依赖性的类（使用独立的类），直到整个系统集成到一起。

基于使用的集成的优点类似于自底向上的集成测试策略。

基于使用的集成的缺点类似于自底向上的集成测试策略。

基于使用的集成的使用范围是面向对象系统。

11.2.14　客户端/服务器集成

客户端/服务器集成（client/server integration）的目的是验证客户端和服务器之间交互的稳定性。

对于和单独的服务器组件进行松散耦合的客户端组件，可以使用客户端/服务器集成。和自顶向下的集成不同，在客户端/服务器集成模型中，不存在单独的控制轨迹。服务器对客户的消息做出反应，客户对来自系统环境的消息做出反应。每个系统组件都有自己的控制策略。

客户端/服务器集成的步骤如下。

（1）单独测试每个客户端和服务器端，必要时使用驱动和桩。

（2）把第一个客户端（客户端组）与服务器进行集成。

（3）把下一个客户端（客户端组）与步骤（2）中完成的系统进行集成。

（4）重复步骤（3），直到所有客户端都加入系统中。

客户端/服务器集成的优点如下。

● 避免了大爆炸集成的风险。

● 对集成次序没有大的约束，可以结合风险或功能优先级进行。

● 有利于复用和扩充。

● 支持可控制和可重复的测试。

客户端/服务器集成的缺点是驱动器和桩的开发成本可能会比较高。

客户端/服务器集成的使用范围是客户端/服务器结构的系统。

11.2.15　分布式集成

分布式集成（distributed integration）的目的是验证松散耦合的同级组件之间交互的

稳定性。

被测系统包括许多并发运行且没有专门控制轨迹的组件以及没有专门服务器层的分布式系统。分布式集成就是针对这个特点设计的一个策略。

在分布式系统的集成测试中最重要的是验证远程主机之间的接口是否具有最低限度的可操作性。在一个分布式系统中，构造测试包是比较困难的，最坏的情况是每个节点之间都具有比较强的连接（强连接图）。由于没有专门的控制轨迹，因此接口的测试顺序可以有很多种。下面提供一些选择。

- 风险驱动，即从最可能出现问题的接口和组件开始进行集成。
- 反风险驱动，即从最不可能出现问题的接口和组件开始进行集成。
- 依赖性驱动，即从可以单独测试或依赖性最小的接口和组件开始集成。
- 优先级驱动，即从功能或性能优先级高的接口和组件开始进行集成。

分布式集成的优缺点类似于客户端/服务器集成。

分布式集成的使用范围是分布式系统。

11.3　集成测试分析

要做好集成测试，必须加强集成测试的分析工作。类似于概要设计对详细设计的作用，集成测试分析直接指导了集成测试用例的设计，并且在整个集成测试过程中占据了关键的地位。

集成测试的分析可以着重从以下几个方面进行考虑。

11.3.1　体系结构分析

体系结构分析需要从两个角度出发。首先从需求的跟踪实现出发，划分出系统实现上的结构图，类似于图11-1～图11-3。这个结构图对集成的层次考虑是有帮助的。

其次，需要划分系统组件之间的依赖关系，如图11-12所示。通过对图11-12的分析，确定集成测试的粒度，即基础模块的大小。集成测试模块的划分是一件复杂的事。模块到底要多大？需不需要设计驱动和桩？该模块的划分是不是可以有效降低消息接口的复杂性？接口是否充分等？若模块划分得好，就可以极大提高集成测试的效率；反之，则会降低集成测试的质量。

体系结构的分析还为集成测试策略的选择提供了思路。

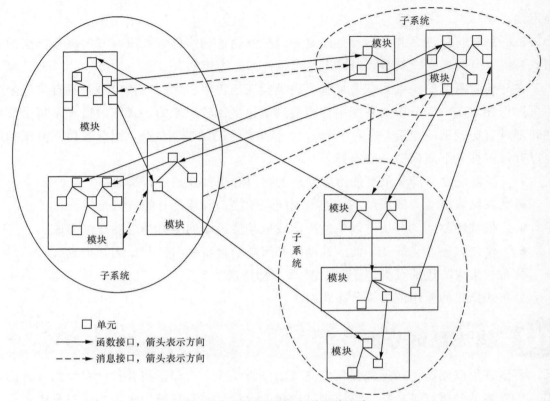

图 11-12　系统组件之间的依赖关系

11.3.2　模块分析

模块分析是集成测试分析中重要的工作之一。模块划分的好坏直接影响了集成测试的工作量、进度及质量，因此需要慎重对待模块分析。

一般模块划分可以从下面几个角度出发进行考虑。

- 本次测试主要希望测试哪个模块？
- 这个模块与哪几个模块有密切的关系？可以按照密切程度排序。
- 把该模块与关系最密切的模块首先集成在一起。
- 这样划分后的外围模块与被集成模块之间的消息流是否容易模拟？是否方便控制？

合理的集成模块划分应该满足以下几点。

- 被集成的几个子模块关系紧密。
- 外围模块便于屏蔽，外围模块与集成模块之间没有太多、太频繁的调用关系，被集成模块没有采用诸如 POST_MESSAGE 等调用函数的方式调用外围模块的情况。如果实在无法避免，则不得不考虑编写桩方法或桩模块，以代替被屏蔽部分的功能。

- 模拟外围模块发往被集成模块的消息便于构造、修改。
- 外围模块发往被测试模块的消息能够模拟实际环境中的大部分情况。

在软件工程中有一条重要的原则，即"二八"原则，该原则对测试同样起作用。从测试实践中发现，测试中发现的 80% 的错误很可能源于 20% 的程序模块。很多错误报告常常可以在同一个模块中被追踪到，并且统计数据表明一段程序中已经发现的错误数目往往和尚未发现的错误数目成正比。例如，在 IBM OS/370 操作系统中，用户发现的全部错误的 47% 只与该系统中 4% 的模块有关。这样的一些模块称为易错模块或高危模块。一般可以把系统中的模块划分成 3 个等级，分别是高危模块（这是集成测试需要关注的关键模块）、一般模块和低危模块（如果时间不允许，往往会减少或忽略这部分模块的集成，同时可能会对这类模块直接采用大爆炸集成测试策略）。所以，在划分集成测试的对象模块时，首先应该判断系统中哪些是关键模块。

一个关键模块具有一个或多个下列特性。

- 和多个软件需求有关，或与关键功能相关。
- 处于程序控制结构的顶层。
- 本身是复杂的或者是容易出错的。
- 含有确定性的性能需求。
- 频繁使用（这部分模块不一定会出错，但可能会是性能的瓶颈，并且这类模块一旦出错，影响会比较大）。

在实际操作中，可以通过以下途径分析关键模块。

- 尽可能和开发人员多讨论，参考他们的意见，一般开发人员比较清楚哪些模块是关键模块。
- 通过静态分析工具分析系统中各模块，寻找高内聚的模块、频繁调用的模块或处于控制顶层的模块。
- 根据需求跟踪表来分析关键模块，一般与关键功能或关键接口相关的模块是比较关键的。同时，与一些特殊需求相关的模块也需要特别关注。
- 对于一个维护型的项目，可以根据以往的历史经验来分析，这包括产品历史缺陷的分析。
- 对于一个新的产品，可以根据开发过程前期（包括文档的检视、代码的走读、单元测试）发现的问题进行分析，并因此确定可能风险最大的模块。

11.3.3　接口分析

集成测试的重点就是要测试接口的功能性、可靠性、安全性、完整性、稳定性等多个方面，因此我们必须对被测对象的接口进行详细的分析。这些分析包括接口的划分、接口的分类和接口数据的分析。

1．接口的划分

接口的划分是以概要设计为基础的，其方法与相关的结构设计方法类似，一般可以通过下面几个步骤来完成。

（1）确定系统的边界、子系统的边界和模块的边界。

（2）确定模块内部的接口。

（3）确定子系统内模块间的接口。

（4）确定子系统间的接口。

（5）确定系统与操作系统的接口。

（6）确定系统与硬件的接口。

（7）确定系统与第三方软件的接口。

2．接口的分类

在实际环境中，我们会遇到各种各样的接口，关于接口的分类也有很多种，但总的来说可以划分成两大类。

- **系统内接口**：系统内部各模块交互的接口，这是集成测试的重点。
- **系统外接口**：外部系统（包括人、硬件和软件）与系统交互的接口，这类接口的测试一般会延迟到系统测试阶段来完成。

在这里我们仅定义系统内接口。

- **函数接口**：通过函数的调用和被调用关系确定。关于函数接口的集成测试比较成熟，在前面章节中提到的大部分集成测试策略可以应用到这类接口上。
- **消息接口**：在面向对象系统和嵌入式系统中是很普遍的。在这种接口下，软件模块间并不直接交互，而通过消息包（遵循接口协议）交互，常见的例子是整个系统共用一个或多个消息包队列，由操作系统进行消息包调度，取出位于消息队列头的消息并调用该消息的处理模块的处理函数。该处理模块的核心通常是一个被动的有限状态机模型，根据消息内容和自身状态做出反应，完成状态迁移并将发往另一个模块的消息放到消息队列中。对于这种接口的测试，我们往往采用工具来模拟，在集成策略上可以使用支持有限状态机模型的集成测试策略。

- **类接口**：面向对象系统中基本的接口。类接口一般可以通过继承、参数类、不同类方法调用等策略来实现。对于这类系统，传统的集成策略比较难以应用。一般可以使用基于线程的集成和基于使用的集成测试策略。由于可以使用统一建模语言（Unified Modeling Language，UML）分析面向对象软件，因此很多人已经开始研究基于 UML 的集成测试策略，并已经得到了实际应用。由于面向对象系统的集成分析已经超出了本书范围，因此就不详细描述了。

- **其他接口**：其他接口包括全局变量、配置表、注册信息、中断等。这类接口具有一定的隐蔽性，测试人员往往会忽略这部分接口。从一些产品测试来看，这类接口经常是测试不充分的。这类接口的测试需要借助一定的自动化工具。

3. 接口数据的分析

接口数据的分析就是分析穿越接口的数据。从这些数据的分析过程中可以直接产生测试用例。接口类型不同，在数据分析上也略有不同。

对于函数接口，我们需要关注穿越函数接口的参数个数、参数属性（参数类型和输入/输出属性）、参数顺序、参数等价类情况、参数边界值情况等。根据需要，还要考虑它们的组合情况。

对于消息接口，我们需要分析消息的类型、消息的域、域的顺序、域的属性、域的取值范围、可能的异常值等。根据需要，也要考虑它们的组合情况。

对于类接口，我们需要对类的属性进行分析，一般重点对公有属性和受保护属性进行分析，必要的时候会对部分私有属性进行分析。分析的方法包括等价类划分法和边界值分析法。

对于其他接口，我们需要分析其读写属性、并发性、等价类和边界值。特别对于配置文件这类接口，它们涉及的数据变化量是极其庞大的，在分析这类数据时，可能需要结合一定的约束条件，尽可能减少用例的数量。

11.3.4　风险分析

风险分析是贯穿于整个集成测试过程当中的，必须始终正确对待风险，不能期望风险会被偶然规避。很多有关软件工程和项目管理的书提到了风险分析，读者可以认真学习，这是非常有帮助的。

一般风险分析包含 3 个阶段——风险识别、风险评估和风险处理。

- 风险识别。识别风险可以依靠有关的知识、调查研究结果，并参考相关资料和经验数据、听取专家意见等，一般有头脑风暴法和 Delphi 法。
- 风险评估。对已识别的风险要进行估计，主要任务是确定风险发生的概率和后果。
- 风险处理。一旦识别、评估风险并确定风险量之后，就要考虑各种风险的处理方法。对于集成测试过程来说，一般有 3 种方法。
    - 风险控制：包括主动采取措施避免风险、消灭风险、中和风险，或一旦风险发生，立即采取应急方案，力争将损失减小化。
    - 风险自留：如果风险量不大，可以将该风险留在项目组中。
    - 风险转移：将风险转移给另一方或其他测试阶段。

在集成测试中，常见的风险如下。

- 技术风险：如测试人员对集成测试技术不了解或没有类似产品的集成测试经验，产品缺乏相关技术文档（尤其是缺乏接口描述稳定文档），测试人员缺乏产品背景知识，测试人员对相关集成测试工具的使用方法不了解等。
- 人员风险：如人员变动频繁、人员到位不及时、缺乏有经验的老员工等。
- 物料仪器：测试环境（如计算机、单板或其他硬件）风险，物料仪器申购风险，测试工具无法及时到位风险等。
- 管理风险：版本计划更改风险，人员、时间计划变更风险，缺乏有效的配置管理，过程失控，开发进度延迟等。
- 市场风险：市场需求更改、市场供货时间更改等。

11.3.5　可测试性分析

系统的可测试性分析应当在项目开始时作为一项需求提出来，并融入系统中。在集成测试阶段，我们分析可测试性主要是为了在集成范围的增加和可测试性的下降之间找到一个平衡点。对于一个接口不可测的系统，集成测试的实现是相当困难的，这会导致大量测试代码的添加或接口测试工具的开发。尽可能早地分析接口的可测试性，提前为测试的实现做好准备。

11.3.6　集成测试策略分析

集成测试策略分析主要根据被测对象选择合适的集成策略。一般来说，一个好的集成测试策略应该具有以下特点。

- 能够对被测对象进行比较充分的测试，尤其是对关键模块。
- 能够使模块与接口的划分清晰明了，尽可能降低后续操作的难度，同时使需要做的辅助工作量最小。

- 投入测试的人力、环境、时间等资源能够得到充分利用。

11.2 节介绍了很多集成测试策略，而在实际使用时，你不会选择所有的策略，也不会只选择一种策略，而需要根据对被测试对象的体系结构分析、模块分析、接口分析、风险分析、可测试性分析、人力分析、测试环境分析及测试进度分析来综合选择多种测试策略，尽可能花费最低的成本，取得最大的测试效果。

11.3.7　常见的集成测试故障

了解集成测试中常见的故障，对于集成测试数据的分析是有帮助的。集成测试中常见的故障如下。

- 配置/版本控制错误。
- 遗漏了函数，存在重叠或冲突的函数。
- 文件或数据库使用不正确的或不一致的数据结构。
- 文件或数据库使用冲突的数据视图/用法。
- 破坏了全局存储或数据库数据的完整性。
- 由于编码错误或未预料到的运行时绑定导致错误的方法调用。
- 客户发送了违反服务器前提条件的消息。
- 客户发送了违反服务器顺序约束的消息。
- 对象和消息的绑定错误（多态中经常发生）。
- 使用了错误参数或不正确的参数值。
- 内存的管理、分配、回收不正确。
- 不正确地使用虚拟机。
- 被测对象试图使用目标环境的服务，而该服务对目标环境的指定版本是已经过时或不前向兼容的。
- 被测对象试图使用目标环境的新服务，而该目标环境当前的版本不支持该服务。
- 组件之间的冲突，例如，当进程 A 运行时，线程 B 就会崩溃。
- 资源竞争，即目标环境不能分配象征性装载所需要的资源。例如，一个用例可能打开了 6 个窗口，但是被测对象在打开 5 个窗口以后就崩溃了。

11.4　集成测试用例设计思路

集成测试是介于白盒测试和黑盒测试之间的灰盒测试，因此在集成测试的用例设计方法中会综合使用两类测试中的分析方法。一般经过集成测试分析之后，测试用例的大致轮廓已经确定，集成测试用例设计的基本要求就是要充分保证测试用例的正确性，保证能无误地完成测试项既定的目标。在这里我们根据单元测试用例的设计思路，来分析集成测试的用例设计（其实不管做哪个级别的测试，一般脱离不了这些思路，不同的是思维的重点和覆盖的范围）。在实际操作中，可能需要综合这些方法。

11.4.1　为正常运行系统设计用例

集成测试中第一个需要关注的问题是接口能用，并且不会阻塞后续的集成测试执行。因此，可以根据这个原则设计一些基本功能的测试用例来进行最低限度的验证。

可使用的测试分析技术如下。

- 规范导出法。
- 等价类划分法。

11.4.2　为正向测试设计用例

假设过程是良好的，接口设计及模块功能设计需求就是明确和无误的，那么集成测试的一个重点就是验证这些接口需求和集成后的模块功能需求正确无误地满足了。基于这个原则，我们可以直接根据概要设计文档导出相关的用例。

可使用的测试分析技术如下。

- 规范导出法。
- 输入域测试法。
- 输出域覆盖法。
- 等价类划分法。
- 状态转换测试法。

11.4.3　为逆向测试设计用例

集成测试中的逆向测试包括分析被测接口有没有实现规格中要求它实现的功能，发现规格中可能出现的接口遗漏或接口定义错误，分析可能出现的接口异常情况，包括接口数据本身的错误、接口数据顺序错误等。有时，经过接口的数据量是相当庞大的，如在电信软件中，一些协议消息动辄就包括了几十、上百个信息元素（Information Element，IE），考虑所有 IE 的异常情况，甚至异常组合几乎是不可能的。因此，在这一点上还需要基于一定的条件约束，包括分析一些关键的 IE、不可能的组合情况、需要考虑的组合等。

对于面向对象系统和基于有限状态机的系统，还需要考虑可能出现的状态异常，包括丢失的或不正确的状态转换、不可预测的行为，以及可能的路径、不期望的消息引起的失败，接收了没有定义的消息，忽略了有效的消息等。

可使用的测试分析技术如下。

- 错误猜测法。
- 基于风险的测试法。
- 基于故障的测试法。
- 边界值分析法。
- 特殊值测试法。
- 状态转换测试法。

11.4.4 为满足特殊需求设计用例

以前的观点中，安全性测试、性能测试、可靠性测试等主要在系统测试阶段进行，但是目前通过在软件设计过程中细化这些特殊的需求，一些产品开始在模块设计文档中明确接口的安全性指标、性能指标等，这种情况下应尽早对这些特殊需求开展接口测试，以便最终保证系统整体特殊需求的满足。

可使用的测试分析技术有规范导出法。

11.4.5 为提高覆盖率设计用例

不同于单元测试，在集成测试中最关注的覆盖率是功能覆盖率和接口覆盖率。通过分析集成后模块的哪些功能没有测试到，哪些接口（尤其对于消息接口，所有可能的正常消息、异常消息都应当验证）没有覆盖到来设计测试用例。

可使用的测试分析技术如下。

- 功能覆盖分析法。
- 接口覆盖分析法。

11.4.6 补充测试用例

我们不可能在一开始就完成所有集成测试用例的设计，可能随着功能的增加、特性的修改、缺陷的修改等，我们还需要在集成测试的执行阶段不断更新和补充集成测试用例。

11.4.7 注意事项

成本、进度、质量是开发过程中需要均衡的 3 个方面，同样在集成测试过程中，我们也需要考虑这三者之间的平衡。测试重点要突出，关键的接口必须覆盖到，同时用例设计要考虑充分的可回归性和执行的自动化。

11.5　集成测试过程

测试从开发到执行遵循一个过程，这个过程的定义在不同的组织会有不同。本节介绍 IEEE 1012-1998 标准，该标准可以应用到单元测试过程和系统测试过程中。根据该标准，集成测试可以划分为 4 个阶段——计划阶段、设计阶段、实现阶段、执行阶段（实施阶段）。

11.5.1　计划阶段

在时间安排上，计划阶段为概要设计完成评审后一周左右。

输入包括以下内容。

- 软件需求说明书。
- 概要设计文档。
- 产品开发计划路标。

入口条件是概要设计文档已经通过评审。

具体步骤如下。

（1）确定被测试对象，确定测试范围。

（2）评估集成测试中被测对象的数量及测试难度，即工作量。

（3）确定角色分工，划分工作任务。

（4）标识出测试各阶段的时间、任务、约束等条件。

（5）考虑一定的风险分析及应急计划。

（6）考虑和准备集成测试需要的测试工具、测试仪器、环境等资源。

（7）考虑外部技术支援的力度和深度，以及相关培训安排。

（8）定义测试完成标准。

输出有集成测试计划。

出口条件是集成测试计划通过概要设计阶段的基线评审。

11.5.2　设计阶段

在时间安排上，设计阶段从详细设计阶段开始。

输入包括以下内容。

- 软件需求说明书。
- 概要设计。
- 集成测试计划。

入口条件是概要设计阶段的基线通过评审。

具体步骤如下。

（1）分析被测对象的结构。

（2）分析集成测试模块。

（3）分析集成测试接口。

（4）分析集成测试策略。

（5）分析集成测试工具。

（6）分析集成测试环境。

（7）估计和安排集成测试工作量。

输出有集成测试设计（方案）。

出口条件是集成测试设计通过详细设计阶段的基线评审。

11.5.3　实现阶段

在时间安排上，实现阶段从编码阶段开始。

输入包括以下内容。

- 软件需求说明书。
- 概要设计。
- 集成测试计划。
- 集成测试设计。

入口条件是详细设计阶段的基线通过评审。

具体步骤如下。

（1）设计集成测试用例。

（2）设计集成测试规程。

（3）设计集成测试代码（如果需要）。

（4）编写集成测试脚本（如果需要）。

（5）使用集成测试工具（如果需要）。

输出包括以下内容。

- 集成测试用例。

- 集成测试规程。
- 集成测试代码（如果有）。
- 集成测试脚本（如果有）。
- 集成测试工具（如果有）。

出口条件是测试用例和测试规程通过编码阶段的基线评审。

11.5.4　执行阶段

在时间安排上，单元测试已经完成后，开始执行集成测试。

输入包括以下内容。

- 软件需求说明书。
- 概要设计。
- 集成测试计划。
- 集成测试设计。
- 集成测试用例。
- 集成测试规程。
- 集成测试代码（如果有）。
- 集成测试脚本（如果有）。
- 集成测试工具（如果有）。
- 详细设计。
- 代码。
- 单元测试报告。

入口条件是已经通过单元测试阶段的基线评审。

具体步骤如下。

（1）执行集成测试用例。

（2）回归集成测试用例。

（3）撰写集成测试报告。

输出包括集成测试报告。

出口条件是集成测试报告通过集成测试阶段的基线评审。

11.6　集成测试环境

对于简单的系统（如单进程的软件）来说，集成测试环境与单元测试环境比较类似。然而，现在的系统越来越复杂，往往一个系统会分布在不同的硬件平台、不同的软件平台上，需要所有分布在这些平台上的子系统或组件能够彼此集成一个完整系统。因此，对于这样的系统，集成测试环境就要复杂多了。这时往往需要依赖一些商用测试工具或测试仪，可能还需要专门开发一些接口模拟工具。

在考虑集成测试环境时，我们可以从以下几个方面进行。

- 硬件环境。在集成测试的时候，尽可能考虑实际的环境。如果实际环境不可用，考虑可替代的环境或在模拟环境下进行，如在模拟环境下使用，需要分析模拟环境与实际环境之间可能存在的差异。
- 操作系统环境。考虑不同机型使用的不同操作系统版本。对于实际环境可能使用的操作系统环境，尽可能都要测试到。
- 数据库环境。根据实际的需要，从性能、版本、容量等多方面考虑数据库的选择。
- 网络环境。一般的网络环境可以使用以太网。

图 11-13 所示为一个典型的集成测试环境。

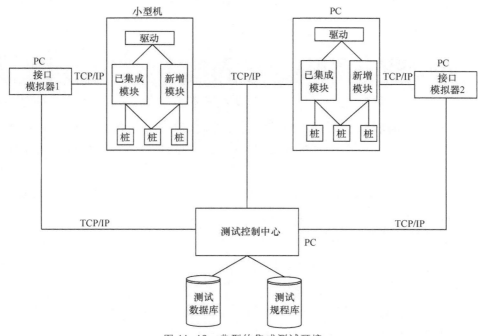

图 11-13   典型的集成测试环境

11.7　集成测试工具

能够直接用于集成测试的测试工具不是非常多。一般来说，能够有效支持产品的集成测试工具大部分是自己开发的；而一些通用的商用测试工具由于要满足一定的通用性，因此在实际使用中往往功能有限，需要进行二次开发；一些专用的商用测试仪器或测试工具的使用范围相对比较狭窄。

由于集成测试处于白盒和黑盒之间，因此用于单元测试的一些测试工具同样可以用于集成测试，但是需要处理的测试的复杂程度将大大提高。

对于一些以界面为主的产品集成测试，还可以使用一些界面测试工具，如 SQA Robot、QARun、QTP 等。

对于一些基于协议的嵌入式软件，可能需要借助一些消息生成工具、协议模拟仪器、消息跟踪器等。例如，可以用于无线协议测试的仪器，如 NetHawk 的协议卡、MGTS、3GTS 等。

对于使用 SDL 开发的软件系统，使用 TTCN（Testing and Test Control Notation）语言进行集成测试是非常有利的，Telelogic 公司的 Tau 集成工具中的 Itex 可以提供这方面的功能。

11.8　集成测试的原则

集成测试是一个灰色地带，要做好集成测试不是一件容易的事情，很多公司在测试其开发的软件产品时往往忽略了这个过程，究其原因是该测试不好把握。另外，在很多公司中使用联调（使用调试的手段把模块或子系统一个一个集成起来）来代替集成测试。

集成测试应当针对概要设计尽早开始筹划。为了做好集成测试，需要遵循下列原则（这些原则是不充分的，仅供参考）。

- 所有公共接口都必须测试到。
- 关键模块必须进行充分的测试。
- 集成测试应当按一定的层次进行。
- 集成测试的策略应当综合考虑质量、成本和进度三者之间的关系。
- 集成测试应当尽早开始，并以概要设计为基础。
- 在模块和接口划分上，测试人员应当和开发人员进行充分的沟通。

- 当满足测试计划中的结束标准时，集成测试结束。
- 当接口发生修改时，涉及的相关接口都必须进行回归测试。
- 集成测试根据集成测试计划和方案进行，排除测试的随意性。
- 项目管理者保证测试用例经过审核。
- 测试的执行结果应当如实记录。

第 12 章　系　统　测　试

测试工程师主要参与的是系统测试（system testing）阶段，针对整个软件系统开展测试，需要考虑不同类型的测试，如功能测试、性能测试等。

12.1　系统测试的基础知识

一个网站、一个手机 App、一个智能音箱都可以看成一个系统，针对它们的测试都属于系统测试。

12.1.1　什么是系统测试

系统测试是指将已经集成的软件系统作为整个计算机系统的一个元素，与计算机硬件、外部设备、辅助软件、数据和人员等其他系统元素结合在一起，在实际运行（使用）环境下，对计算机系统进行一系列的组装测试和确认测试。

系统测试的目的在于通过与系统的需求定义做比较，发现软件与系统定义不符合或与之矛盾的地方，以验证软件系统的功能和性能等满足其规约所指定的要求。系统测试的测试用例应根据需求分析说明书设计，并在实际使用环境下运行。

由于软件只是计算机系统中的一个组成部分，因此软件开发完成以后，最终还要与系统中其他部分配套运行。在投入运行以前，系统各部分要完成组装和确认测试，以保证各组成部分不但能单独地检验，而且在系统各部分协调工作的环境下能正常工作。这里所说的系统组成部分除软件外，还可能包括计算机硬件及其相关的外围设备，数据及其收集和传输机构，甚至还可能包括受计算机控制的执行机构。显然，系统的确认测试已经完全超出了软件工作的范围。然而，软件在系统中毕竟占有相当重要的位置，软件的质量好坏、软件的测试工作进行得是否扎实与能否顺利、成功地完成系统测试关系极大。另外，系统测试实际上是针对系统中各个组成部分进行的综合性检验。尽管每一个检验有着特定的目标，但是所有的检测工作都要验证系统中每个部分均已正确集成，并能完成指定的功能。

　　系统测试应该按照测试计划进行，其输入、输出和其他动态运行行为应该与软件规约进行对比。软件系统的测试方法很多，主要有功能测试、性能测试等。后面章节将进行详细的描述。

12.1.2　常见系统的分类

　　系统的划分有不同的方式。根据组成，系统可以分成以下 3 类。

- 纯软件：这种类型的软件直接在 PC 上运行，还可以进一步细分成单机软件（如 Word）、客户端软件（如 QQ）、服务器端软件（如淘宝网站），以及插件软件（不能独立运行，需要借助浏览器等软件才能运行，如 Firefox 浏览器插件）。
- 软件+硬件：随着技术的不断进步，越来越多需要靠硬件才能实现的特性现在能通过软件实现了，硬件和软件结合得越来越紧密。这种系统在日常生活中非常常见，如手机、空调、电梯等。
- 软件+硬件+维护人员：这种系统通常对应大型的系统，如电信公司或者移动公司所使用的系统。这种系统通常需要长时间运行，在运行过程中一旦出现故障，仅靠系统自身很难自动恢复，需要由维护人员来进行操作，帮助系统恢复。

　　无论是哪种类型的系统，都是系统测试的对象。

12.1.3　实际环境和开发环境

　　在系统测试中，除了针对不同类型的系统进行测试外，还需要尽可能在实际环境中进行测试。与实际环境相对应的是开发环境，这两个环境的区别如下。

- 被测系统所包含的代码不同：实际环境下，被测系统包含的代码比较干净；而开发环境下，被测系统包含大量测试用代码，没有这些测试用代码，无论是测试还是调试都会很不方便。当然，也不可能为这两个不同的环境分别开发代码。两个环境下的代码通过宏开关来进行控制，所有测试代码都包含在 #ifdef debug...#endif 中。只要对代码进行编译时没有包含 debug 的编译开关，所有测试代码都不会包含进去。
- 配置不同：实际环境下配置千差万别，有的用户的配置高，有的用户的配置低；有的用户的网络速度快，有的用户的网络速度慢。开发环境下配置一般比较单一，计算机通常统一配置，而且配置较高。

- 包含的 DLL 不同：实际环境下，包含的 DLL 较少；而开发环境下，由于安装了较多的开发工具和测试工具，因此 DLL 较丰富。于是，就可能出现在开发环境下运行正常的软件在实际环境下无法正常运行，这是需要在系统测试中考虑的。

为了能更好地理解实际环境与开发环境的不同，下面通过手机测试来具体说明。

（1）手机上的软件不可能直接在手机上开发，这样成本太高，因此手机上的软件先在 PC 上进行开发和测试，而且是在 Windows 操作系统上进行的，这对应的就是开发环境。

（2）一旦手机软件在安装了 Windows 系统的 PC 上测试通过，就需要将软件移植到 Linux 系统上，但仍然在 PC 上进行，这对应的仍然是开发环境。

（3）Linux 系统上测试通过后，手机软件就该放到手机上来进行测试了，这时并没有真正的移动网络，所有网络设备需要通过测试仪器进行模拟，但对于手机测试而言已经接近用户的实际使用情况了，这时对应的是实际环境。

（4）以上测试通过后，在真正的外界环境下进行测试，这通常称为外场测试。所有测试都需要在实际的街道上进行，这对应的也是实际环境。

12.2　系统测试的类型

系统测试可以包含多个类型，不同的类型测试不同的内容。只有充分地考虑了各种类型的测试，才能保证系统测试的充分性。

12.2.1　功能测试

1. 基本概念

功能测试（functional testing）是系统测试中最基本的测试之一，它不考虑软件内部的实现逻辑，主要根据产品的需求说明书和测试需求列表，验证产品的功能实现是否符合产品的需求规格。功能测试主要用于确认以下问题的答案。

- 是否有不正确或遗漏的功能？
- 功能实现是否满足用户需求和系统设计的隐藏需求？
- 能否正确地接受输入？能否正确地输出结果？

功能测试要求测试设计者对产品的规格说明、需求文档、产品业务功能都非常熟悉，同时对测试用例的设计方法也熟悉，这样才能设计出好的测试方案和测试用例，高效地进行功能测试。

在进行功能测试时，首先需要对需求规格进行分析，因为这是功能测试的基本输入。对需求规格的分析可以分为几个步骤。

（1）对每个明确的功能需求进行编号（对于在需求规格文档中已经有标号的，可以直接引用）。

（2）对每个可能隐含的功能需求进行编号。

（3）对于可能出现的功能异常进行分类分析，并编号。

（4）对于前面 3 个步骤获得的功能需求进行分级。由于我们不可能测试任何东西，因此可以根据风险来决定对每个功能投入多少精力。一般来说，可以把功能划分为关键功能和非关键功能。其中关键功能是指那些对于用户来说必不可少的功能，这类功能的丧失将导致用户拒绝产品。例如，对于 Microsoft Word 来说，向文档中添加文本是一个关键功能。有时虽然单个的功能不是很关键，但是这些功能组合成一个整体之后就成了关键功能，如 Word 的画图工具。而非关键功能主要是那些对产品可用性有贡献的功能，有时对这类功能的丧失用户可能会不满意，但不会导致拒绝产品。

（5）对每个功能进行测试分析，分析它是否可测、如何测试、可能的输入、可能的输出等。

（6）脚本化和自动化。

2. 功能测试实例

实例 12-1：测试在 Word 中插入图表时的边框线型设置功能。

测试步骤如下。

（1）在 Word 中插入一个表格，表格行数、列数任意，如图 12-1 所示。

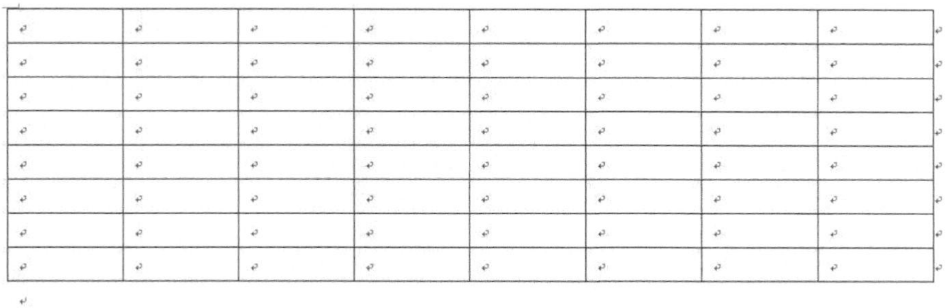

图 12-1　在 Word 中插入表格

（2）选中整个表格，右击，在弹出的快捷菜单中选择"边框和底纹"命令，弹出"边框和底纹"对话框，如图 12-2 所示。

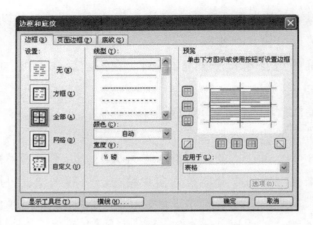

图 12-2　"边框和底纹"对话框

（3）选择倒数第 2 个线型，单击"确定"按钮，结果如图 12-3 所示。

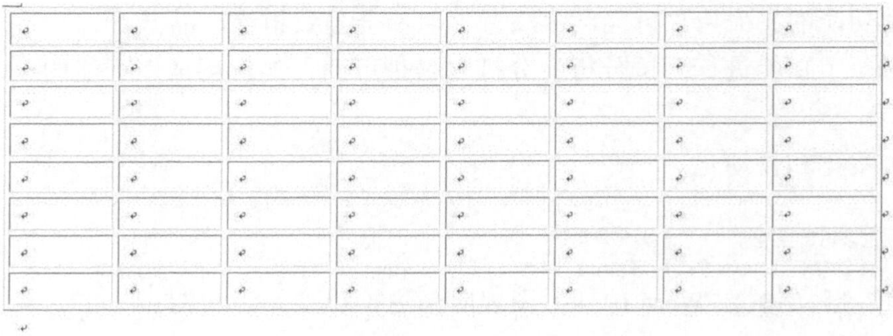

图 12-3　设置边框线型的结果

（4）再次选中整个表格，右击，在弹出的快捷菜单中选择"边框和底纹"命令，弹出"边框和底纹"对话框，选择第 4 个线型，单击"确定"按钮，结果如图 12-4 所示。

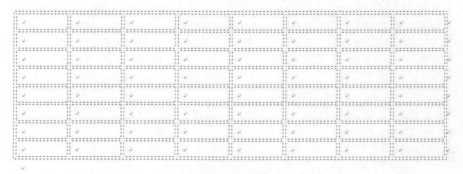

图 12-4　再次设置边框线型的结果

从结果可以发现，设置后的边框和预期的边框是不同的，本来是单线，结果变成了双线，说明边框线型设置功能有错误。

实例 12-2：测试 PowerPoint 标题中输入的字符串或单词首字母自动大写的功能。

测试步骤如下。

（1）新建一个空白 PowerPoint 文档，如图 12-5 所示。

图 12-5　空白 PowerPoint 文档

（2）在空白标题中输入 asdf，然后输入空格，首字母 a 将自动变成 A，如图 12-6 所示。

图 12-6　首字母自动大写

（3）删除输入的 asdf，然后重新输入 asdf，再输入空格，首字母 a 不再自动变成 A，如图 12-7 所示。

图 12-7　首字母不大写

（4）删除输入的 asdf，然后重新输入 asdf，再输入空格，首字母 a 又自动变成 A。

（5）按 Ctrl+z 组合键，取消输入的 asdf，然后重新输入 asdf，会发现无论如何操作，首字母 a 都不会再变成 A。

从结果可以发现，即使是完全一样的输入，只要前面做了不同的操作，就会导致结果不尽相同，说明首字母自动大写功能的实现比较模糊，不明确，可以视为 Bug。

实例 12-3： 测试画图软件的组合功能。

测试步骤如下。

（1）画一个矩形，如图 12-8 所示。

（2）将矩形的左上角擦除，如图 12-9 所示。

图 12-8　画矩形

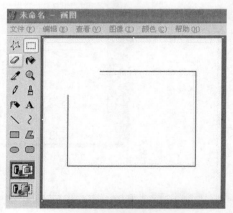

图 12-9　擦除左上角

（3）将已擦除左上角的矩形先翻转 270°，再翻转 90°，最后沿水平方向压缩 50%，如图 12-10 所示。

从结果可以发现，右边那条边没有了，说明使用一个相对复杂的组合功能后，压缩功能出现了问题，这也是 Bug。

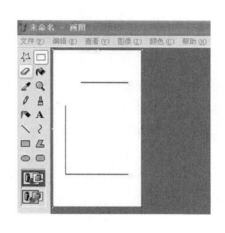

图 12-10　矩形翻转并接伸的结果

3. 功能测试要点

功能测试需要注意以下几点。

- 多考虑用户是在什么情况下如何使用该功能的，如在网络断开时访问网站、用键盘进行操作等。

- 多考虑用户对多个功能的组合运用，如对手机进行功能测试，需要考虑到用户同时使用多个功能的情况。现在手机的功能越来越多，除了必需的通话功能、短信功能之外，还有拍照功能、MP3 功能、游戏功能、闹钟功能等。除了单独对每个功能进行测试之外，更重要的是这些功能的组合使用。想象这样一种情况：用户在后台听着 MP3 的时候，前面玩着游戏，结果接到一个电话，在接听电话的过程中，又来了一条短信，还没来得及看这条短信，前面设定的闹钟又到时间了，这样手机的各个功能还能正常工作吗？这就需要进行测试。

- 对于服务器软件，多考虑多用户同时访问、操作的情况，需要检查用户同时使用是否会导致功能的失效。

12.2.2　性能测试

1. 基本概念

在实时系统和嵌入系统中，符合功能需求但不符合性能需求的软件是不能接受的。性能测试（performance testing）就是用来测试软件在集成系统中的运行性能的。性能测试可以发生在测试过程的所有步骤中，即使是在单元层，单个模块的性能也可以使用白盒测试来进行评估。然而，只有当整个系统的所有部分都集成到一起之后，才能检查一个系统真正的性能。

性能测试的目标是度量系统相对于预定义目标的差距，把需要的性能级别与实际的性能级别进行比较，并把其中的差距文档化。

一个有用的性能测试是压力测试（stress testing），它使用庞大数量的用户和请求来获得被测系统的压力极限。压力测试试图耗尽缓冲区、队列、表和端口方面的资源。这种形式的测试在评价拒绝服务方面的危险非常有帮助。

性能测试经常和压力测试一起进行，而且常常需要硬件和软件测试设备，即在一种苛刻的环境中衡量资源的使用情况（如处理器周期）是必要的。外部的测试设备可以监测执行的间隙，当出现情况（如中断）时记录下来。通过对系统的检测，测试人员可以发现导致效率降低和系统故障的原因。

性能测试必须要使用工具完成。在有些情况下，不得不自己开发专门的接口工具。

性能测试是一个混合黑盒测试和白盒测试的方法。从黑盒测试角度来看，性能分析师不需要知道系统内部的工作原理，根据实际的工作负荷或者基准来比较一个系统版本与另一个系统版本在性能上的变化；从白盒测试角度来看，性能分析师需要知道系统的内部工作原理并且定义特殊的系统资源来进行检查，如指令、模块和任务等。

一些感兴趣的性能信息如下。

- CUP 使用情况。
- I/O 使用情况。
- 每个指令的 I/O 数量。
- 信道使用情况。
- 主存储器的内存使用情况。
- 辅助存储器的内存使用情况。
- 每个模块的执行时间百分比。
- 一个模块等待 I/O 完成的时间百分比。
- 模块使用主存储器的时间百分比。
- 指令随时间的跟踪路径。
- 控制从一个模块到另一个模块的次数。
- 遇到每一组指令等待的次数。
- 每一组指令页换入和换出的次数。
- 系统响应时间。
- 系统吞吐量，即每个时间单元的处理数量。
- 所有主要指令单元的执行时间。

基本的性能度量应当首先以没有争议的方式在主要的功能上执行，如执行单个任务的时间很容易通过秒表来测量。下一套度量应当在系统处于竞争模式下进行，在这种模式下，多个任务在进行操作并且排队请求公共资源，如 CPU、内存、磁盘、信道、网络等。在竞争性的系统中执行时间和资源使用情况等性能度量可用于确定潜在无效的区域。

收集系统执行时间和资源使用情况有两种方法，分别为监视方法（monitoring approach）和探针方法（probe approach）。在第一种方法中，系统在典型的环境中执行用例并使用外部探针、性能监控器或者秒表度量性能。在第二种方法中，把探针插入代码中，如调用一个性能监控程序来收集性能信息。下面是每种方法的讨论，包括测试驱动（test diver）的讨论，测试驱动是一种支持技术，用于收集性能研究的信息。

监视方法在一个时间段内根据系统的状态类来检测系统的性能，并且由测试工具或者操作系统的时间设备来控制。在每个时间间隔内，通过采样来显示性能。时间间隔越短，采样越精确。接下来，修正和汇总通过监控器收集的统计信息。

探针方法会把探针或程序指令插入系统程序的许多地方。例如，为了确定执行一条顺序语句需要的 CPU 时间，第一个探针记录了第一次调用数据收集程序的 CPU 时钟，第二个探针记录了第二次调用数据收集程序的 CPU 时钟，两个相减就得到了净 CPU 使用时间。该方法可以确定报告显示语句、模块的执行时间。

这些方法可用作性能需求验证工具。然而，正式定义的性能需求必须描述和设计，这样性能需求可以追溯到特定的系统模块。

在许多测试用例中，需要使用测试驱动和测试桩（test harness）来度量系统性能。一个测试驱动提供了执行系统需要的设施，如输入。系统需要的输入数据文件被载入，数据文件包含的数据值代表测试的状态以产生记录的数据,并根据期望的结果进行评价。数据通过一种外部格式产生并被提交给系统。

需要定义性能测试用例，并且需要建立测试脚本。在性能测试执行之前，性能分析师必须确定目标系统是相对稳定的。否则，许多时间将花在记录和修正缺陷上，而不是分析性能上。

下面是任何性能研究方面建议的步骤。

（1）文档化性能目标，如必须验证确切的性能度量标准。

（2）定义测试驱动或者用于驱动系统的输入源。

（3）定义要使用的性能方法或者工具。

（4）定义性能研究如何进行。如什么是基线？什么是变化的？当可重复时如何验证？如何知道何时研究完成？

（5）定义报告过程，如技术和工具。

性能测试是一个较大的范畴，包括测试在各种业务场景下的性能表现，包括响应时间、资源使用情况、系统极限容量等。负载测试、压力测试和容量测试只是从不同角度来进行的一种性能测试而已。

2．性能测试实例

实例 12-4：测试计算器中阶乘运算所花费的时间。

具体步骤如下。

（1）输入 32 个 9，进行阶乘运算，如图 12-11 所示。

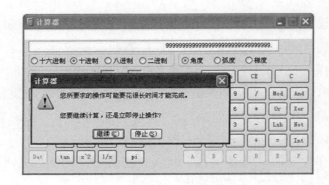

图 12-11　阶乘运算

（2）看到继续或者停止的提示后，单击"继续"按钮，如图 12-12 所示。

图 12-12　继续计算

可以发现，当计算量很大时计算花费的时间就能感觉出来了。花费的时间到底有多长？这个时间又是如何随着计算量的变化而变化的呢？这个时间用户能接受吗？这些问题都需要通过性能测试来进行解答。

实例 12-5：测试在访问不同网站时浏览器所占用的内存。

（1）打开一个 IE 窗口，访问百度网站，通过任务管理器查看该 IE 窗口占用的内存，如图 12-13 所示。

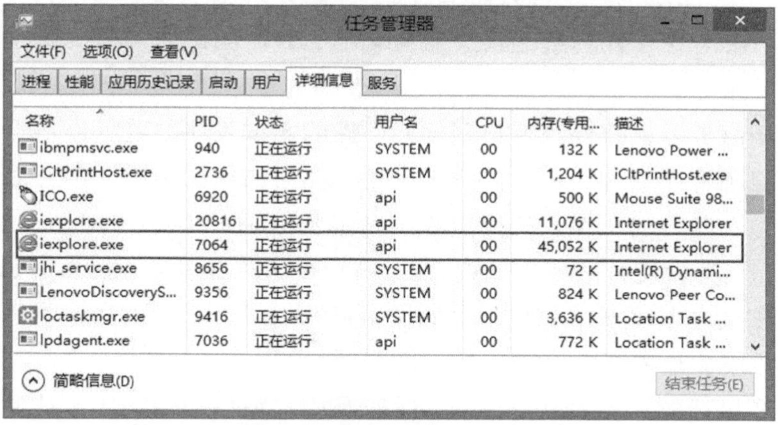

图 12-13　IE 访问百度后的内存占用情况

（2）等待一段时间后，再次查看 IE 访问百度后占用的内存，如图 12-14 所示。

图 12-14　IE 访问百度一段时间后的内存占用情况

从结果可以发现，访问百度网站的 IE 所占用的内存变化不大，内存占用上不存在问题。

3. 性能测试要点

与功能测试验证系统实现的功能是否与功能需求完全一致不同，性能测试考虑两个方面。

- 验证系统实现的性能是否与性能需求完全一致。
- 检测系统实现的具体性能到底怎样。

例如，对于计算器的阶乘运算，SRS 中要求 32 位数的阶乘运算的最长时间不超过 30s，因此在进行性能测试时，首先需要验证 32 位数的阶乘运算的最长时间是不是没有超过 30s，然后要考虑在计算量比较少的情况下运算时间到底是多少，这样才能完整地反映计算器中阶乘运算的性能。

另外，对于服务器端软件和客户端软件，性能测试关注的重点也是不同的。

- 对于服务器端软件，由于涉及多个用户同时访问的情况，因此对资源占用量的要求是非常高的，在进行性能测试时需要关注 CPU 的占用量、内存的占用量、吞吐量、并发用户数等性能信息。其中 CPU 的占用量不能太高也不能太低，一般要求最大占用率在 90%，太低说明资源浪费严重，太高说明已经达到了服务器的极限，性能可能会出现较大的降低。
- 对于客户端软件，主要关注响应时间及用户消耗的内存，尤其要注意是否会出现内存泄露的问题。内存泄露实际上就是指能使用的内存越来越少，产生的原因是被占用的内存没有及时释放。

12.2.3　压力测试

1. 基本概念

在较早的软件测试步骤中，白盒测试与黑盒测试技术对正常的程序功能和性能进行了详尽的检查。压力测试要测试非正常的情形。从本质上说，进行压力测试的人应该这样问："我们能够将系统折腾到什么程度而又不会出错？"

压力测试的目的是调查系统在资源超负荷情况下的表现，尤其是超负荷情况对系统的处理时间有什么影响。这类测试需要在数量、频率或资源反常的情况下执行。例如，①当平均每秒出现 1～2 个中断的情形下，应当对每秒出现 10 个中断的情形进行测试；②把输入数据的量提高一个数量级来测试输入功能会如何变化；③执行需要最大的内存或其他资源的测试实例；④使用一个虚拟操作系统中会引起性能波动的测试实例或者可能会引起大量的驻留磁盘数据的测试实例。从本质上来说，测试人员想要破坏程序。

压力测试的一个变体是敏感测试（sensitive testing）。在有些情况下（最常见的是在数学算法中），在有效数据界限之内微小的输入变动可能会导致错误的运行，或者引起性能的急剧下降，这种情形和数学函数中的奇点相类似。敏感测试旨在发现在有效数据输入里可能会引发不稳定或者错误的数据组合。

压力测试是边界测试。例如，测试最大的活动终端数量，然后加入比需求规定更多的终端。压力测试中的以下资源可能会达到超负荷状态。

- 缓冲区。
- 控制器。
- 显示终端。
- 中断处理程序。
- 内存。
- 网络。
- 打印机。
- 存储设备。
- 事务队列。
- 事务程序。
- 系统用户。

压力测试研究在短时间内活动处在峰值时系统的反应。压力测试通常容易同容量测试（volume testing）混淆，在容量测试中，其目标是检测系统处理大容量数据的能力。

压力测试应当在开发过程中尽早进行，因为它通常可以发现主要的设计缺陷，这些缺陷会影响很多区域。如果压力测试不尽早进行，一些在开发早期很明显的细微缺陷可能难于发现。

下面是压力测试的步骤。

（1）进行简单的多任务测试。

（2）在简单的压力缺陷被修正后，增加系统的压力，直到中断。

（3）在每个版本中重复进行压力测试。

一些压力测试的例子如下。

- 在一个非常短的时间内引入超负荷的数据容量。
- 改变交互、实时、过程控制方面的负荷。
- 同时引入大量的操作。
- 成千上万的用户在同一时间登录 Internet。

2. 压力测试实例

查看手机短信列表，短信越多，打开列表所花费的时间越长。考虑在手机短信已满的情况下打开短信列表，看在这种极限情况下花费的时间是多少，这就是压力测试。

另外，当一个电子商务网站中服务器的 CPU 占用率达到 100%时，再访问该电子商务网站，看网页响应时间是多长，这也是压力测试。

3. 压力测试要点

要进行压力测试，必须模拟极限情况，然后在该极限情况下进行测试，看系统性能如何。

12.2.4 容量测试

1. 基本概念

容量测试的目的是使系统承受超额的数据容量来发现它能够处理的数据容量。这种测试通常容易同压力测试混淆。在压力测试中，主要使系统承受速度方面的超额负载，如短时间内的吞吐量。容量测试是面向数据的，并且它的目的是验证系统可以处理指定目标内确定的数据容量。

容量测试一般可以通过以下几个步骤来完成。

（1）分析系统的外部数据源，并进行分类。

（2）对每类数据源分析可能的容量限制，对于记录类型数据，需要分析记录长度限制、记录中每个域的长度限制、记录数量限制。

（3）对于每种类型的数据源，构造大容量数据对系统进行测试。

（4）分析测试结果，并与期望值比较，确定目前系统的容量瓶颈。

（5）对系统进行优化并重复步骤（1）～（4），直到系统达到期望的容量处理能力。

常见的容量测试例子如下。

- 当执行数据敏感操作时比较相关数据。
- 使用编译器编译一个极其庞大的源程序。
- 使用一个链接编辑器编辑一个包含成千上万模块的程序。
- 通过一个电路模拟器模拟包含成千上万个模块的电路。
- 一个操作系统的任务队列被充满。
- Internet 中充满了大量的文件。

2. 容量测试实例

检查手机最多能保存多少条短信，最多能保存多少个联系人，就是容量测试；检测一个电子商务网站最多能支持多少并发用户，也是容量测试。

3. 容量测试要点

容量测试的关键在于测试一个最大值，如能打开的最大文件，能保存的最大数据量等，系统中对用户非常重要的最大值都可以作为容量测试的对象。

12.2.5　安全性测试

1. 基本概念

任何管理敏感信息或者能够对个人造成不正当伤害的计算机系统都是不正当的或非法入侵的目标。入侵者包括只是为了练习而试图入侵系统的黑客，为了报复而试图攻破系统的有怨言的雇员，还有为了得到非法利益而试图入侵系统的不诚实的个人等。

安全测试（security testing）用来验证集成在系统内的保护机制是否能够在实际中防止系统受到非法的入侵。引用 Beizer 的话来说："安全的系统不仅能够经受住正面的攻击，还能够经受住侧面的和背后的攻击。"安全性测试应当可以证明如何保护资源。

在安全测试过程中，测试人员扮演着一个试图攻击系统的个人角色。测试人员可以尝试通过外部手段来获取系统的密码；可以使用瓦解任何防守的客户软件来攻击系统；可以把系统"制服"，使得别人无法访问；可以有目的地引发系统错误，期望在系统恢复过程中入侵系统；可以通过浏览非保密的数据，从中找到进入系统的钥匙。只要有足够的时间和资源，好的安全测试就一定能够最终入侵一个系统。系统设计者的任务就是要把系统设计为想要攻破系统而付出的代价大于攻破系统之后得到的信息的价值。

保护测试（protection testing）是安全测试中一种常见的测试，主要用于测试系统的信息保护机制，更多信息可以参考类似资料。

设计安全性测试用例的策略需要包含 4 个方面的分析，分别是资产、危险、暴露出来的行为和安全性控制。在这种方式下，矩阵和检查表是安全性测试用例的建议方法。

资产是一个实体的资源，分为确切的资源和非确切的资源。评价方法是列出应当保护什么，这还有助于检查资产的属性，如数量、价值、使用和特性。两个有用的分析技术是资产价值和使用分析。资产价值分析确定资产的价值在用户和潜在的攻击者之间有哪些不同，资产使用分析检查非法使用资产的不同方法。

危险是可能引起损失或者伤害的事件。评价方法是列出潜在危险的源头。

暴露出来的行为是可能的损失或者伤害的形式。评价方法是列出危险发生时会对资产产生什么影响。暴露出来的行为包括侵害、错误的决定和欺骗。暴露出来的行为分析关注该行为影响最大的区域。

安全性控制或者功能用于度量针对损失或者伤害的保护。评价方法是列出安全性功能和任务，并且关注在特定系统功能或者过程中包含的控制。安全性控制评价针对人为错误和偶然的系统误操作。功能性方面的一些安全性问题如下。

- 控制特性是否正常工作？
- 无效的或者不可能的参数是否能检测并且适当地处理？
- 无效的或者超出范围的指令是否能检测并且适当地处理？
- 错误和文件访问是否可以适当地记录？
- 是否有变更安全性表格的过程？
- 系统配置数据是否能正确保存？系统在故障时是否能恢复？
- 系统配置数据能否导出并在其他机器上进行备份？
- 系统配置数据能否导入？导入后能否正常使用？
- 系统配置数据在保存时是否加密？
- 没有密码是否可以登录系统？
- 有效的密码是否可接受？无效的密码是否可拒绝？
- 系统对多次无效的密码是否有适当的反应？
- 系统初始的权限功能是否正确？
- 各级用户权限的划分是否合理？
- 低级别的用户是否可以操作高级别用户命令？
- 高级别的用户是否可以操作低级别用户命令？
- 用户是否会自动超时退出？超时的时间是否设置合理？用户数据是否会丢失？
- 登录用户修改其他用户的参数是否立即生效？
- 系统在最大用户数量时是否操作正常？
- 对于远端操作，是否有安全方面的特性？
- 防火墙是否能激活和取消激活？

- 防火墙功能激活后是否会引起其他问题？

评价安全机制的性能与安全性功能本身一样重要，一些问题就集中在安全性的性能指标上。具体性能指标如下所示。

- 有效性（availability）。实现严格的安全性功能所占用的时间比例是多少？安全性控制一般需要比系统其他部分的有效性更高。
- 生存性（survivability）。系统在抵制主要错误或者自然灾难方面的能力如何？这包括错误期间紧急操作的支持、随后的备份操作和恢复到正常操作的功能。
- 精确性（accuracy）。安全性控制的精确性如何？精确性涉及错误的数量、频率和严重性。
- 响应时间（response time）。响应时间是否可接受？慢的响应时间可能导致用户绕过安全控制。当安全表格动态修改时，响应时间对安全机制的管理很关键。
- 吞吐量（throughput）。安全性控制是否支持需要的吞吐量？吞吐量包含用户和服务请求的峰值与平均值。

2.　安全测试实例

随着浏览器/服务器模式应用开发技术的发展，使用这种模式编写应用程序的程序员越来越多。但是由于这个行业的入门门槛不高，程序员的水平及经验也参差不齐，相当大一部分程序员在编写代码时，没有对用户输入数据的合法性进行判断，使应用程序存在安全隐患。用户可以提交一段数据库查询代码，根据程序返回的结果，获得某些期望的数据，这就是所谓的结构化查询语言（Structured Query Language，SQL）注入。

SQL 注入从正常的 WWW 端口访问，而且表面看起来和一般的 Web 页面访问没什么区别，所以目前市面上的防火墙不会对 SQL 注入发出警告。如果管理员没有查看互联网信息服务（Internet Information Service，IIS）日志的习惯，可能被入侵很长时间都不会发觉。

但是，SQL 注入的手法相当灵活，在注入时会碰到很多意外的情况。能不能根据具体情况进行分析，构造巧妙的 SQL 语句，从而成功获取想要的数据，是高手与初学者的根本区别。

例如，将 http://url/index.asp?ID=1000 改成 http://url/index.asp?ID= (select count(1) from user)就是一种简单的 SQL 注入尝试。

3. 安全测试要点

常见的 Web 系统安全测试要点如下。

- 不登录系统，直接输入登录后的页面的 URL 是否可以访问？
- 不登录系统，直接输入下载文件的 URL 是否可以下载？如输入 http://url/download?name=file 是否可以下载文件 file？
- 退出系统后，单击"后退"按钮能否访问之前的页面？
- ID/密码验证方式中能否使用简单的密码？如密码的长度大于或等于 6 个字符，同时包含字母和数字，不能包含 ID，连续的字母或数字不能超过 n 位。
- 重要信息（如密码、身份证号码、信用卡号等）在输入或查询时是否用明文显示？在浏览器地址栏里输入命令 javascript:alert（doucument.cookie）时是否有重要信息？在 HTML 源码中能否看到重要信息？
- 手动更改 URL 中的参数值能否访问没有权限访问的页面？如普通用户对应的 URL 中的参数为 l=e，高级用户对应的 URL 中的参数为 l=s，以普通用户的身份登录系统后将 URL 中的参数 e 改为 s 来访问本没有权限访问的页面。
- URL 里无法修改的参数是否可以修改？
- 上传与服务器端语言（JSP、ASP、PHP）扩展名一样的文件或 EXE 等可执行文件后，确认在服务器端是否可直接运行。
- 注册用户时是否可以以'--或者'or 1=1 --等作为用户名？
- 传送给服务器的参数（如查询关键字、URL 中的参数等）中包含特殊字符（'或者'and 1=1 --或者'and 1=0 --或者'or 1=0 --）时是否可以正常处理？
- 执行新增操作时，在所有的输入框中输入脚本标签后能否保存？
- 是否对会话的有效期进行处理？
- 错误消息中是否有 SQL 语句、SQL 错误消息及 Web 服务器的绝对路径等？
- ID/密码验证方式中，同一个账号在不同的机器上不能同时登录。
- ID/密码验证方式中，连续数次输入错误密码后该账户是否锁定？
- 新增或修改重要信息（密码、身份证号码、信用卡号等）时是否有自动补全功能（在 form 标签中使用 autocomplete=off 来关闭自动补全功能）？

12.2.6 GUI 测试

1. 基本概念

软件业的迅速发展已经使得软件产品越来越深入每个人的生活当中。我们不能要求每个人都是计算机专家，因此对于一个不懂计算机的人员如何能够快速接受并学会使用软件产品就变得非常关键。GUI 已经成为用户喜欢的一种人机接口界面，因此 GUI 的好坏将直接影响用户使用软件时的效率及使用时的心情，也直接影响用户对所使用的系统的印象。为了让软件能够更好地服务于用户，GUI 测试就成为一个非常重要的测试。GUI 测试与用户友好性测试和可操作性测试有重复，但 GUI 测试更关注的是对图形用户界面的测试。

GUI 是一个分层的图形化的软件前端，它从一个固定的事件集中接受用户产生的和系统产生的事件，并且产生确定的图形输出。一个 GUI 包含许多图形对象（如菜单、按钮、列表框、边界框等），每个图形对象有一个固定的属性集合。在 GUI 测试执行的任何一个时刻，这些属性有着离散的值，这些值的集合组成了 GUI 的状态。

上面的这个 GUI 定义并不是严格的，它只代表了某一类 GUI。这个定义需要扩展到能够包含基于网络的用户接口或视频接口领域，在这里不详细说明。

GUI 测试主要包括两方面重要内容，一方面是界面实现与界面设计的吻合情况，另一方面是确认界面操作的正确性。界面实现与界面设计是否吻合，主要指界面的外形是否与设计内容一致；界面操作的正确性也就是当界面元素被赋予各种值时，系统的处理方式是否符合设计及是否没有异常。例如，当选择"打开文档"菜单时，系统应当弹出一个打开文档的对话框，而不是弹出一个保存文档的对话框或其他对话框。

GUI 测试是困难的，这主要有以下几个原因。

- 一个 GUI 可能的接口空间是非常庞大的，每个 GUI 活动序列可能会导致系统处在不同的状态上。一般来说，GUI 活动的结果在系统不同的状态上是不同的，因此就必须在一个庞大状态集上进行 GUI 测试。即使借助自动化测试，这个工作一般也难以完成。

- GUI 的事件驱动特性。由于用户可能会单击屏幕上的任何一个像素，因此对于 GUI 来说，可能会产生非常多的用户输入。模拟这类输入是困难的。

- GUI 测试的覆盖率不同于传统的结构化覆盖率，理论上不够成熟，且没有合适的自动化工具。

- 界面的美学具有很大的主观性。对于不同的用户，界面元素的默认大小、元素间的组合及排列次序、界面元素的位置、界面颜色等，可能会有不同的效果，因此如何才能代表大部分客户的意见是 GUI 测试的一个难点。尤其测试人员在这些方面的不同意见可能会导致开发人员进退两难。

- 糟糕的设计使得界面与功能混杂在一起，界面的修改会导致更多的错误，同时也增加了测试的难度和工作量。

为了更好地进行 GUI 测试，提倡界面与功能的设计分离。一般可以把 GUI 系统分为 3 个层次——界面层、界面与功能的接口层、功能层。因此，GUI 测试可以把重点放在界面层和界面与功能的接口层上。

为了体现越早测试越好的原则，GUI 测试也应当尽早进行。原型法是一个获取需求并确定界面的好方法，这个方法在项目需求阶段就可以使用。伴随着这个方法，GUI 测试就可以开始进行了。在这个时候，可以采用场景测试方法，由测试人员扮演场景中的角色，模拟各种可能的操作及可能的操作序列，并且由用户来判断是否合理，是否有遗漏的功能。一旦原型基本确定之后，就可以开始着手编写 GUI 测试用例。执行这些测试用例可以借助 GUI 自动测试工具。在 GUI 测试中，如果不借助自动测试工具，测试工作将是非常枯燥和乏味的。但是如果界面不能尽早确定，因界面的经常变动而导致自动化脚本的维护工作量会是难以接受的。一般业界常用的 GUI 自动化测试工有 QARun、QTP、QARobot、Visual Test 等。

在设计 GUI 测试用例时，我们可以从以下几个步骤着手。

（1）划分界面元素，并根据界面的复杂性进行分层。

一般可以把界面分为 3 个层次。第一个层次是界面原子。界面原子是指不可再分的界面组成元素，如一个菜单项、一个按钮、一个列表框、一个编辑框、工具栏中的一个图标、一个快捷键、一个静态文本等。在这些界面原子中，有的是用于接受输入的，有的是用于输出显示的；有的在界面上可以直接观察到的，有的是隐性的（在界面上无法直接观察到，只能通过某些操作来激活）；有的是在系统的整个生命周期中一直存在的，有的是在系统生命周期中动态产生并动态消失的；有的是动态的，有的是静态的。

第二个层次是界面组合元素。这些元素是由多个具有相同属性的界面原子或者彼此协助的一组界面原子组合而形成的，如工具栏、组合框、表格、菜单条等。

第三个层次是一个完整的窗口。一个完整的窗口是由一系列界面组合元素组成的能够完成一个完整的输入/输出功能的界面属性组合，并且它具有自己的视图（view）。例如，一个对话框、一个单文档窗口、多文档系统的父窗口、多文档系统的一个子窗口等。

（2）在不同的界面层次确定不同的测试策略。

在界面原子层，一般主要考虑该界面原子的显示属性、触发机制、功能行为、可能的状态集等内容。对于界面原子，可能接受的输入可以从等价类划分、边界值分析等角度考虑，触发机制可以从规范导出法的角度分析，功能行为可以使用因果图或判定表验证，可能的状态集可以使用错误猜测法或基于错误的测试方法等推测。

对于界面组合元素，主要从界面原子组合顺序、排列组合、整体外观、组合后功能行为等角度进行测试。

对于一个完整的窗口，主要考虑窗口的整体外观、窗口元素的排列组合、窗口属性值、窗口可能的各种组合行为（或可能的操作路径）等。

（3）进行测试数据分析，提取测试用例。

对于界面元素的外观，可以从以下几个角度获取测试数据。

- 界面元素的大小。
- 界面元素的形状。
- 界面元素的色彩、对比度、明亮度。
- 界面元素包含的文字属性（如字体、排序方式、大小等）。

对于界面元素的布局，可以从以下几个角度获取测试数据。

- 界面元素的位置。
- 界面元素的对齐方式。
- 界面元素间的间隔。
- Tab 键的顺序。
- 界面元素间的色彩搭配。

对于界面元素的行为，可以从以下几个角度获取测试数据。

- 回显功能。
- 输入限制和输入检查。
- 输入提醒。
- 联机帮助。
- 默认值。
- 激活或取消激活。
- 焦点状态。
- 功能键或快捷键。
- 操作路径。

- 　行为回退。

（4）使用自动测试工具进行脚本化工作。

2．GUI 测试实例

要测试"计算器"窗口显示的位置，具体步骤如下。

（1）桌面上没有任何其他窗口，运行计算器，"计算器"窗口显示的位置如图 12-15 所示。

（2）桌面上有其他窗口，运行计算器，"计算器"窗口显示的位置如图 12-16 所示。

图 12-15　没有窗口时"计算器"窗口显示的位置　　　　图 12-16　有其他窗口时"计算器"窗口显示的位置

对比图 12-15 和图 12-16 可以发现，在不同的情况下，"计算器"窗口显示的位置并不相同，这个位置的显示可能存在 Bug。

3．GUI 测试要点

GUI 测试主要考虑两个方面。

- 　界面的显示。
- 　控件的功能。

其中界面的显示是测试的重点，控件的功能可在功能测试中考虑。

12.2.7　可用性测试

1．基本概念

可用性测试（usability testing）和可操作性测试（operational testing）有很大的相似

性，它们都是为了检测用户在理解和使用系统方面到底有多好。可用性测试包括系统功能、系统发布、帮助文本和过程测试，以保证用户能够舒适地和系统交互。在实际测试中，往往把这两者放到一起进行考虑，很少会严格区别两者。

可用性测试在开发期间应当尽可能早地进行并且应当纳入系统设计中。介入过晚的可用性测试是无法实施的，因为系统已经基本确定，通常需要对系统进行大的重新设计来修正严重的可用性错误，这在经济上是不适合的。

测试人员应当关注的可用性问题如下。

- 功能或者指令过分复杂。
- 安装过程复杂。
- 错误消息过于简单，如"系统错误"。
- 语法难以理解和使用。
- 使用非标准的 GUI。
- 用户被迫去记住太多的信息。
- 难以登录系统。
- 帮助文本上下文不敏感或者不够详细。
- 和其他系统之间的关联性太弱。
- 默认界面不够清晰。
- 接口太简单或者太复杂。
- 语法、格式和定义不一致。
- 用户对所有输入没有清晰的认识。

2. 可用性测试实例

如果用户不能立刻使用一个软件的一些功能，或者不能马上明白一些功能的用处，那就说明该软件的可用性可能存在问题。

计算器的"复制""粘贴"命令如图 12-17 所示。计算器中的复制、粘贴和一般软件中的复制、粘贴不太一样，一般软件的复制、粘贴是光标放到一定位置后才进行的，而这里没有地方放置光标，因此刚开始时可能会让用户感到困惑。

对于菜单而言，为了方便用户进行操作，对菜单的级数是有要求的，一般不超过3 级。

Word 的菜单级数如图 12-18 所示，"表格"菜单的级数为 3，这从可用性上来说会比较好。

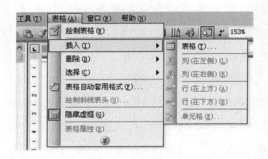

图 12-17 计算器中的"复制""粘贴"命令　　　　图 12-18 Word 中"表格"菜单的级数

　　为了保证网站的可用性，网站导航是非常重要的。好的网站导航能让用户在任意网页之间自由切换。即使对于内容比较多的网站，也会让用户在任意网页之间的切换不超过两次单击。

　　百度网页如图 12-19 所示。在百度网页中有"新闻"链接，单击该链接后，显示百度新闻网页，如图 12-20 所示。

图 12-19 百度网页

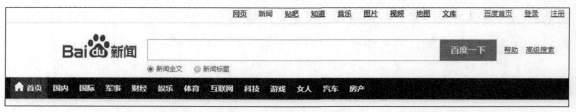

图 12-20 百度新闻网页

在百度新闻网页中也有网页链接，这样能让用户在两个网页间自由切换。

3. 可用性测试要点

可用性测试的难点在于可用性有时候难以量化，因此可用性测试通常由行业专家或者用户来进行。行业专家结合自己对行业和用户的了解来测试可用性，在系统测试中测试可用性。用户使用软件，其使用过程会被记录下来，以进行可用性分析，在用户测试中进行。

在系统测试阶段开展可用性测试，首先要针对一些能量化的特性进行检查。根据菜单级数、快捷键的使用、网站导航这些能量化的特性，结合经验进行分析。

12.2.8 安装测试

1. 基本概念

理想情况下，软件的安装程序应当平滑地把新软件集成到用户已有的系统中，就像一个客人应邀参加一个聚会时，彼此交换适当的问候，一些对话框与窗口可以提供简单的、容易理解的安装选项和支持信息，并且完成安装过程。然而，在有些糟糕的情况下，安装程序可能会做错误的事情。新的程序无法工作，已有的功能受到了影响，甚至安装过程使得用户的系统受到严重的损坏。设想一下，如果你是用户，因为安装一个软件导致操作系统崩溃，不得不重新安装系统，那将是多么可怕的一天；同样，如果你是软件开发人员，并且花费很大的精力设计和验证了一个质量良好的软件，但因为安装的问题导致用户的拒绝，这将是一件非常令人懊恼和痛苦的事情。

安装测试（installation testing）的目的就是要验证成功安装系统的能力。安装系统通常是开发人员的最后一个活动，并且通常在开发期间不太受关注。然而，安装是客户使用新系统时执行的第一个操作。因此，清晰并且简单的安装过程是系统文档中最重要的部分之一。

在考虑安装测试时，需要考虑是否需要包含重新安装过程，以便能够在安装过程中返回之前的操作界面并且确认先前的安装环境。

安装测试（尤其是手工进行安装测试）可能是一件非常令人烦恼的事情。这是因为经常需要花费很长的时间来运行一次安装测试用例，尤其对于一个巨大的软件包。如果要考虑你希望覆盖的各种机器配置，你将会发现这是一场梦魇。因此，自动完成安装测试就变得非常关键，Christopher Agruss 从以下几个方面来考虑自动化测试。

- 确认安装程序自动化测试的内置层次。绝大多数安装程序使用脚本来确定如何把文件写入硬盘、配置系统并且完成其他一些必需的修改。在这之前，许多安装程序还进行了某些类型的检测以验证被使用的机器与新软件兼容、有足够的空间等。从这一点看，软件安装程序在某种程度上已经是一个自动测试程序了。因此，我们可以通过安装程序使用的脚本来设计自动化测试用例，这些用例在安装过程中自动执行。

- 控制机器的基本状态。对于任何安装测试来说，第一个基本步骤是建立一个机器状态基线。磁盘映像程序广泛地用于把机器硬盘恢复到一个基本状态，如 GHOST、IC3 等。你可能需要一组机器的基本状态映像，这依赖于你想要测试多少配置。一种方法是给每个操作系统和硬盘文件格式的组合都保留一个映像。

- 使用一个测试工具来驱动安装程序。使用企业级用户接口测试工具有许多优势，如它会提供一个恢复系统，一旦进入错误状态，工具会自动恢复系统。此外，这些工具已经有大量的测试库，可以帮助用户验证结果。

- 使用流程图来设计自动化测试。对于安装测试，建议设计一个安装行为的简单流程图。

- 使用多台机器来运行安装测试。为安装测试建立一个分布式测试环境有许多方法，建议使用主从配置，即一台主机的驱动测试在一台或多台从机上执行。可以使用 Rational 的测试管理工具 TestManager。

- 自动验证安装测试的结果，主要验证安装程序是否把期望的文件安装到期望的位置上。这个问题可以通过创建一个数据驱动测试来解决，这个测试通过读取文件列表来与一个外部列表进行比较。

- 实际安装中需要验证硬盘空间。这是安装程序的一个特点，可以直接在安装程序脚本中进行验证。有些测试工具也提供一些库函数来报告当前的可用空间，这使得这些计算变得相当简单。

- 自动测试卸载程序。一些流行的安装程序的一个基本问题是它们只能卸载上一次安装操作中的软件，即使这次安装操作只增加了一些额外的文件到一个已完成的安装操作中。

在安装测试前，测试人员可以考虑下面这些关键问题。

- 谁安装系统？假设的技术能力是什么？

- 安装过程是否可以归档？是否有详细且明确的安装步骤？

- 安装过程假定在哪个环境中完成？采用何种平台、软件、硬件、网络、版本？
- 安装是否修改用户当前的环境设置（如 config.sys 等）？
- 安装人员如何知道系统已经正确安装了？是否有一个适当的安装测试过程？

2. 安装测试实例

MultipleIEs 软件的安装测试如下。

如图 12-21 所示，安装 MultipleIEs 软件。之后可以在一台 PC 上有多个不同版本的 MultipleIEs。然而，无法直接安装这些不同版本的 MultipleIEs。

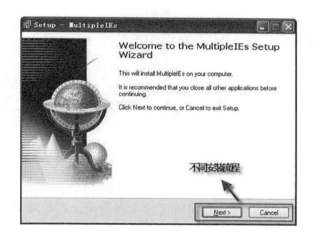

图 12-21　安装 MultipleIEs

为了测试这种桌面软件的安装，安装前要检查安装包，安装的过程中要检查不同安装流程是否能成功及对文件夹和注册表的修改，安装后需要运行软件以检查是否可用。

在安装时对文件夹和注册表的修改需要通过工具来进行，这里使用了 Total Uninstall 工具，如图 12-22 所示。Total Uninstall 能监控软件安装的所有过程，记录软件安装对系统所做的任何改变，如添加的文件、对注册表和系统文件的修改，并制作成安装前和安装后的快照。在卸载软件时，不需要使用卸载程序，可以直接清除该软件，不留下任何痕迹，从而保证了系统的清洁。

从图 12-22 右边的信息中就能看到文件夹和注册表的修改情况，和预期的结果进行比较就可以判断安装过程中有没有 Bug 了。

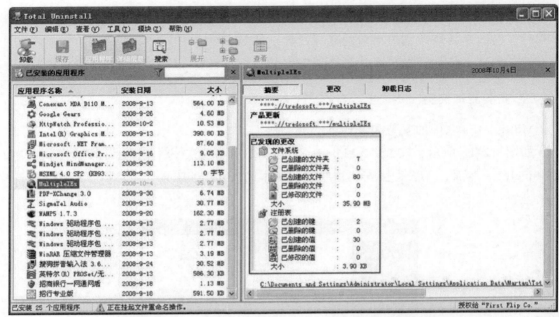

图 12-22　Total Uninstall 工具

3. 安装测试要点

安装测试包含 3 个部分。

- 安装前测试：不仅要检查安装包文件是否齐全，尤其是 DLL 文件，还要检查安装手册。
- 安装中测试：主要测试安装流程并检查安装时文件、注册表、数据库的变动。安装流程的测试就是检查用户按照不同的顺序单击 Back、Next、Cancel 按钮是否能安装成功或者放弃安装。
- 安装后测试：主要检查安装好的软件是否能运行，基本功能能否使用。

另外，还要进行卸载测试及升级测试。卸载测试主要注意能否恢复到软件安装之前的状态，包括文件夹、文件、注册表等是否能把安装时做的修改都撤销；升级测试主要关注升级对已有数据的影响。

12.2.9　配置测试

1. 基本概念

配置测试主要测试在各种软硬件配置、不同的参数配置下系统具有的功能和性能。

2. 配置测试实例

ecshop 网站在不同浏览器下的显示测试如下。

在 IE 11.0 下显示的 ecshop 网站首页如图 12-23 所示。

图 12-23　在 IE 11.0 下显示的 ecshop 网站首页

在 Google 浏览器 Chrome 72.0 下显示的 ecshop 网站首页如图 12-24 所示。

图 12-24　在 Google 浏览器 Chrome 72.0 下显示的 ecshop 网站首页

可以发现在不同的浏览器上浏览同样的网页，看到的效果并不完全相同，左侧的电话号码的位置是不同的，中间的图片也是不同的，这些就是需要在配置测试中进行测试的。

3．配置测试要点

配置测试并不是一个完全独立的测试类型，需要和其他测试类型相结合，如功能测试、性能测试、GUI 测试等。也就是说，配置测试旨在测试系统在不同的配置下功能、性能、显示有没有什么问题。

这里提到的配置可以分成如下两类。

- 服务器端配置：如果有服务器端，需要考虑服务器的硬件、服务器上 Web 服务器的选择（IIS 或者 Apache 或者 JBoss 等），服务器上数据库软件的选择（MySQL 或者 SQL Server 或者 Oracle 等）等。
- 客户端设置：需要考虑客户端硬件的选择、操作系统的选择、浏览器的选择、屏幕分辨率的选择、颜色的选择、浏览器的设置等。

只要把不同的设置确定下来了，下面要做的就是在不同的设置下进行功能测试、性能测试等。

12.2.10　异常测试

1．基本概念

系统的可靠性是系统质量中最重要的属性之一，系统的可靠性是指在给定时间内、特定环境下系统无错运行的概率，它是系统可依赖性的一个重要内容。其他衡量系统质量的因素还包括系统的功能、可用性、可安装性、性能指标等。

软件、硬件存在的错误是系统中断对外服务的重要原因，特别是当前软件的规模越来越大，软件本身的缺陷成为影响系统可靠性的首要因素，因此对系统可靠性的评价，特别是对软件可靠性的评价越来越重要。作为系统测试过程中重要活动之一的异常测试正是评价系统可靠性的一个手段。

异常测试又称容错性和可恢复性测试，它通过人工干预手段使系统产生软、硬件异常，通过验证系统异常前后的功能和运行状态，检验系统的容错、排错和恢复能力。

一般来说，系统对容错性的处理分为两种——系统自动处理和人工干预处理。系统自动处理主要关注系统运行过程的自我恢复；人工干预处理则意味着系统中某个或者全部部件无法自我恢复，需要人工进行强制恢复，此时人工平均干预时间是否在系统设计的容限范围内是测试过程中关注的重点。

系统的容错性和可恢复性是由组成系统的软件与硬件的容错性、可靠性及它们之间的相互作用共同决定的。其中，硬件容错性和可恢复性是由硬件设计及元器件的寿命决定的，目前在这方面已经有比较可靠的理论支持；软件的容错性和可恢复性不同于硬件，由于其本身不存在像硬件元器件那样的磨损情况，因此软件是否失效只取决于软件的设计是否正确。对软硬件的异常测试在系统中的地位是不一样的，而我们更关注软件失效对系统产生的影响。

异常测试还与系统的指标测试有关，当系统需要提供的服务能力大于系统的设计指标时，也属于系统异常的情况，因此应该结合起来加以考虑。

系统的容错性和可恢复能力应在系统设计初期加以考虑，但系统可靠性是否满足设计中的可恢复性和容错能力只能通过测试来验证。因此，需要强调的是，系统的可靠性是设计出来的，而不是测试出来的。但是，测试出来的数据有助于为我们进行进一步的系统优化设计积累经验，设计和测试是一个互相反馈的过程。

2. 异常测试实例

Firefox 浏览器的异常测试如下。

通过异常测试检查当 Firefox 浏览器异常退出时，已经打开的网页会如何处理。为了让 Firefox 浏览器异常退出，可以在任务管理器中结束 Firefox 浏览器进程。结束 Firefox 浏览器进程后，再启动 Firefox 浏览器，检查 Firefox 浏览器能否恢复已经打开的网页。Firefox 浏览器的"会话管理器"对话框如图 12-25 所示。

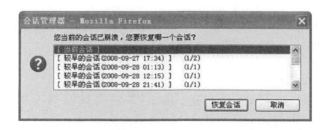

图 12-25　Firefox 浏览器的"会话管理器"对话框

3. 异常测试要点

要进行异常测试，关键是构造系统会出现的各种异常，可以从以下方面考虑。

- 系统断电。
- 系统断网。
- 系统终止。
- 系统数据丢失。

不同系统会出现的异常是千差万别的,因此需要针对特定的系统积累各种异常信息,用户上报的故障信息是很重要的一种来源。

12.2.11　备份测试

1．基本概念

备份测试（backup testing）是恢复性测试的一个补充,并且应当是恢复性测试的一个组成部分。备份测试的目的是验证系统在软件或者硬件故障的情况下备份数据的能力。

备份测试需要从以下几个角度来进行设计。

- 文件备份,以及备份文件与最初文件的区别。
- 文件和数据存储。
- 完整的系统备份步骤。
- 检查点备份。
- 备份引起的系统性能的降级。
- 手工操作过程中备份的有效性。
- 系统备份"触发器"的检测。
- 备份期间的安全性。
- 备份期间的日志维护、处理。

2．备份测试实例

Outlook Express 的备份测试如下。

备份测试一般通过备份功能来实现,因此备份测试相当于功能测试。在 Outlook Express 中数据备份是通过导出来实现的,既可以导出所有联系人信息,也可以导出某一条联系人信息,如图 12-26 所示。

在针对导出功能进行测试时,需要考虑不同联系人个数（单个或者多个）下的导出及不同联系人信息（英文或者中文）的导出等。

图 12-26　Outlook Express 中的数据备份

3．备份测试要点

备份测试主要注意以下几个方面。

- 备份后的数据格式。
- 备份是否成功还需要通过数据的导入来进行检查。

12.2.12　健壮性测试

1．基本概念

健壮性测试（robustness testing）有时也称容错性测试（fault tolerance testing），主要用于测试系统在出现故障时，是否能够自动恢复或者忽略故障继续运行。为了创建一个健壮的系统，你必须用心地设计和实现系统，尤其是在系统的异常处理方面。一个健壮的系统是设计出来的，而不是测试出来的。

对于一般的软件企业来讲，成本、时间和人员约束经常使软件测试关注重要功能的正确性，而往往忽略或仅分配少量的资源用于确定系统在异常处理方面的健壮性。这个矛盾随着软件应用的日益普遍表现得异常突出。因此，一个好的软件系统必须经过健壮性测试才能最终交付给用户。

2．健壮性测试实例

删除 osCommerce 数据库中部分表或者整个数据库，检查 osCommerce 对这种异常的处理，如图 12-27 所示。

从图 12-27 可以发现，osCommerce 对这种异常的处理并不是很周到，直接提示的是给开发人员看的信息。

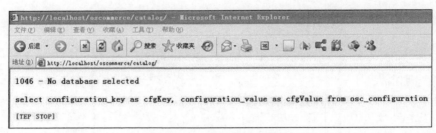

图 12-27 数据库异常处理

3. 健壮性测试要点

和异常测试类似，健壮性测试关注如何制造故障。

12.2.13 文档测试

1. 基本概念

文档测试（documentation testing）不同于评审和检视工作，文档测试主要是针对系统提交给用户的文档的验证。文档测试的目标是验证用户文档是正确的并且保证操作手册中的过程正确。文档测试有一些优点，包括改进系统的可用性、可靠性、可维护性和安装性。测试文档有助于发现系统中的不足并且使系统更易用。文档测试还可以降低客户支持成本。

在文档测试的时候，测试人员假定自己是用户，按照文档中的说明进行操作。在进行文档测试时，可以考虑以下几个方面。

- 使用文档作为许多测试用例的一个源头。
- 确切地按照文档所描述的方法使用系统。
- 测试每个提示和建议。
- 把缺陷添加到缺陷跟踪库中。
- 测试每个在线帮助的超链接。
- 测试每条语句。
- 表现得像一个技术编辑而不是一个被动的评审者。
- 首先对整个文档进行一般的评审，然后进行详细的评审。
- 检查所有的错误消息。
- 测试文档中提供的每个样例。
- 保证所有索引的入口有文档。
- 保证文档覆盖所有关键用户功能。

- 保证阅读类型不是太技术化。
- 寻找相对比较弱的区域，这些区域需要更多的解释。

2. 文档测试实例

在 Google 网站中，对新建书签功能中文字帮助信息的测试如下。

Google 书签是一个网络书签，可以将自己喜欢的网站和网页加入这个书签中，相当于浏览器上的收藏夹，只不过这个收藏夹不是在本机上，而是在 Google 的服务器上，这样无论用什么计算机都能查看自己的收藏夹。另外，Google 书签提供了方便的标签功能。标签是一种更灵活的分类，一个收藏的网页可以有多个标签，相当于同时属于多个分类，这样查看起来更方便。

首先，在英文界面下添加一个 test 书签，如图 12-28 所示。

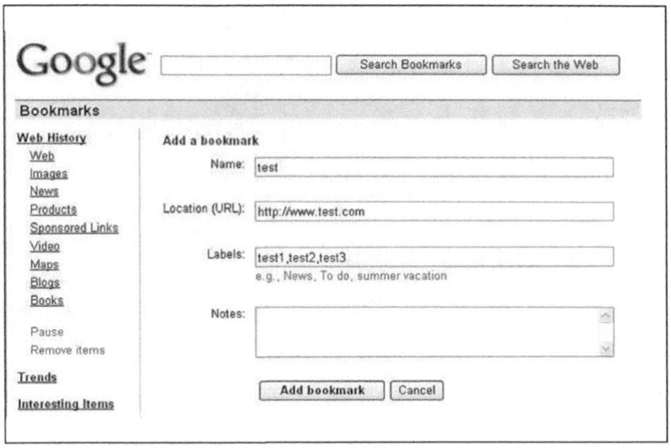

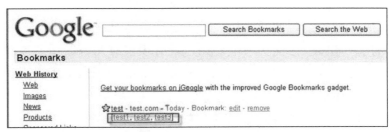

图 12-28　在英文界面中添加书签

在 Labels 文本框下面有一句话 "e.g., News，To do，summer vacation"，这主要用于提示用户如何定义标签。

添加后，会发现 test 书签有 3 个不同的标签，如图 12-29 所示。

图 12-29　test 书签的标签

接下来，在中文界面下添加一个 test1 书签，如图 12-30 所示。

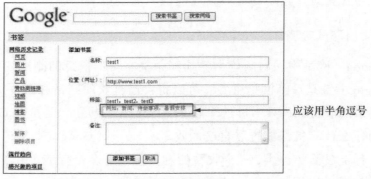

图 12-30　在中文界面中添加书签

"标签"文本框下面同样有一句话"例如：新闻，待做事项，暑假安排"，这里用到的是全角逗号，而在前面英文界面中使用的是半角逗号。

添加后，发现 test1 书签只有 1 个标签，如图 12-31 所示，这和英文界面并不一致。导致这种问题的原因在于对照英文界面进行汉化时并未关注半角逗号所起到的作用，简单地转换成了全角逗号，导致中文文字信息不准确。

图 12-31　test1 书签只有 1 个标签

3．文档测试要点

文档测试的关键在于要严格按照文档来使用系统，以便查看文档是否有遗漏或者模糊错误的地方。另外，还可以考虑用工具读取文字内容，检查格式、中英文符号等信息。

12.2.14　在线帮助测试

1．基本概念

在使用系统时，如果出现问题，用户首先求助的就是在线帮助。一个糟糕的在线帮助会极大地影响用户体验。因此，一个好的系统必须要有完备的帮助体系，包括用户操作手册、实时在线帮助等。在线帮助测试（online help testing）主要用于验证系统的实时在线帮助的可用性和正确性。

在实际操作过程中，在线帮助测试可以和文档测试（或资料测试）一起进行。在进行在线帮助测试时，测试人员需要关注下面这些问题。

- 帮助文件的索引是否正确？
- 帮助文件的内容是否正确？
- 在系统运行过程中帮助能否正常激活？
- 在系统不同的位置激活的帮助内容与当前操作内容是否相关联？
- 帮助是否足够详细并能解决需要解决的问题？

2. 在线帮助测试实例

Windows 操作系统的在线帮助测试如下

在 IE 浏览器中打开"保存网页"对话框，按 F1 键会调出在线帮助，针对该在线帮助可进行测试，如图 12-32 所示。

图 12-32　Windows 操作系统的在线帮助测试

把鼠标指针停留在不同的位置会调出不同的在线帮助内容，这些内容都需要进行测试。

3. 在线帮助测试要点

与文档测试类似，在线帮助测试需要额外注意帮助信息与当前界面的对应性。

12.2.15　网络测试

网络测试是在网络环境下和其他设备对接，进行系统功能、性能与指标方面的测试，保证设备对接正常。

网络测试考察系统的处理能力、兼容性、稳定性、可靠性及用户使用情况等方面。例如，通信产品的协议测试主要关注以下方面。

- 一致性测试：检测所实现的系统与协议规范的符合程度。
- 性能测试：检测协议实体或系统的性能指标（数据传输速率、连接时间、执行速度、吞吐量、并发性等）。
- 互操作性测试：检测同一协议在不同实现厂商之间、同一协议在不同实现版本之间的互通能力和互操作能力。
- 坚固性测试：检测协议实体或系统在各种恶劣环境（信道被切断、通信设备掉电、注入干扰报文等）下运行的能力。

12.2.16　稳定性测试

1.　基本概念

系统稳定性测试的目的是评价系统在一定负荷下长时间运行的情况，包括系统在一定负荷下再增加新的业务，原有的业务是否受影响，新的业务是否能正常进行，系统资源有无泄露，数据有无不一致的情况，系统性能是否会下降，系统长时间运行后的状况如何，系统平均无故障时间（Mean Time Between Failures，MTBF）是否满足系统设计要求。

稳定性测试的重点关注正常业务情况下系统长时间的运转情况，对异常情况的测试不是稳定性测试的范围，可以参考异常测试。

可靠性测试测试系统可靠性，应该包括稳定性测试（正常业务情况下）和异常测试（用于验证异常后的容错能力及故障后的恢复能力）。

对系统稳定性威胁最大的就是内存泄露、资源不一致的问题，所以这也是测试中要关注的重点。在实际的系统测试中，会把功能测试、内存管理测试、性能测试、稳定性测试放在一起。现在把每个部分都独立出来，考虑到有些测试项目不能明确划分到某一部分，但要保证测试项目全面覆盖。系统稳定性测试用于评估在一定业务负荷下系统的运转情况。生成合理的业务指标数据是稳定性测试中的一个重要步骤。不同的产品关注的业务不同，如程控交换机、全球移动通信系统关注话务量，路由器关注数据包业务及包的转发速率，智能产品关注特服用户接入数量及工作质量，传输产品关注误码率，接入服务器关注用户接入的数量及接入成功率等。总之，各个产品由于在不同的领域提供的主要业务不同，因此在稳定性测试设计中要考虑产品的不同业务需求。

在进行系统稳定性测试设计时，可以从以下几个方面考虑。

- 相对稳定的业务量。对于一定量的业务负荷，一定量的取值建议是系统最优的业务负荷量。在测试期间，业务量相对稳定，不增加其他业务，运行一段时间（$N \times 24h$）后，检查系统的资源有无泄露，相关数据是否存在不一致，是否有一些垃圾数据，是否有内存未被释放，链路有无丢失；检查系统的功能是否正常，是否能新增链接，是否能删除链接，能否建立新的呼叫，是否可以增加用户，是否可以删除用户，是否可以增加接口，是否可以删除接口，是否能保存数据，是否可以加载数据等；检查系统性能是否正常，如包转发速率、每秒可以完成的呼叫数、呼损率、路由表项的更新时间等。间隔一定的时间后，重新观察这些参数是否有变化。这样不停地延长测试时间，不断地观察，直到满意为止。

- 不断变化的业务量。在设备实际运行中，设备业务量是不断变化的，并且呈不断增加的趋式。在这种情况下，测试系统稳定性非常重要。在系统初始条件下，加载一定量的业务负载，运行一段时间（$N \times 24h$）后，增加新的业务，查看业务运行是否正常，检查系统的各项参数是否正常，这些参数包括资源、功能、性能。在运行一段时间（$N \times 24h$）后，删除一些旧的业务，再增加更多新的业务，查看业务运行是否正常，检查系统的各项参数是否正常，这些参数包括资源、功能、性能。这样螺旋式地测试系统的稳定性，直到系统满负荷。

MTBF 是评价系统稳定性最常用且最重要的指标之一，是系统两次故障之间的平均时间间隔。MTBF 在实际测试中很难测试出来，它应该是设计出来的。关于 MTBF 的测试还需要进一步讨论。考虑到系统测试的效率问题，系统的稳定性测试可以白盒化，因为往往白盒测试的效率更高，尤其是在内存泄露、数据资源一致性等问题上。例如，要测试内存泄露问题，在白盒测试中修改最大可用的内存块为用户期望的值，缩短测试时间，提高测试效率。另外，通过关闭调试开关等方法，可以暴露一些被掩盖的系统缺陷；通过参数设置，缩减一些可用资源（如呼叫用到的呼叫控制块数）的数量，也能在更短时间内暴露可能需要长期运行发现的问题。

另外，因为稳定性测试与业务相关，而业务一般由多个设备提供，所以稳定性测试与设备的关系比较紧密。每个测试项目都应该有组网图、业务流向指示。在测试方案中应该描述所有使用到的组网图，所要使用的仪器、设备、工具、软件。测试组网图要以实际组网图为重要参考，在实验室中测试的组网往往与实际运行中差异很大，导致在实际组网上运行的关注重点没有测试到，所以在稳定性测试中，要结合实际组网情况组建测试组网。

作为系统测试的一个重要组成部分，稳定性测试和系统测试的其他部分有很大关系，在制定稳定性测试方案时，要考虑到稳定性测试的任务安排，如保证系统基本功能已实现，且运转正常，才能展开稳定性测试。

稳定性测试重点关注系统长时间运行的情况，所以建议在稳定性测试中，一个周期最好是 $N \times 24h$。在实际测试中，对于各个产品，可根据情况增加或减少。

测试用例和测试规程可以按照相对稳定业务量、不断变化的业务量来划分。测试用例和测试规程要保证唯一性与正确性。

2. 稳定性测试实例

手机保持通话一天后，检查手机会不会死机，通话是否正常，这些就是稳定性测试。

楼房盖好后的几天时间内会一直点亮所有房间的灯，这实际上是对整个楼房的供电系统进行的稳定性测试。

3. 稳定性测试要点

确定一个一般的负载，然后在该负载下长时间让系统工作，检查系统是否会出现故障。

12.3　执行系统测试

作为测试工程师，最基本的系统测试工作是执行系统测试，包括搭建系统测试环境、预测试、转系统测试评审等。

12.3.1　搭建系统测试环境

1. 系统测试环境的组成

除支撑被测软件运行的硬件设备外，系统测试环境还应包含被测软件，以及和被测软件配套的操作系统、数据库等系统软件，备料、测试数据、相关资料文档等。

其中硬件环境指测试必需的服务器、客户端、网络连接设备，以及测试仪器、打印机/扫描仪等辅助硬件设备所构成的环境；软件环境指被测软件运行时的操作系统、数据库、共存软件、测试工具及相关手册等其他应用软件构成的环境。

下面通过 Word 2013 的系统测试环境（见表 12-1）来进一步了解系统测试环境的组成。

表 12-1　Word 2013 的测试环境

系统测试环境的组成	实际内容
服务器硬件	无
客户端硬件	一台 PC
网络连接设备	网线（能上网）
测试仪器	无
打印机/扫描仪	一台打印机
被测软件	Word 2013
操作系统	Windows 7、Windows 8、Windows 10
数据库	无
共存软件	Visio、Excel、IE
测试工具	QTP
测试数据	准备的各种文件
相关手册	在线帮助

2. 系统测试环境的分类

在实际测试中，系统测试环境可分为以下两类。

- 主测试环境：测试软件功能、安全性、可靠性、性能、易用性等大多数指标的主要环境。
- 辅测试环境：常用来满足不同的测试需求或完成特殊的测试项目。

针对 Word 2013 所构造的系统测试环境也可分成主测试环境和辅测试环境。

- 主测试环境：操作系统为 Windows 7，因为该操作系统最普遍，功能测试、性能测试、GUI 测试等主要的测试类型在该操作系统下进行。
- 辅测试环境：考虑到还有部分用户会用到 Windows 8 操作系统和 Windows 10 操作系统，因此需要单独构造这两个操作系统对应的测试环境，这对应的是配置测试。

为了能在同一台 PC 上同时构造主测试环境和辅测试环境，可以使用虚拟机软件，如 VMware。

系统测试环境还可分为以下两类。

- 真实环境：直接将整个系统（包括硬件和软件）和交联的物理设备（如果有）建立连接，形成最终真实的用户使用环境并进行测试。
- 仿真环境：一般指软件仿真的测试环境。它能够逼真地模拟被测软件运行所需的真实物理环境的输入和输出，并且能够组织被测软件的输入，来驱动被测软件运行，同时接收被测软件的输出结果。

针对手机所构造的系统测试环境也可分成真实环境和仿真环境。

- 真实环境：有真实的基站设备，手机通过无线信号和基站设备相连，通过基站管理软件对基站进行各种参数配置。
- 仿真环境：只有模拟用的测试仪器 k1297，手机通过射频线与 k1297 相连，通过对 k1297 进行编程来模拟各种参数配置。

3．系统测试工具

系统测试工具包括以下几类。

- 测试管理工具：Quality Center/ALM 等。
- 缺陷管理工具：Bugzilla、Mantis、BugFree、ClearQuest 等。
- 配置管理工具：VSS、CVS、SVN、Clear Case 等。
- 功能测试工具：QTP、Robot 等。
- 负载测试工具：LoadRunner 等。

这里罗列出来的基本是一些商用工具，这些工具的功能比较强大，应用也非常广泛。也可以选用一些开源或者免费的工具，但这些工具的功能较单一。

4．系统测试数据

为了让系统测试顺利进行，需要提前准备系统测试数据。可以通过以下方法来准备。

- 通过产品数据构造测试数据。
- 通过工具构造测试数据。
- 捕获数据并修改数据。
- 手工构造数据。
- 随机生成数据。

下面讨论不同方法的特点。

通过产品数据来构造测试数据的方法比较适合于数据量较大的系统测试，如银行系统、电信系统等。这种方法比较便捷，直接从实际正在使用的系统中导出或者备份数据后，在测试环境中导入或者恢复数据。通过这种方法构造的测试数据比较真实，但测试的针对性不强，而且由于这些数据往往比较敏感，因此容易出现数据泄密的情况。

通过工具构造测试数据的方法是另外一种比较适合构造大量数据的方法。这种方法实际上按照一定的规则来生成数据，如 Excel 就可以用来构造测试数据，如图 12-33 所示。通过拖动鼠标就可以生成这些仅后面的数字不同且连续增加的测试数据了。

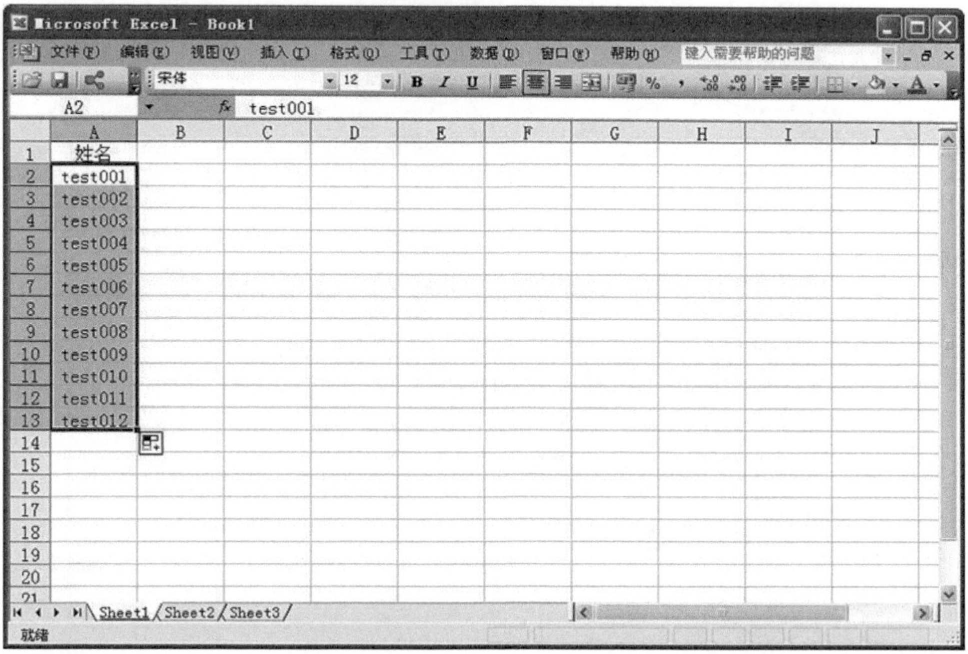

图 12-33　使用 Excel 构造测试数据

通过捕获数据并对这些数据进行修改也是一种便捷地构造数据的方法。在不少情况下，完全手工构造数据很麻烦，如果有已经构造好的数据可供修改就方便多了。例如，通过 HttpWatch 来捕获访问 oscommerce 网站的数据，然后对捕获的数据进行修改。图 12-34 展示了当浏览 oscommerce 网站中某一件商品时捕获的数据。其中向 oscommerce 网站发出的完整请求数据如图 12-35 所示。如果要测试对不同商品的访问，修改图 12-35 中的 ID 即可。

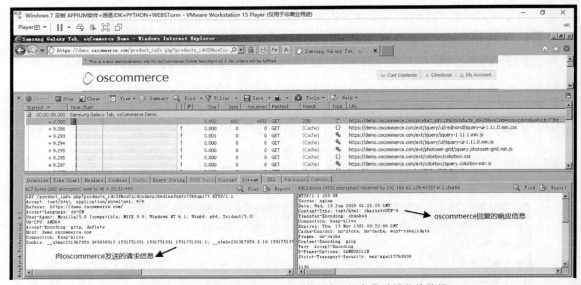

图 12-34　在浏览 oscommerce 网站中某一件商品时捕获的数据

图 12-35　完整请求数据

　　手工构造也是一种常用的数据构造方法，这种方法的好处在于可以根据测试的不同目的，针对性地构造数据。

随机生成数据则是另一种构造大数据的方法，通常需要通过编程来实现，在 C 语言中相关的函数有 srand()和 rand()等，如图 12-36 所示。先通过 srand()函数根据时间来生成一个随机序列，然后用 rand()函数在该序列中循环取 10 万个随机数。

图 12-36　随机生成数据

以上构造测试数据的方法在实际工作中往往结合使用，针对不同的需要灵活选用。

12.3.2　预测试

预测试实际上就是一个基本功能测试，通过基本功能测试检查被测系统的质量，以便查看被测系统是否适合用来执行系统测试。因此，预测试的关键在于预测试项的选取。预测试项是在系统测试用例中进行选取的，通常选择优先级高的功能的正常测试用例。

针对手机进行预测试，该手机包含的功能如下。

- 通话、短信：必须要有的，优先级高。
- 拍照、MP3：最好有的，优先级中。
- 计步：可有可无的，优先级低。

因此，需要针对通话功能和短信功能进行预测试项的选取。

12.3.3　转系统测试评审

为了明确是否能开始执行正式的系统测试，需要召开评审会议，该评审会议就是转系统测试评审会议。在该评审会议中，主要工作如下。

- 检查预测试是否通过，并查看预测试报告。
- 检查系统测试用例是否设计完成并经过评审，并查看评审表单。

- 检查人员是否都到位。
- 检查测试仪器或者工具是否到位，相关培训是否完成。

可见，预测试只是转系统测试检查的因素之一。

12.3.4　如何执行系统测试

在执行系统测试时需要对执行结果进行记录，每天下班前对当天的执行情况进行汇总，并编写测试日报。

1. 系统测试记录

在执行系统测试时，每执行一个测试用例，需要在测试记录中添加一条记录，如图 12-37 所示。其中测试用例 ID 及测试标题都源自测试用例文档。

记录编号	测试用例 ID	测试标题	测试人员	测试结果	测试执行时间	问题编号
1						
2						
3						
4						
5						
...						

图 12-37　系统测试记录

测试结果有 4 个选项。

- OK：测试通过，实际输出与预期输出完全相同。
- NOK：测试未通过，实际输出与预期输出不完全相同。
- BLOCK：测试被阻塞，由于一些 Bug，导致该测试用例无法继续执行下去，如按钮失效导致相关的功能测试用例被阻塞。
- NOT TEST：测试未进行，由于时间、进度等原因导致部分用例来不及执行。

问题编号对应在缺陷库中提交的缺陷的编号。

如果执行系统测试时是分了若干个阶段来进行的，则可对不同阶段的执行情况进行汇总，形成表 12-2。

表 12-2　系统测试记录汇总

第几轮	通过	失败	阻塞
第 1 轮			
第 2 轮			

续表

第几轮	通过	失败	阻塞
第 3 轮			
第 4 轮			
第 5 轮			
所有轮			

2. 系统测试日报

系统测试人员对当天的测试执行情况进行总结，便于对后续工作进行调整。系统测试日报主要给以下人员查看。

- 测试经理：通过查看测试日报，了解每个组员的工作进度，便于对整体进度及分工进行调整，并可以通过缺陷变化的趋势来判断测试是否可以结束。
- 开发经理：通过查看测试日报，了解被测系统的质量情况，便于对开发进度进行调整，并给予测试足够的支持。
- 其他测试组：通过查看测试日报，了解其他测试人员的工作，相互吸取经验教训。

因此，系统测试日报需要包含的内容如图 12-38 所示。

项目ID		标题	
版本		执行者	
测试阶段		日期	
概述			
执行用例数		总用例数	
计划执行用例数		累计执行用例数	
本日发现问题数		累计发现问题数	
致命问题数		问题编号	
严重问题数		问题编号	
一般问题数		问题编号	
提示问题数		问题编号	
困难			

图 12-38 系统测试日报

系统测试日报主要包括以下几部分。

- 测试执行情况：包括今天执行了多少测试用例，以及占所有要执行的测试用例的百分比。

- Bug 发现情况：包括今天共发现多少个 Bug，其中有多少是致命的。
- 存在的问题：指出有哪些经验教训及需要其他人提供帮助的地方。

12.3.5　编写与评审系统测试报告

整个测试结束时，需要编写系统测试报告，对整个系统测试活动进行总结，并提供一些数据分析，便于将来对开发和测试进行改进。系统测试报告编写完后，需要经过评审以确定系统测试是否可以停止。